I0464760

Rebellion in Proxima-Centauri

Geheimakte MARS 04

© 2023 D. W. McGillen

Umschlagsfoto: Mit Lizenz
Paperback: ISBN: 9781523213658
Imprint: Independently published

Hardcover: ISBN: 9798403793933
Imprint: Independently published

ISBN-e-Book: ebenfalls erhältlich:

D.W. McGillen, 30.10.2023

Inhaltsverzeichnis

Rebellion im Reich der Najekesio

Major Travis und Sirin hatten eine Woche Urlaub genießen dürfen. Das schöne Landhaus von Major Travis, in der Nähe von Douglas auf der Isle of Man gelegen, freute sich seinen Besitzer wieder einmal zu sehen. Viel zu schnell verflog die Zeit und die Arbeit des Alltags erwartete sie von ihrer kurzen Erholung zurück. Im Keller des Landhauses war von der EWK zwischenzeitlich ein kleiner Personen-Transmitter installiert worden.

»Bist du bereit, können wir los? «, fragte der Major.
Sirin schmunzelte.

»Kannst du es nicht abwarten, dich wieder in die Arbeit zu stürzen? «, erwiderte sie.

Major Travis lächelte zurück.
»Du weißt doch, wie der Alte ist«, antwortete er. »Wir haben wichtige Termine. Die Najekesio kommen in drei Tagen von Proxima-Centauri und sind Gast der EWK. Sie haben über den Bündnis-Vertrag verhandelt und wollen jetzt gerne unterschreiben. General Poison möchte, dass wir an dem Gespräch teilnehmen. Wir sollen noch einmal die Wichtigkeit der Zusammenarbeit hervorheben. «

»Können wir den Najekesio trauen? «, fragte Sirin.
»Das kann keiner beantworten«, erwiderte der Major. »Bislang haben sie sich immer in ihrer Dunkel-Wolke abgeschottet. Es ist auch für sie ein neuer Lebens-Abschnitt. Sie werden erst einmal hiermit zurechtkommen müssen. Für Andere einzustehen, unter

Umständen auch Verluste hinnehmen zu müssen, ist bereits etwas anderes, als nur zu beobachten. «

»Haben sie Forderungen gestellt? «, fragte Sirin.
»Nein«, antwortete Major Travis. »Sie sind äußerst dankbar dafür, dass wir keine Entschädigung für den von ihnen angerichteten Schaden verlangen. Die Najekesio wollen sich als ernsthafte Partner im Bündnis beweisen. So lautet zumindest die Aussage ihrer Delegierten. «

»Ich bin fertig«, sagte Sirin.» Wir können gehen. Sollten wir das Haus nicht abschließen? «

Major Travis schüttelte seinen Kopf.
»Nein, das Haus wird von der EWK bewacht«, lächelte er.
»Der Sicherheitsdienst der EWK kontrolliert sehr genau. Die Behörde passt auf die Güter ihrer Bediensteten auf. Gehen wir in den Keller des Hauses. «

Beide Personen schritten die Treppe zum Untergeschoss herunter. In dem großen Keller stand die neue Apparatur. Major Travis aktivierte den Personen-Transmitter, der sofort sein Energiefeld aufbaute. Die Anzeigen schalteten von Rot auf Grün, die nebelige Energie stabilisierte sich zu einem bläulichen Ereignishorizont.

»Der Durchgang ist stabil«, bemerkte er. »Wir können gehen. «

Gemeinsam durchschritten sie das Transmitter-Tor und kamen Sekunden später im heiligen Zentrum der EWK wieder heraus. Major Travis schaute sich um. Unzählige Techniker liefen hin und her und bedienten Kontrollen, nahmen Einstellungen vor, oder überprüften die Anzeigen.

Ein Blick auf die vielen Kontroll-Monitore genügte, um den riesigen Komplex der Anlage zu registrieren. Gebäude reihten sich an Gebäude. Die Hallen zogen sich bis zum Horizont. Verwaltungs-Einheiten, Kontrollzentren, Fabrikanlagen, Rollfelder, Landezonen für parkende Raum-Transporter, Einsatzgleiter und Shuttles, sowie ein wirres Treiben von unzähligen Versorgungsfahrzeugen und Menschen waren zu sehen. Die Behörde wuchs und wurde zu einem unüberschaubaren Moloch. Obwohl die Natridstadt Tattarr immer mehr aufgerüstet wurde, konnte auf die globale Steuerung der EWK von Terra aus nicht verzichtet werden. Der Personalbestand von 450.000 Menschen wurde zwischenzeitlich auf 600.000 Personen aufgestockt. Diese Zahl setzte sich wie folgt zusammen:

15.000 EWK-Offiziere,
250.000 Militär-Personal,
150.000 Zivilisten/Service/Dienstleistung,
50.000 Verwaltungs-Angestellte,
135.000 Technische Mitarbeiter, für alle Bereiche,

Es handelte sich um Experten in eigenständigen Verantwortungsbereichen. Die zentrale Steuerzentrale war weiterhin besonders geschützt und lag 56 Stockwerke tief unter der Erde. Hier war der Zugang nur über einen Spezialcode, der individuellen DNA-Chipkarte möglich, die identisch mit der DNA des Trägers sein musste. Falls Abweichungen auftreten sollten, würde der Eindringling bereits in den unterschiedlichen Sicherheitsschleusen identifiziert und festgesetzt.

Major Travis und Sirin konnten diese Kontrollen umgehen. Die Transmitter-Station war in dem Herzen der EWK installiert. Sie wurden bereits erwartet. Mario Matazawo war der Verhandlungsführer, der die Gespräche mit den Najekesio leitete.

»Gut, dass sie da sind«, sagte er. »Die Najekesio stellen neue Forderungen. «

»Was für Forderungen? «, fragte Major Travis erstaunt. Auch Sirin schaute Mario Matazawo ungläubig an.
»Sie wollen ihre Eigenständigkeit nicht verlieren«, antwortete er.

»Das werden sie nicht«, erwiderte der Major. »Das Einzige, das sich zukünftig für sie ändert, ist die Übernahme von Verantwortung. Hieran führt kein Weg vorbei. Ich werde mit den Delegierten sprechen. Der Beitritt der Najekesio in das neue Imperium war eine wichtige Bedingung für die Aussetzung der Kampfhandlungen. Die Najekesio hatten uns ihre Zusage gegeben. Wenn ihre bisher getätigten Aussagen nicht mehr gültig sind, dann ist es fast unmöglich ihnen zu vertrauen. Das würde neue Verhandlungen für uns bedeuten. «

»Wie ich es vermutet habe«, bemerkte Sirin. »Den Najekesio konnte man noch nie trauen. Sie sind Spezialisten in Bezug auf Infiltration, Spionage und Zwietracht. Sobald es aber um eine ehrenvolle Aufgabe geht, kneifen sie und sind auf einmal spurlos verschwunden. «

»Gehen wir«, sagte Major Travis. »Wo ist das Besprechungs-Zimmer 23? «

»Ich führe sie hin«, antwortete der Verhandlungsführer. »Es handelt sich um eine Delegation von 8 Personen. Vermutlich fühlen sie sich hierdurch sicherer. «

Major Travis aktivierte sein Head-Fon und gab Tart 1 und Tart 2 den Auftrag, sich am Besprechungszimmer 23 einzufinden. Die kleine Gruppe bestieg eine Transport-Plattform.

Das Ziel eingegeben und das Transportgerät nahm Fahrt auf. Der EWK-Zentrale verfügte auch in einer Tiefe von 56 Stockwerken noch über eine immense Größe. Nach einer kurzen Fahrt war die Gruppe endlich bei Konferenzraum 23 angekommen. Tart 1 und Tart 2 warteten bereits. Major Travis begrüßte sie.

»Haltet die Najekesio im Auge«, befahl er. »Es scheint so, dass wir ihnen nicht trauen können. In ihren Augen seht ihr furchterregend aus. Stellt euch zwischendurch einmal hinter sie, dann ändert ihr wieder eure Position. Es soll der Eindruck entstehen, dass ihr das Volk der Najekesio nicht akzeptiert. «

Tart 1 und Tart 2 richteten sich in voller Größe auf. »Auftrag verstanden, Herr Major«, tönte es blechern aus den körpereigenen Lautsprechern.

Der Verhandlungsführer Mario Matazawo öffnete die Türe. Die Delegation diskutierte lautstark. Abrupt verstimmten die Gespräche, als sich Tart 1 und Tart 2 durch die Türe schoben. Sie nahmen entgegengesetzt des Tisches an den Wänden Aufstellung. ihr tiefroter Blick zeigte die Wachsamkeit der Personenschutz-Roboter an.

Dieses Verhalten kannten auch die Najekesio. Major Travis hatte kaum den Raum betreten, da erhob sich bereits ein Najekesio.

»Warum sind die Kampf-Roboter hier? «, sprach er Major Travis an. » Sie teilten uns mit, dass unser Leben bei ihnen in guten Händen ist. Im Namen meiner Delegation protestiere ich aufs Äußerste. «

»Mein Name ist Major Travis, Erbfolgeberechtigter Oberbefehlshaber der vereinigten Streitkräfte von Natrid und Tarid «, stellte er sich vor. »Erhobener im Gefüge der Kaiserkaste mit Rang 1. Bestätigt und eingesetzt durch Noel von Natrid im Rahmen der Nachfolge-Programmierung von Admiral Tarin. Meine Begleiter sind meine Personenschutz-Roboter. Sie begleiten mich. Sie sollten diese Schutz-Roboter noch kennen. Bereits im kaiserlichen Imperium hatte sie eine feste Aufgabe. Eine falsche Bewegung in meine Richtung, dann können sie feststellen, wie reaktionsschnell diese modifizierten Roboter mit ihrer Sonderausbildung sind. Ihre Begleitung ist wichtigen Persönlichkeiten vorgeschrieben. «

»Wir erwarten, dass sich die Roboter augenblicklich zurückziehen«, antwortete ein Najekesio.

Major Travis ließ einen Augenblick vergehen, dabei schaute er den Redner der Najekesio-Delegation durchdringend an.

»Sie sind nicht in der Position, um Forderungen zu stellen«, sagte er. » Wir haben ihnen genug Zeit gegeben, um sich zu beraten. Es zeigt sich bereits jetzt, dass wir ihrer Regierung nicht trauen können. «

Ein angespanntes Raunen ging durch die Gruppe der Najekesio.

Major Travis fuhr fort.
»Wir haben ihnen großzügiger Weise zugesagt, dass sie sich für einen Beitritt zu unserem neuen Imperium entscheiden dürfen«, entgegnete er leise. » Im Gegenzug wären wir bereit, die Geschehnisse der Vergangenheit vergessen und einen Neuanfang mit ihrem Volk zu wagen. So wie es aussieht, wollen sie jetzt hiervon nichts mehr wissen. «

»Wir Najekesio benötigen Garantien«, erklärte der Vertreter der Gruppe.

»Die können wir ihnen nicht geben«, antwortete Major Travis. » Wir haben keine Garantien, die wir verschenken können. Unser Vertrauen müssen sie sich erarbeiten. «

»Kein anderes Volk hat irgendwelche Garantien gefordert«, ergriff Sirin das Wort. »Warum ist es für die Najekesio so schwer, anderen Völkern zu vertrauen? Nicht nur die Najekesio haben schwere Zeiten ertragen müssen. «

»Wir lassen uns nicht von einer natradischen Prinzessin belehren«, erwiderte der Najekesio. «

Einige Personen aus der Delegation der Najekesio waren aufgesprungen und beschimpften Sirin.

Major Travis sprach in seinen Communicator. Dann wandte er sich wieder den Delegierten zu.

»Ich erkenne bereits, sie sind nicht an einem Neuanfang interessiert«, entgegnete er.

Major Travis stand auf und hob den Arm.
»Ruhe bitte, ich bitte um Ruhe«, sagte er. «

In diesem Moment strömten 24 Marines und 12 natradische Kampfroboter, unter der Führung von

Sergeant Hardin, in das Besprechungszimmer. Sie verteilten sich hinter den Delegierten von Najekesio.

»Ich bin des Wartens überdrüssig und stelle den Kriegszustand wieder her«, entgegnete Major Travis.« Wenn sie sich erinnern, dann sind wir die Sieger. Ich werde sie in diesem Moment, stellvertretend für ihre Regierung, als Attentäter und Saboteure verhaften. Es liegen uns genug Anzeigen von Straftaten vor, die Angehörige ihres Volkes begangen haben. Ihre Aktivitäten, auf unserem Erz-Abbau-Planeten Eris, sind uns allen noch sehr bekannt. Es sieht so aus, als ob wir erst ihre komplette Flotte vernichten müssen, bis sie Gesprächsbereitschaft signalisieren. Auch wir werden keine Kompromisse mehr von ihnen akzeptieren. Ich werde einen Angriff auf ihre Heimat im Proxima-Centauri vorbereiten lassen und diesmal nicht am Eingang der Dunkel-Wolke stoppen. Wir werden ihnen alle weiteren technischen Möglichkeiten nehmen, um nochmals Kriege und Intrigen anzetteln zu können. Ihre komplette Schwer-Industrie, den Raumschiffsbau, die Waffenindustrie und vergleichbare Industriezweige, werden wir nachhaltig vernichten. Leider lassen sich zivile Opfer bei solchen Maßnahmen nicht vermeiden. Ich gestatte ihnen, ihre Regierung von dem bevorstehenden Angriff zu informieren. «

Major Travis winkte Sergeant Hardin heran.
»Arretieren sie unsere Gäste«, sagte er. »Sie sollen gerne einmal das Gefühl kennenlernen, wenn man seinen Verbündeten nicht vertrauen kann. «

Major Travis blickte die Najekesio an. Sie waren sichtbar ruhig geworden.

»Meine sehr geehrten Delegierten, die Verhandlungen sind beendet«, sagte der Major. » Sergeant Hardin und seine Kampfroboter werden sie zu ihren Quartieren begleiten. Betrachten sie sich als Kriegsgefangene. «

»Wir sind freiwillig hier«, sagte einer der Najekesio.

»Das stimmt«, antwortete Major Travis. »Doch durch ihre unbeugsame Einstellung werde ich jetzt den alten Zustand, vor unseren Verhandlungen wieder herstellen.

Wir befinden uns wieder im Krieg mit ihnen. Die Commander ihre Schiffe werden sich vermutlich nicht freuen, dass sie sich wieder mit uns beschäftigen müssen.«

Major Travis blickte Sergeant Hardin an.
»Führen sie unsere Gäste ab «, befahl er.

Unter lautem Protest wurden die Najekesio in den Arrest-Bereich geführt.

Sirin schüttelte den Kopf.
»Sie denken wieder nur an ihren Vorteil«, ärgerte sie sich.
»So waren sie schon immer. Auf der einen Seite mögen sie keine Bevormundung, auf der anderen Seite halten sie

selbst ihre Zusagen nicht ein. Wie sollen das jemals verlässliche Bündnis-Partner werden? «

Major Travis schüttelte den Kopf.
»Du hast völlig Recht«, lächelte er. »Das sehe ich auch als ein Problem an. «

Major Travis und Sirin verließen das Besprechungszimmer und schritten durch den Personen-Transmitter zur alten Natridstadt Tattarr. Hier war das eigentliche Verwaltungs-Zentrum des neuen Imperiums. Alle Fäden liefen hier zusammen. Die Stadt hatte bereits zu natradischer Zeit die uneingeschränkte Befehlsgewalt besessen. Sie war der Verwaltungssitz von Admiral Tarin gewesen. Alle wichtigen Entscheidungen wurden hier getroffen.

Major Travis und Sirin waren in der Einsatz-Zentrale angekommen. Mittlerweile war diese mehrfach erweitert worden. Exakt 82 Personen absolvierten hier ihren Dienst. Immer mehr Bereiche des neuen Imperiums liefen hier zusammen. Die optionale Überwachung der Transmitter-Strecke nach Morina, die Kontrolle der Produktions-Planeten, die Kommunikation zu Moturel 6 und zu den weiteren aktivierten Hilfsplaneten des neuen Imperiums. Dank leistungsstarker Satelliten kamen die Daten mit wenig Zeitverlust in der Zentrale zu Auswertung an. Hier konnten alle Patrouillen instruiert werden, aber auch der Einfall feindlicher Schiffe sofort registriert werden. Entsprechend schnell mussten schwere Kampf-Verbände in neue Krisengebiete beordert werden. Unzählige Monitore, Displays und Anzeigen rundeten das Bild ab.

Sirin nickte.
»Ohne Überwachung geht nichts mehr«, bemerkte sie. »Man ist einfach besser informiert und braucht nicht mehr auf die Kurier-Schiffe zu warten, wie es in den frühen Zeiten des kaiserlichen Imperiums praktiziert wurde. Das wird auch eines der Handikaps gewesen sein, dass die Flotten zu spät über den Einfall der Sauroiden unterrichtet wurden. «

Direkt angeschlossen an die Einsatzzentrale, lagen die Büros von Noel, General Poison und Major Travis. Alle Zimmer waren erst vor kurzem modernisiert worden. Die Räume wiesen die gleiche Größe auf. Jeder der Offiziere durfte eigene Wünsche zur Ausstattung seines Büros in die Gestaltung einfließen lassen.

Major Travis dachte an Noel.
»Er hatte bestimmt viele eigene Wünsche gehabt? «, überlegte er.

Es wurde Stillschweigen hierüber vereinbart. Noel hatte noch viele Geheimnisse des alten Imperiums nicht ausgesprochen.

»Noel wirft uns immer nur Krümel hin und meint, dass wir noch nicht reif sind, alle Geheimnisse der natradischen Hinterlassenschaft zu erfahren«, schmunzelte der Major. » Ich verstehe, dass er so programmiert wurde. Noel hat sich im Laufe der Zusammenarbeit mit der Erde als zuverlässiger Partner und Ratgeber erwiesen. Ohne seine Hilfe wären wir noch nicht so weit vorangeschritten. «

Sirin nickte.
»Keiner von den hohen Herren ist zur Begrüßung da?«, bemerkte Sirin. »Das Imperium ist auf sich allein gestellt.«

Sie betraten das Büro von Major Travis. Sirin nahm auf der großzügigen Couch Platz. Der Major wendete sich seinem Schreibtisch zu und durchforstete die vielen Unterlagen, die geordnet für ihn aufbewahrt lagen.

»Papier und wieder nur Papier«, sagte er Sirin zu. »Ohne Verwaltungsaufwand scheint es nicht zu gehen. «

Eine Seitentüre des Büros öffnete sich. Zaghaft schritt eine junge attraktive Frau in den Raum. Major Travis schätzte sie auf 33 Jahre. Unsicher schritt sie auf den Major zu.

»Sie müssen Major Travis sein«, sagte sie mit freundlicher Stimme. »Ich hörte Geräusche in ihrem Büro. «

Blaue Augen strahlten ihn an. Ihr langes blondes Haar fiel glatt über ihre Schultern.

»Mein Name ist Mary Clinton«, sagte sie zögerlich. »Ich darf mich als ihre neue Sekretärin vorstellen. «

Ihr sonniges Gemüt spiegelte sich in einem Lächeln in ihrem Gesicht. Major Travis war begeistert.

»Ich freue mich«, begrüßte er sie herzlich. » Sie schickt der Himmel. Ich hoffe sehr, dass General Poison sie bereits in meine Aufgaben eingeweiht hat. Ich werde viel unterwegs sein und nie richtig Zeit haben den Verwaltungsaufwand zu bearbeiten. Sie würden mir schon sehr helfen, wenn sie mir als Erstes einmal den Papierkram abnehmen und nach Wichtigkeit sortieren würden. «

Major Travis schien es, als ob Mary noch intensiver lächelte.

»Für sie mache ich alles«, entgegnete sie.

Mary ergriff den Papierstapel und schritt mit schwingenden Hüften aus dem Büro. Der Major schaute ihr schmunzelnd hinterher.

»Das gefällt dir? «, hörte er Sirin von hinten rufen. » Was für ein Luder. Für sie mache ich alles. Ich kann nicht verstehen, dass General Poison so jemanden einstellt, der die Hinterlassenschaften von Natrid verwalten soll. Das Porschek hat mich absichtlich nicht beachtet. «

»Höre ich da ein wenig Eifersucht heraus? «, fragte Major Travis. »Mary war vermutlich sehr aufgeregt. Sie muss so viele neue Eindrücke verarbeiten. ES war bestimmt keine böse Absicht von ihr, dich nicht zu beachten. Ich finde, sie hat einen sehr guten Eindruck hinterlassen. Was bedeutet der Ausdruck Porschek? «

Er blickte Sirin schmunzelnd an.
»Das Wort kenne ich nicht aus meinem natradischen Wortschatz«, sagte er.

Sirin ereiferte sich weiter.
» Du kannst natürlich in der kurzen Zeit, in der wir uns kennen, nicht alles über uns wissen«, antwortet sie. »Ein paar Geheimnisse sollten die letzte Überlebende der natradischen Rasse vielleicht noch für sich behalten. Ich kläre dich aber trotzdem auf. Das Wort Porschek bedeutet in eurer Sprache so viel, wie ein dummes Flug-Tier, vergleichbar mit einem Suppenhuhn bei euch. «

»Die ehemaligen Vögel von Natrid landeten auch in der Nahrungskette «, sagte Major Travis. »Du bist also doch verärgert? «

»Ich bin nicht verärgert«, ereiferte sich Sirin »Das Suppenhuhn bietet sich ja an, alles für dich zu tun. «

»Mach dir keine Sorgen«, grinste der Major. »Du wirst auch zukünftig meine Prinzessin bleiben. «

Der Major registrierte, wie sich ein leichtes Lächeln im Gesicht von Sirin ausbreitete.

»Wie geht es jetzt weiter? «, erkundigte sich die Prinzessin.

»Ich werde überprüfen, ob sie zuverlässig sind«, antwortete Major Travis. »Ich spreche von den Najekesio. Sie sind das leidige Thema.«

Der Major drückte einen Knopf auf dem Display seines Tisches. Seine neue Sekretärin meldete sich erneut.

»Frau Clinton, stellen sie bitte eine Hyperkomm-Leitung zu Commander Sinner her«, forderte der Major sie auf. »Er befindet sich in unserer Konsulat-Basis auf dem Regierungs-Planeten der Najekesio.«

»Ich kümmere mich sofort hierum, Herr Major«, antwortete sie.

»Versuchen sie eine Verbindung über Wirgon 9 herzustellen«, empfahl Major Travis. »Der Kommunikations-Satellit ist in der Nähe von Proxima-Centauri, an der Dunkel-Wolke der Najekesio, positioniert. Er wird den Hyperkomm-Funkspruch zustellen können.«

»Danke für den Tipp«, antwortete Mary Clinton. » Ich versuche es sofort.«

Major Travis blickte zu Sirin.
»Er befehligt die neue Termar 9 und ist mit dem Aufbau unseres Konsulats auf der Najekesio-Regierungswelt beschäftigt«, erklärte er. »Aufgrund ihrer Kapitulation und der Zusage dem Planetenbund beizutreten, hat die

EWK ihnen das Zugeständnis abgerungen, ein ständiges Konsulat auf ihrer Welt errichten zu dürfen. «

»Ich bin informiert«, antworte Sirin. »Die Berichte habe ich gelesen. Commander Sinner wurde beauftragt, sich um die Umsetzung zu kümmern. Zu diesem Zweck wurde ihm die neue Termar 9 übergeben. «

»Ein gutes modernes Schiff«, antwortete Major Travis. »Aber besser als die Termar 1, wird es sein. Noel hat mein Flaggschiff mit vielen Spezialitäten ausgestattet, die bisher nicht in Serienreife gegangen sind. «

***

Die Termar 9 stand auf einem abgesperrten Terrain, auf der Regierungswelt der Najekesio. Von hier aus wurden alle 27 Planeten in der Dunkel-Wolke regiert. Der größte Teil der Parlamentarier war hier wohnhaft. Obwohl die Najekesio mit dem Wunsch des Neuen-Imperiums nicht einverstanden waren, stimmten sie im Rahmen ihrer Kapitulation zu, ein Konsulat auf ihrem Hoheitsgebiet zu billigen. Drei terranischen Transportschiffe waren gelandet. Arbeitsroboter trugen im Sekundentakt Bauteile heraus. Ähnlich wie auf Morina, wurden auch hier Fertigteile für den Bau des Konsulates verwendet. Diese waren alle individuell anpassbar. Zwischenzeitlich standen einige Gebäude und Hallen bereits. Die speziellen, von Noel neu programmierten Roboter, beschäftigten sich bereits mit dem Innenausbau.

»Wie sieht es mit dem Einsatz des neuen Super-Schutz-Schirmes aus? «, fragte Commander Sinner einen Techniker.

»Wir nehmen die letzten Schaltungen an den Reaktoren vor«, antwortete er. » Dann werden wir mit den Testläufen beginnen. Heute Abend sollte der Schirm aktiviert werden können. «

»Ist mit den Energie-Reaktoren alles in Ordnung?«, erkundigte sich Commander Sinner.

»Die Reaktoren sind alle fabrikneu. Die Technik ist bewährt und zuverlässig«, empörte sich der Techniker. »Hiermit gab es noch nie Probleme. «

Ein schriller Ton hallte durch die Halle.
» Eingehender Hyperkomm-Funkspruch von der Erde für Commander Sinner«, hallte es aus den Lautsprechern.

Der quietschende Ton der Alarmsirenen zerrte an den Nerven der Handwerker.

»Stellen sie endlich den Ton aus«, sagte Commander Sinner. »Ich melde mich sofort. «

Er drückte einen Knopf an seinem Head-Fon. Ein Gespräch zu der Funkleitstelle wurde hergestellt.

»Hier ist Sinner, legen sie das Gespräch in mein Büro«, meldete er sich.

Der Offizier in der Funkzentrale bestätigte den Befehl.

Der Commander eilte davon. Kurze Zeit später ließ er sich in seinen Bürosessel fallen. Erneut kontaktierte er die Funkzentrale sich bei der Zentrale.

»Hier spricht Commander Sinner«, meldete er sich. »Ich bin jetzt in meinem Büro angekommen. Stellen sie das Gespräch durch. «

»Verstanden«, bestätige der Offizier der Funkleitstelle. »Ich stelle ihnen das Gespräch jetzt durch.«

Das Knistern in der Leitung verebbte.
»Hier spricht Major Travis, EWK-Zentrale«, klang es aus der Leitung. »Wie funktioniert es mit dem Aufbau des Konsulats und unseres Stützpunktes? «, erkundigte er sich.

Die Worte klangen klar und deutlich, die Hyperraum-Funkverbindung war tadellos.

»Gut«, erwiderte Commander Sinner. » Die Gebäude stehen schon. Wir konnten mit dem Innenausbau beginnen. Die Reaktoren werden gerade angeschlossen und im Anschluss hochgefahren. Laut den letzten Informationen meiner Techniker werden wir heute Abend den Super-Schutzschirm aktivieren und unsren Bereich schützen können. «

»Beeilen sie sich mit der Installation«, erklärte Major Travis.» Die Najekesio fallen um. Sie wollen auf einmal nicht mehr die Kapitulations-Verträge unterschreiben. Ich habe die ganze Delegation unter Arrest gestellt. Sie wollen Zugeständnisse, die wir aber nicht geben können. Ich werde noch heute Abend mit einer Flotte starten und zu ihnen in die Dunkelwolke vordringen. Dann werden wir über der Regierungswelt der Najekesio Position beziehen und sie nochmals an die Einhaltung ihrer Zusage erinnern. «

»Das hört sich nach Ärger an? «, antwortete Commander Sinner.

»Das befürchte ich auch«, entgegnete Major Travis. »Haben sie jemanden, den sie zu der Regierung der Najekesio schicken können? Neben der Schilderung des seltsamen Verhaltens der Delegation, können sie unseren offiziellen Protest überbringen. Fragen sie die Mitglieder der Najekesio-Regierung, ob sie so die Einhaltung ihrer Zusagen verstehen? «

»Das werde ich veranlassen«, sagte Commander Sinner. »Unsere Protestnote wird ihnen nicht gefallen«, entgegnete Major Travis.» Bleiben sie wachsam und passen sie auf sich und ihre Leute auf. Ich vermute, dass die Najekesio sich zu weiteren unüberlegten Handlungen hinreißen lassen. Bleiben sie unter dem Schutzschirm. Wir sind spätestens in 3 Tagen bei ihnen.«

»Danke für die Information«, antwortete der Commander. »Wir halten die Stellung. «

Das Hyperkomm-Funkgespräch wurde beendet. Commander Sinner schaltete den Communicator aus.

Commander Sinner erhob sich. Er eilte aus seinen Büro und lief in den Hangar. Er sah den leitenden Techniker und trat auf ihn zu. Dieser blickte den Commander fragend an.

»Es wird ernst«, sagte Commander Sinner. »Die Najekesio machen wieder Probleme. Es könnte wieder Krieg geben. Ziehen sie alle ihre Kollegen zusammen. Der Super-Schutzschirm besitzt äußerste Priorität. Bringen sie ihn schnellstens zum Laufen. Es ist möglich, dass diese Einrichtung heute noch angegriffen wird. «

»Bitte bleiben sie ganz ruhig « entgegnete der Techniker. »Wir sind fast fertig. Teile sie mir bitte mit, wie breit das Ausdehnungsfeld des Schirmes sein darf. «

»Breit genug, dass wir unser komplettes Terrain schützen können«, erwiderte der Commander. »Er soll sich über das Konsulat, über die Produktion-Hallen, die Freizeitanlagen, die Raumschiff-Basen, den Landehafen, bis hin zu der kompletten Einzäunung unseres Konsulats-Gebietes ausdehnen. Wir geben keinen Zentimeter unserer zugestandene Territoriums mehr ab. «

»In Ordnung«, antwortete der Techniker. »Ich zeige ihnen zu Vorsicht etwas. «

Der Techniker zeigte auf das Anzeigenpult der Steuereinheit.

»Hier an diesen Drehknöpfen stelle ich die Koordinaten ein«, erklärte er. »Diese Schieberegler kontrollieren die Energiezufuhr. Hiermit steuern sie die Stärke des Schutzschirmes. Fertig, das war es. Darf ich den Schirm jetzt aktivieren? «

»Einen Augenblick bitte noch«, widersprach Commander Sinner.

Er aktivierte sein Head-Fon.
»Hier spricht Commander Sinner«, sprach er in das Gerät. »Das ganze Personal des Neuen-Imperium begibt sich unverzüglich in das eingezäunte Konsulats-Gebiet. Wir werden in wenigen Sekunden den Schutz-Schirm aktivieren. Bitte treten sie den inneren Bereich der Markierung. «

Die Bestätigungen des Personals trafen innerhalb weniger Sekunden ein. Commander Sinner sah auf seinem Monitor, wie die letzten Techniker schnellen Schrittes innerhalb des eingezäunten Terrains Aufstellung nahmen und zum Himmel blickten.

Er drehte seinen Kopf wieder dem Techniker zu.
»Aktivieren sie bitte jetzt den Schirm«, befahl er.

Der Techniker gab an der zentralen Steuerkonsole einige Codes ein. Hiernach drückte er auf den großen grünen Knopf. Der Commander spürte, wie der Boden vibrierte. Die schweren Energie-Reaktoren liefen an und steigerten sich langsam. Schließlich leuchteten weiße Kontroll-Lampen auf. Die Generatoren hatten den benötigten Energiebedarf bereitgestellt. Der neue Super-Schutzschirm baute sich auf und legte sich über ganze Anlage.

»Der Komplex ist gesichert«, lächelte der Techniker. »Die weitere Bedienung des Schirmes ist identisch mit dem Kontrolldisplay ihres Raumschiffes. Ich empfehle eine vollständige Steuerung über die zentrale Hypertronic-KI des Konsulats. «

»Danke«, sagte Commander Sinner. » Das war eine sehr gute Arbeit. Damit haben sie uns sehr geholfen. «

Commander Sinner kehrte in die Termar 9 zurück. Auf der Brücke angekommen, wies er die Crew an, eine erhöhte Alarmbereitschaft auszurufen. Schnell schilderte er die Situation, die ihm von Major Travis mitgeteilt wurde.

»So ist die Situation«, sagte er. »Den Najekesio kann man nicht trauen. Ich brauche einen Freiwilligen, der mit den Najekesio verhandelt. «

»Das würde ich gerne übernehmen? «, meldete sich der 1. Offizier der Termar 9.

Leutnant Neivers stand auf.

» Ich werde mir einen Kampf-Roboter mitnehmen«, fuhr er fort. »Der wird für einen entsprechenden Respekt sorgen. «

»Hoffen wir das einmal«, erwiderte Commander Sinner. »Bereiten sie sich vor. Ich informiere sie die Regierung der Najekesio. Einige der Regierungsmitglieder werden erstaunt sein, dass ihre Verhandlungs-Delegation nicht zu den abgesprochenen Vereinbarungen steht, die anlässlich ihrer Kapitulation zugesagt wurden. Wir sind keine Bittsteller, sondern die Siegermacht. Ich teilte der Regierung ihren Besuch an. Ihr Begleiter wartet in Hangar 1 auf sie. Nehmen sie den Garde-Gleiter 5. Der ist gerade überprüft worden und im besten Zustand. Lassen sie bitte Vorsicht walten«

»Danke Commander, ich beeile mich«, antwortete Leutnant Neivers. «
Der Leutnant salutierte und ging schnellen Schrittes in Richtung Hangar davon.

Einige Minuten später erreichte ein Funkspruch die Brücke der Termar 9.

»Garde-Gleiter 5 bittet um Startgenehmigung«, teilte Leutnant Neivers mit.

Commander Sinner nickte seinem Funker Leutnant Born zu.

» Die Genehmigung wird erteilt, öffnen sie das Hangar-Tor«, bestätigte er.

Der Garde-Gleiter flog aus dem Hangar der Termar 9 heraus, dem aktivierten Schutz-Schirm entgegen.

Knapp 100 Meter vor der Energiekuppel sandte Leutnant Neivers ein Signal. Eine entsprechend große Struktur-Luke öffnete sich, die der Garde-Gleiter problemlos passieren konnte.

Leutnant Neivers beschleunigte und flog auf die größte Stadt des Planeten zu, in der sich die Gebäude der Regierung- und der Verwaltung der Najekesio-Planeten befanden.

Dieser Planet zeigte sich von der besten Seite. Er war nicht industrialisiert, sondern lediglich naturbelassen und mit zahlreichen Verwaltungsgebäuden ausgestattet. Alles auf dem Planeten war künstlich angelegt. Bewusst hatten die Najekesio auf ihrem Regierungs-Planeten den Ausstoß von Abgasen auf ein Mindestmaß reduziert und auf industrielle Nebeneffekte, die eine intakte Umwelt zerstören könnten, verzichtet.

Dies war für die anderen Industrie-Planeten des Proxima-Centauri-Systems der Dunkelwolke vorgesehen. Die Parlamentarier und Politiker der Najekesio lebten hier sehr gut. Seit Jahrtausenden kannten sie keine negativen

Erlebnisse mehr. Sie fühlten sich als hochstehende Rasse, gegenüber den anderen bekannten Lebensformen in ihrer Hemisphäre. Die anderen Planeten der Dunkel Wolke verdienten das Geld. Sie mussten die Regierungs-welt finanzieren.

» Die Gesetze werden auf diesem Planeten entschieden«, dachte Leutnant Neivers. »Nur hier existierten die einzelnen Gremien, die über die Lebensweise eines ganzen Volkes entscheiden. «

Schon von weiten wurde der Kuppel-Dom des zentralen Verwaltungs-Gebäudes sichtbar. Leutnant Neivers wusste, dass vor diesem Gebäude ein großflächiger Landeplatz für prominente Besucher angelegt worden war. Er suchte sich den günstigen Landeplatz aus. Langsam ging er mit seinem Garde-Gleiter in den Sinkflug über. Leutnant Neivers war sich sicher, dass ihn die Ortungs-Anlagen der Najekesio-Flugüberwachung bereits erfasst hatten. Sanft setzte er seinen Gleiter vor dem Regierungs-Gebäude auf.

Ein Najekesio in Uniform der Raumflotte hatte ihn vermutlich schon erwartet und kam auf seinen Garde-Gleiter zugelaufen. Der Albino wartete geduldig, bis Leutnant Neivers ausgestiegen war.

»Sie sind mein Empfangskomitee? «, fragte Leutnant Neivers den Najekesio höflich.

Dieser lächelte undurchschaubar.

»Sie müssen Leutnant Neivers sein, von dem Raumschiff Termar 9«, antwortete er auf Natradisch. »Sie wurden uns bereits angekündigt. Sie haben um eine Audienz bei dem Hohen Rat gebeten. «

Als der Kampf-Roboter ausstieg, verfinsterte sich die Mine des Najekesio. Erschreckt wich er einen Schritt zurück.

Leutnant Neivers registrierte das entsetzte Gesicht des Offiziers.

»Ich muss diesen Roboter mitnehmen«, teilte der Leutnant mit. »Er dient zu meiner Sicherheit. » Aber wenn sie es wünschen, kann er auch hier auf mich warten. «

»Das wird vermutlich für den Rat angenehmer sein«, antwortete der Najekesio.

Leutnant Neivers drehte sich zu dem Roboter um.
»Der ursprüngliche Befehl wird aufgehoben«, befahl er. »Du begleitest mich nicht und wartest hier auf meine Rückkehr. Sichere den Gleiter. «
»Befehl erhalten«, erwiderte der Robot blechern.

Leutnant Neivers folgte dem Najekesio in das Regierungsgebäude. Zwei Wachen standen vor dem Eingang und schauten ihnen mit einem grimmigen Gesicht entgegen. Sie durchschritten einige kleinere Räume, bis sie im Zentrum des Gebäudes auf den großen Plenarsaal stießen.

Der Najekesio öffnete die Türe. Er verbeugte sich kurz und kündigte Leutnant Neivers an.

»Hoher Rat, Leutnant Neivers, von der Termar 9 ist angekommen und bittet um ihr Gehör «

Von innen tönte die Antwort heraus.
»Der Leutnant darf eintreten. «

Der Najekesio gab dem Leutnant ein Zeichen. Neivers folgte dem Najekesio in den Sitzungssaal. Gemeinsam schritten sie auf erhobenen Plätze der Parlamentarier zu. Leutnant Neivers blickte in die Runde und verbeugte sich.

Ein Parlamentarier erhob.
»Was verschafft uns die Freude ihres Besuches? «, fragte er. «

»Ich komme in einer unangenehmen Angelegenheit zu ihnen«, teilte Leutnant Neivers mit. » Ich wurde beauftragt, ihnen eine Protestnote meiner Regierung zu überreichen. Die parlamentarische Verhandlungs-Delegation, die von ihnen nach Natrid geschickt wurde, hält sich nicht an ihre Vereinbarungen. Ihre Delegierten sind nicht mehr bereit, die hier mit ihnen getroffenen Absprachen zu unterzeichnen. «

Eine eisige Stille durchzog den Raum. Der Sprecher der Najekesio erhob sich wieder. Er schien der gewählte Vorsitzende der parlamentarischen Gruppe zu sein.

»Die Verhandlungs-Delegation ist eigenständig in ihren Entscheidungen«, antwortete er. »Hieran können wir nichts ändern. «

»Haben sie der Delegation nicht den Auftrag erteilt, in dem Sinne der najekesichen Regierung erfolgreiche Beitritts-Verhandlungen zu führen? «, fragte der Leutnant.

Die Najekesio berieten sich leise untereinander. Dann richtete sich der Sprecher wieder auf.

»Sie sind sehr unglaubwürdig, Leutnant Neivers«, sagte er. »Von diesen Aussagen haben wir keine Kenntnis. «

Leutnant Neivers gab sich kurz irritiert.
»Sie alle erinnern sich doch noch an ihre Kapitulation und an ihre Zustimmung zu unseren Forderungen«, erklärte er. » Hierdurch konnten sie die Vernichtung ihrer Planeten verhindert. Jetzt sind einige Wochen vergangen und sie sind nicht mehr dazu bereit, die besprochenen Verträge zu unterschreiben? «

Leutnant Neivers war äußerst erregt. Die Haltung der Najekesio verachtete er.

»Würden sie ihre Zunge zügeln«, warnte der Parlamentarier. »Ich werte das als eine grobe Missachtung des Hohen Rates der Najekesio. Wir sind immer noch ein eigenständige Rasse. «

»Ergötzen sie sich hieran, solange sie es noch können«, antwortete der Leutnant schroff. » Die Weigerung ihrer Delegation wird jetzt ganz schnell Konsequenzen nach sich ziehen. Sie gehörten schon einmal einem großen Imperium an. Zivilisationen, die durch die Nichteinhaltung von Verträgen glänzen, sind für das Neue-Imperium uninteressant. Solange sie ihre Einstellung nicht ändern, werden sie niemals ein Bestandteil des neuen Planetenverbundes werden. Das bedeutet, dass ihre Rasse immer auf sich allein gestellt sein wird. «

»Unterstellen sie uns schlechte Absichten? «, fragte jetzt auch der Vorsitzende des Rates.

» Ich stelle lediglich fest, dass sie sich nicht an Absprachen halten, wie sie es vor Jahrtausenden schon einmal gemacht haben«, sagte Leutnant Neivers.   »Die Geschichte vergisst nichts, darauf können sie sich verlassen.«

»Wie werten ihren Besuch als Beleidigung unserer gründlichen Entscheidungsfindung«, antwortete der Sprecher des Rates echauffiert. »Verlassen sie sofort das najekesische Regierungsgebäude. Wir können ihre Hochnäsigkeit nicht länger ertragen. «

Leutnant Neivers nickte.
»Das mache ich. «, antwortete er. » Ich kann den Gestank ihrer Rasse ebenfalls nicht mehr ertragen. Mein Besuch diente eigentlich der gemeinsamen Suche nach einer

Lösung. Ihnen ist doch klar, dass sich unsere Völker jetzt wieder im Kriegszustand befinden. Um ihre Entscheidung etwas zu unterstützen, teile ich ihnen mit, dass derzeit unsere schwere Eingreif-Flotte Kurs auf Proxima-Centauri und auf ihre Dunkel-Wolke nimmt. Sie holt das nach, was wir bisher versäumt haben. Unsere Flotte dringt in ihre Dunkelwolke ein und wird jeden ihrer Planeten zurück in die Steinzeit bomben. Sie verstehen, was das für sie bedeutet. Das angenehme Leben wie sie es kennen, wird aufhören zu existieren. Viele ihrer Familien, Freunde und Bekannten werden getötet. Unsere Flotte wird viele Raumschiffe mitbringen und sich nicht von ihnen aufhalten lassen. Sie wird Stellung beziehen und sie noch einmal nach ihrer Entscheidung fragen, erst dann wird sie zuschlagen. Derzeit sind sie kein Partner für das neue Imperium von Tarid und Natrid. Meine Empfehlung an sie lautet, lassen sie alles stehen und liegen und bringen sie ihre Kinder in Sicherheit und alles, was ihnen noch lieb ist. Ich werde empfehlen, ein Exempel an ihren Planeten zu statuieren. «

Den Parlamentariern hatte es die Sprache verschlagen. Einige standen auf und beschimpften Leutnant Neivers. »Unverschämtheit, Erpressung, wir werden uns nie beugen«, riefen sie.

Andere Parlamentarier verließen eiligst den Saal. Der Sprecher des Rates stand erneut auf. Bewusst zurückhaltend sprach er nochmals Leutnant Neivers an.

»Sie sollten ihre Entscheidung überdenken«, flüsterte er. »Es wird viele Tote geben, an das Blutvergießen gar nicht zu denken. «

»Was gibt es noch zu überdenken? «, fragte der Leutnant. » Wir fordern Wiedergutmachung für das, was sie bei uns angerichtet haben. Nur durch ihr hinterhältiges Verhalten und durch ihre Sabotage stehen wir jetzt hier an gescheiterten Verhandlungen. Wir kannten sie bisher nicht. Durch die alten Archiven der Hypertronic-KI von Natrid wurden wir auf sie aufmerksam. Wir wissen nicht, wie lange sie bereits unsere Erde ausspioniert haben und versucht haben den Ablauf der Geschichte zu verändern. Aber das ist jetzt vorbei. Sie können mir glauben, wir verfügen über die Mittel, um ihrem Volk endlich einmal Respekt vor anderen Rassen beizubringen. Treffen sie eine Entscheidung, solange es noch geht. Senden sie mir eine Antwort an die Termar 9, die ich an meine Regierung weiterleiten kann. «

»Diese Entscheidung kann ich nicht allein treffen«, sagte der Sprecher der Najekesio. » Neue Gesetze müssen viele Gremien und parlamentarische Abteilungen durchlaufen. Erst dann ist eine Abstimmung über eine geänderte Vorgehensweise möglich. «

»Ich sehe, dass sie keine Antwort für mich haben«, erwiderte der Leutnant. »Schauen sie dem Sterben ihrer Welt in ihren Gremien zu. Ich danke ihnen, dass sie meinen Worten zugehört haben. «

Leutnant Neivers drehte sich ohne Gruß um und ging in die Richtung der Türe des großen Plenarsaales. Draußen wartete der junge Najekesio auf ihn, der ihn anfangs hineinführte. Er zitterte am ganzen Körper.

»Was ist mit ihnen los? «, fragte Leutnant Neivers. »So spricht man nicht mit dem Hohen Rat«, antwortete er. » Das wird Folgen haben. Ich bringe sie zum Ausgang und zu ihrem Gleiter. «

»Das brauchen sie nicht«, entgegnete Leutnant Neivers. »Ich habe mir den Weg eingeprägt. Ich finde mich selbst zurecht. «

Der Leutnant ging durch die langen Flure und durch die kleine Empfangshalle, dem Ausgang entgegen. Beim Durchschreiten der Türe blickte Leutnant Neivers wieder auf die beiden Wachen.

»Diese sehen noch ein bisschen grimmiger aus als vorhin«, dachte er. «

Er schritt die 35 Stufen der Treppe hinunter und ging auf das Flugfeld zu. Lautes Zischen und Fauchen durchbrach die Stille.

Leutnant Neivers wollte sich umdrehen, da bemerkte er, wie er in seinen Rücken getroffen wurde. Schmerzhaft hielt er sich gerade und blickte zurück in die Richtung, aus der er gekommen war. Auf dem Dach des Regierungsgebäudes sah er eine kleine Gruppe Najekesio mit Laser-Gewehren bewaffnet stehen. Es waren Heckenschützen. Er sah, wie der Kampfroboter seine Waffen aktivierte und im Dauerfeuer auf die Position der Heckenschützen schoss.

»Warum habe ich keinen Individual-Schutzschirm angelegt«, überlegte er. »Ich habe den Najekesio zu viel Anstand zugestanden. Das rächt sich jetzt. «

Der Kampf-Roboter holte nach und nach einige Heckschützen von dem Dach und eilte schrittweise auf Leutnant Neivers zu. Er wollte ihn mit seinem Körper schützen. Dieser war auf die Knie gesunken und konnte sich nicht mehr aufrecht halten. Langsam kippte er seitlich auf den Boden. Es gelang ihm noch, den Notruf-Knopf seines Kommunikators zu bedienen. Drei Laser Treffer hatten ihn erwischt. Das Blut floss aus den Wunden. Leutnant Neivers bemerkte, wie langsam seine Sinne schwanden. Das Leben verließ ihn zusehends. Dann war der Robot bei ihm. Er hob Leutnant Neivers vorsichtig auf und rannte zurück zu dem Garde-Gleiter. Das war das Letzte, was Leutnant Neivers noch bemerkte. Der Roboter startete den Garde-Gleiter und flog in mit Höchstgeschwindigkeit zurück zur Termar 9.

Der Notruf ging wenige Sekunden später bei der Termar 9 ein. »Leutnant Neivers ist verletzt«, teilte der Funk-Offizier mit.

»Sobald der Gleiter gelandet ist, wird der Leutnant sofort auf die Kranken-Station gebracht«, befahl Commander

Sinner. »Ich wusste es, den Najekesio ist nicht zu trauen. Es sind hinterhältige Albinos. «

Am Schirm verfolgte die Brücken-Crew den Rückflug des Garde-Gleiters. Ein Medi-Team stand bereits im Hangar bereit, um den 1. Offizier des Schiffes zu versorgen.

Der Commander blickte seinen Funk-Offizier an.
»Sie übernehmen«, befahl er. »Ich gehe in den medizinischen Bereich. «

Der Gleiter war gelandet. Das medizinische Team verschaffte sich Einlass. In eiliger Geschwindigkeit wurde der Leutnant in die medizinische Abteilung geschafft. Fünf Ärzte schlossen Kabel, Schläuche und lebenserhaltende Systeme an.

Commander Sinner eilte in die Notaufnahme.
»Vital-Scanner einschalten«, befahl der Commander.

»Der läuft immer«, kam die Antwort von dem Notfall-Team zurück. »Wir erhalten nur sehr schwache Lebenszeichen von Leutnant Neivers. «

»Warum habe ich das nicht früher erfahren? «, fragte Leutnant Sinner erbost.

»Jetzt sind seine Lebenszeichen erloschen«, meldete der Mediziner. »Sie wissen, was das bedeutet? Wir konnten nicht mehr viel für ihn tun. «

Das Gesicht von Commander Sinner verzog sich schmerzerfüllt. Er drehte sich um und ging zurück in die Leitzentrale der Termar 9.

Die Brücken-Offiziere schauten ihn erwartungsvoll an. »Leutnant Neivers hat es nicht geschafft«, teilte der Commander mit. »Unser 1. Offizier ist in der Krankenstation verstorben. «

Er ballte seine Hand zur Faust und schlug hiermit krachend auf die Konsole vor ihm.

»Öffnen sie mir sofort einen Kanal zu der Regierung der Najekesio«, befahl der Commander seinem Funker.

»Ich bekomme keinen Empfang«, antwortete dieser. »Die Regierung lässt sich nicht sprechen. Der Funkspruch rastet ein. Daran liegt es nicht. «

Die Hektik war unerträglich. Die Ereignisse überschlugen sich.

»Ortung«, sagte Leutnant Chara. »Ich habe 30 feindliche Kampfgleiter auf dem Schirm. Sie kommen schnell näher. Die Gleiter nähern sich in einer Höhe von 1.000 Metern. »Ihre Waffen sind aktiviert.«

»Sie können uns nichts anhaben«, erwiderte Commander Sinner. »Ist es denn ohne einen Kampf nicht möglich, mit den Najekesio zu verhandeln? Wir haben einen Freund und Kamerad zu rächen. Starten wir unsere Antriebe,

Schutzschirm hochfahren, alle Waffentürme ausfahren. Wir stellen uns den 30 Kampfgleitern der Najekesio. Das sind wir unserem Kameraden schuldig. Sofortiger Alarm-Start.«

Der Steuermann der Termar 9 schlug den Antriebshebel nach vorne. Sämtliche Reaktoren der Termar 9 wurden schlagartig auf drei Viertel der Leistung hochgefahren. Der gewaltige Super-Schutzschirm sorgte für eine entsprechende Feld-Struktur.

Aus dem Stand schien es so, als ob der natradische Angriffs-Kreuzer die 1.000 Meter in die Höhe sprang. Der Steuermann hatte das Schiff in eine rotierende Drehbewegung gebracht. Aus dieser Position heraus verschossen alle Waffentürme ihre Breitseiten auf die 30 überraschten Kampfgleiter der Najekesio.

Explosionen breiteten sich unter den angreifenden Gleitern aus. Loderndes Feuer erfasste die kleinen Schiffe, qualmend und torkelnd stürzten die getroffenen Einheiten zu Boden schlugen hart auf. Viele von ihnen explodierten durch den Aufschlag auf den Boden. Einige beschädigte Gleiter konnten den Kurs nicht mehr kontrollieren und schlugen in Wohnbereichen der Stadt ein. Das Gefecht war brutal. Die Termar 9 wollte keine Gnade walten lassen. Innerhalb kürzester Zeit war der Luftraum über dem Terrain des Konsulats-Gebietes durch den Naada-Kreuzer gesäubert.

Keiner der 30 Kampf-Gleiter der Najekesio war verschont geblieben.

»Waffentürme einfahren und wieder zur Landung ansetzen«, befahl Commander Sinner. » Wir begeben uns wieder unter den Schirm. Öffnen sie mir bitte nochmals einen Kanal an die Regierung der Najekesio.

»Die Leitung steht«, bestätigte dieser mit grimmigen Gesicht.

»Hier spricht Commander Sinner, von der Termar 9«, sprach er in seinen Communicator. »Ich rufe die Regierung der Najekesio. Unsere Geduld ist zu Ende. Verstärkung wird bald eintreffen. Wir werden mit ihnen nicht mehr verhandeln, wie wir es anfangs vorhatten. Sie sind Infiltranten, Verbrecher und Mörder. Sie akzeptieren keine fremden Rassen. Wir werden sie nur noch als Lebewesen der minderen Gattung einstufen. Unsere Regierung wird sie deportieren und in ein fremdes Sonnensystem bringen. Dort dürfen sie sehr lange angenehme Arbeiten für das neue Imperium durchführen. Alle nicht mehr arbeitswilligen Personen ihres Volkes werden eliminiert. Sämtliche Verhandlungen mit ihnen sind beendet. Wir fordern die sofortige Herausgabe der Attentäter, ansonsten werden es keine weiteren Gespräche mehr stattfinden. Commander Sinner, vertretungsberechtigter Konsul des neuen Imperiums. Ende der Nachricht. «

Der Commander schaute sich auf der Brücke um. Die Gesichter der Brücken-Crew waren bis aufs äußerste angespannt.

»War das nicht zu dick aufgetragen? «, fragte der Ortungs-Offizier.

Commander Sinner blickte ihn an.
»Eine andere Sprache verstehen die Najekesio vermutlich nicht«, antwortete er. » Ich brauche eine Verbindung zu Major Travis. Und das möglichst schnell.«

»Der Funkspruch ist eingerastet«, antwortete der Funker.
»Er ist mit seiner Flotte bereits im Anflug an auf die Dunkel-Wolke. Sie sprechen über den Kommunikations-Satelliten Wirgon 9. Er wurde neu positioniert. Die Satelliten werden unsere Hyperkomm-Funksprüche aus der Dunkel-Wolke auffangen können und ins normale Hyperkomm-Kommunikationsnetz übertragen. Sie können sprechen Commander.«

»Danke«, erwiderte der Befehlshaber.
»Hier spricht Commander Sinner, Stützpunkt-Kommandant auf dem Planeten 4 der Najekesio, zuständig für den Aufbau des Konsulats des neuen Imperiums", sprach er in den Communicator. »Ich rufe Major Travis. Erbitte dringend Unterstützung. Soeben wurde mein 1. Offizier Opfer eines Attentats. Die Najekesio sind zu keinen weiteren Zugeständnissen bereit. Vermutlich wird die Situation eskalieren. Ich habe den neuen Super-Schutzschirm aktiviert und die höchste

Alarmbereitschaft ausgerufen. Erbitte sofortige Unterstützung. «

»Ihr Funkspruch wurde gesendet«, bestätigte die Funk-Leitstelle.

***

Die Flotte unter dem Befehl von Major Travis eilte den Koordinaten der Dunkel-Wolke, im Gebiet Proxima-Centauri, entgegen.

»Eingehender Hyperkomm-Funkspruch«, teilte Sergeant Farmer mit. »Er kommt über die neue Weiterleitungs-Station Wirgon 9. «

»Legen sie ihn bitte auf die Lautsprecher«, sagte Major. Travis. «

Die Crew der Termar 1 hörte gespannt zu. Commander Sinner erläuterte das Problem.

»Die Angelegenheit eskaliert, wir benötigen dringend Unterstützung, Commander Sinner, Ende der Übermittelung. «

Major Travis schaute Commander Brenzby an.
»Wie wir es vermutet haben«, bemerkte Major Travis.
»Ich hatte wieder den richtigen Riecher. Den Najekesio ist nicht zu trauen. Wie viele Sprünge haben wir noch vor uns? «

»Es sind noch vier Hyperraum-Sprünge«, antwortete der Commander.

»Wir müssen uns beeilen«, ergänzte der Major. »Versuchen sie alles aus dem Schiff herauszuholen. Commander Sinner wird vermutlich in eine unangenehme Lage geraten. Geben sie dem Befehl an die Flotte, sofort den nächsten Sprung einzuleiten. «

Die Termar 9 lag unter dem neuen Super-Schutzschirm. Hektisches Treiben war an Bord zu registrieren. Commander Sinner hatte die höchste Alarmbereitschaft befohlen. Die Najekesio waren vermutlich nicht mehr gut auf die Terraner zu sprechen. Das Schiff des Neuen-Imperiums hatte 30 Kampfgleiter der planetarischen Sicherheitskräfte zerstört. Der Commander vermutete, dass sich die Najekesio bereits eine Überraschung für ihn überlegten.

»Wie sieht es mit den Defensiveinrichtungen auf dem Geländes aus? «, fragte er.

»Die Laser-Abwehr-Geschütze wurden installiert und sind jetzt einsatzbereit«, antwortete ein Techniker. »Sie können jetzt alle 12 Abwehr-Geschütztürme über die zentrale Kontrolle aktivieren und steuern. «

»Ich habe Ortungen«, teilte Sergeant Miller mit. »Die Najekesio greifen den Schirm mit fünf ihrer großen 400-Meter-Klasse Raumschiffen an. «

»Nur fünf Schiffe? «, entgegnete Commander Sinner enttäuscht. » Das wird unser Schirm locker aushalten. Feuer frei, für alle Abwehr-Geschütze. Verpassen sie dem ersten Schiff einen Gruß von unserer Hyperspace-Kanone. Dann können die Najekesio analysieren, was sie da vom Himmel geholt hat. Ein weiterer Einsatz der Hyper-Space-Kanone erfolgt erst auf meinen ausdrücklichen Befehl. Alle bodengebundenen Abwehr-Geschütze gehen auf den Automatikmodus. Die fremden Ziele erfassen und vernichten. «

Der Boden des Schiffes vibrierte, als die schwere Hyperspace-Kanone ihren Dienst aufnahm. Wie gewohnt, suchte sie sich die Kanone selbst ein Ziel und feuerte ihre todbringende Fracht in die Fratze des Gegners. Auf dem CIC der Termar 9 konnte der Einschlag registriert werden. Die gewaltige Bombe der Hyper-Space-Kanone schlug brachial ein und versetzte das erste Schiff der Najekesio aus der Flugbahn. Der Schutz-Schirm brach zusammen. Die nächsten Treffer, diesmal aus den Waffen-Türmen der Termar 9, schlugen ein und zerrissen das Schiff in einer grellen Explosion.

Eine gewaltige Feuerwolke zeigte den Untergang des stolzen Schiffes der Najekesio an. Brennende Trümmerstücke regneten zu Boden. Die Commander gab den Befehl, die Hyperspace-Kanone erneut zu aktivieren. Die Termar 9 vibrierte, als das zweite Geschoss das Rohr verließ und sich dem anvisierten Ziel näherte. Wieder wurde der Schirm des Najekesio-Schiffes aufgebrochen.

Die nachfolgenden Lasersalven, aus den Waffentürmen der Termar 9, zerfetzten das Schiff der Najekesio zu einem gigantischen Feuerball. Sofort drehten sich die Waffentürme der Termar 9 dem nächsten Ziel entgegen. Die restlichen 3 Schiffe der Najekesio schleuderten ihre Strahlen wirkungslos auf den Super-Schutzschirm des natradischen Konsulats-Bereiches. Dieser zeigte keine Überlastung an.

»Jetzt werden es wohl auch die dümmsten Najekesio verstanden haben, dass unsere Schirme besser sind als die ihren«, lachte Commander Sinner.

Major Travis hatte mit seiner Eingreif-Flotte die Zielkoordinaten erreicht. Aufgrund der Asteroiden-Felder und der Staubwolken gab es nur zwei Eingänge in die Dunkel-Wolke. Eine Sicherheits-Flotte aus 15 najekesichen Schiffen ergab sich nach der Aufforderung, den Flug-Korridor freizumachen. Die Schiffe wurden geentert, die Mannschaften einem Gefängnis-Schiff überstellt.

Die Flotte aus 5.000 gemischten Schiffen des neuen Imperiums, drang ungehindert in die Dunkelwolke ein. Wie eine große Wolke des Verderbens flog sie den vierten Planeten der Najekesio an.

»Ortungen? «, fragte Major Travis.

» Nur kleinere Polizei-Schiffe«, meldete Sergeant Dantow. »Diese sollen vermutlich die Ordnung aufrechterhalten.«

»Weisen sie die Schiffen an, sich zurückzuziehen, ansonsten werden sie vernichtet«, befahl Major Travis.

» Der Funkspruch ist raus«, bestätigte Sergeant Farmer.

»Weiter Kurs auf den Regierungsplaneten nehmen«, sagte Major Travis gelassen.

Kurze Zeit später war der 4. Planet des Najekesio-Systems erreicht. Die Schiffe formierten sich in Geschwader zu fünf Schiffen. Diese verteilten sich um den ganzen Planeten.

»Sergeant Farmer«, sagte Major Travis. »Öffnen sie einen Kanal.

»Sie können sprechen«, kam die Antwort zurück.

Major Travis nickte dem Offizier zu und griff nach dem Communicator

»Hier spricht Major Travis, Oberbefehlshaber der Streitkräfte des neuen Imperiums von Natrid und Tarid«, stellte er sich vor. »Ich ersuche um ihre sofortige Kapitulation. Ihre Verhandlungs-Delegation wurde von uns verhaftet. Sie konnte sich mit ihrer Niederlage nicht abfinden. Trotz ihrer eingestandenen Niederlage, haben sie neue Kampfhandlungen gegen Personen des imperialen Konsulates des Neuen-Imperiums befohlen und. Ein Angehörigen unserer Raumflotte wurde feige aus dem Hinterhalt erschossen. Wir haben genug von dem Volk der Najekesio. Ich fordere die Herausgabe der Attentäter, die für den hinterhältigen Anschlag auf den ersten Offizier der Termar 9 verantwortlich sind. Diese Personen werden ihre gerechte Strafe erhalten.

Ferner fordere ich die zwieträchtigen Mitglieder ihres Regierungsrates unverzüglich auf, sich zu Kapitulations-Gesprächen in dem Konsulat unseres Imperiums einzufinden. Verlassen sie sofort ihr Regierungsgebäude. Sie werden es nicht mehr benötigen. Der najekesische Regierungssitz wird in 10 Minuten ihrer Zeitrechnung von uns zerstört. Verstehen sie das als erste Vergeltungs-Maßnahme.

Es war ein Fehler von ihnen, ihre Verhandlungs-Delegation so zu instruieren, dass sie mit keinen Vollmachten ausgestattet war, um die Kapitulations-Verträge unterzeichnen zu können. Wir hatten ihnen einen Neuanfang angeboten, doch diesen akzeptierten sie nicht. Also werden wir als Siegermacht auftreten und ihr Volk bluten lassen. «

Abrupt beendete Major Travis die Verbindung. Er war sich sicher, dass die Najekesio alles verstanden hatten.

Die Termar 1 und 50 Schiffe der Flotte von Major Travis standen in der oberen Atmosphäre des Planeten der Najekesio. Überall auf dem Planeten flammten Schutz-Schirme auf. Zahlreiche wichtige Gebäude versuchten sich zu schützen. Die Flotte der Najekesio verhielt sich auffällig ruhig. Vermutlich hatten ihre Befehlshaber eingesehen, dass ihre Schiffe nicht die geringste Chance gegen die Armada des neuen Imperiums hatten.

Major Travis schaute auf seinen Zeitgeber.
»Die Zeit ist um«, sagte er.

Er blickte Commander Brenzby an.
»Feuer frei für die Hyperspace-Kanone«, befahl er. » Das erste Ziel ist das Regierungsgebäude. «

»Die Ziel-Koordinaten wurden in das Waffensystem eingespeist«, bestätigte Sergeant Dantow. «

»Feuer frei«, befahl Commander Brenzby. «

Der Boden des Schiffes vibrierte, als die massive Kanone ihr Geschoss dem Planeten entgegen jagte. Zahlreiche Laser-Strahlen stiegen vom Boden auf und versuchten den Gefechtskopf abzuwehren. Dieser entmaterialisierte und verschwand in dem Hyperraum. Die Laser-Strahlen der najekesichen Bodenabwehr verpufften. Erst 100 Meter über dem Regierungs-Gebäude materialisierte die Bombe erneut und schlug mit voller Wucht in das Ziel ein. Der Schutzschirm des Gebäudes konnte die Entfaltung der gigantischen Energien nicht abwehren.

Das hoheitliche Schloss, das auch der Sitz des najekesichen Regierungs-Parlamentes war, explodierte unter der Detonation des Geschosses der Termar 1. Eine gewaltige Explosion war auf den Schirmen der Schiffe des

Neuen-Imperiums zu erkennen. Feuer, Blitze und Trümmer Rausch und Asche wirbelten durch die Luft und verdunkelten die Sicht.

Als sich der Qualm und Rauch verzogen hatte, sah Crew der Termar 1 nur noch Trümmer und Schutt, wo ehemals das Regierungs-Zentrum für 27 Planeten der Dunkel-Wolke gestanden hatte. Feuer und Rausch loderten aus zahlreichen Leitungen des Bodenkraters.

»Die natradischen Nachkommen von Tarid machen Ernst«, bemerkte ein Regierungssprecher der Najekesio verärgert mit. »Es war kein Bluff. «

»Sie stehen zu ihren Ankündigungen«, sagte ein anderes Ratsmitglied. »Wir haben einen schlafenden Riesen erweckt. Noch gibt es Möglichkeiten zu verhindern, dass sich das neue Imperium zu einem Feind des najekesichen Reiches entwickelt. Falls die Informationen der Wahrheit entsprechen, dass die Worgass in unsere Galaxie eindringen wollen, dann sollten wir gewappnet sein und starke Verbündete besitzen. Allein sind wir den Worgass nicht gewachsen«, bemerkte Kanriel.

»Wir lassen uns nicht terrorisieren«, sagte der Vorsitzende des Regierungs-Rates. »Ich befehle den Kampf aufzunehmen.«

»Du treibst uns alle in den Untergang«, schrien andere Delegierte zurück. »Das ist kein Spiel mehr. Die Hinterlassenschaften von Natrid hat eine andere Rasse gesichert. Erneut haben wir als Einheit versagt. Dafür bist du nur verantwortlich. «

Fassungslos blickten einige der Regierungsmitglieder ihn an.

»In dieser Situation ist deine Sturheit völlig unangebracht«, bemerkte eine große Anzahl der anwesenden Regierungs-Mitglieder. Wir entheben dich deines Amtes. Du hast uns bisher immer ins Verderben geführt. «

»Soldaten«, befahl Kanriel. »Nehmen sie Muriel fest. Wir entheben ihn aller Ämter. Er ist ab sofort Gefangener des najekesichen Regierungs-Rates. «

»Das könnt ihr nicht machen, dazu fehlt euch die Befugnis«, antwortete er der alte Rats-Vorsitzende aufgebracht. »Ich bin frei gewählt. Ihr habt das zu akzeptieren. «

Kanriel, der junge Vertreter des Regierungs-Rates schaute in die Runde der Abgeordneten.

»Die Mehrheit der Versammlung hat entschieden«, teilte er mit. »Bitte bestätigt mit eurem Handzeichen, wer der gleichen Meinung ist. Welcher der Delegierten ist für die Absetzung von Muriel, als oberster Regierungs-Rat? Hebt bitte eure Hände. «

Bis auf wenige Regierungs-Vertreter hoben alle ihre Hände in die Höhe.

»Ich habe eine Ortung«, meldete Sergeant Dantow. »Ich erfasse 3.000 Schiffe der Najekesio. Sie sind vom 6. Planeten aufgestiegen und nähern sich rasch. «

»Sie wollen also doch kämpfen«, sagte Major Travis. « »Sie lernen nichts dazu. Funkspruch an unsere Begleitschiffe. Die Schiffe der Najekesio sind in jeden Fall abzuwehren. Unsere Zerstörer sollen einen Sperrriegel aufbauen. Sie sollen keines der fremden Schiffe durchlassen. «

Die Schiffe der Kaiser-Klasse positionierten in breiter Linie, in den besten Schusspositionen. 500 Schiffe dieser fliegenden Kampfstationen erwarteten den Gegner bereits mit den Steuerbordseiten ihrer aktivierten Waffen-Türme. Fünfundzwanzig schwere Laser-Türme pro Schiff waren gegen die anfliegenden Gegner gerichtet.

In dem Moment, indem die Najekesio-Schiffe in eine optimale Waffenreichweite gekommen waren, erteilte die Hypertonic-KI der Termar 1 den Feuerbefehl. Dicke Laser-Lanzen schossen gnadenlos auf die Najekesio-Schiffe zu. Im Dauerfeuer fauchten die großen Kanonen der Schiffe auf.

Oberhalb der Zerstörer der Kaiser-Klasse hatten sich 3.000 Schiffe der Königs-Klasse positioniert und warteten auf ihre Beute. Weitere 1.000 Schiffe der Lord-Klasse und 500 Angriffs-Kreuzer der Naada-Klasse, warteten mit aktivieren Waffentürmen getarnt an den Flanken. Noch waren sie von den Schiffen der Najekesio nicht auszumachen.

Die Zerstörer der Königs-Klasse griffen in den Kampf ein und feuerten ihre Hyperspace-Kanonen ab. Die Geschosse glitten aus den Geschützrohren der schweren Bug-Kanonen, um direkt in den Hyperraum zu wechseln. Es dauerte einige Sekunden, bis sie kurz vor dem Ziel wieder materialisierten. Für die najekesichen Schiffe nicht mehr zu verhindern, schlugen sie mit brachialer Gewalt ein. Von einem Moment zum anderen kollabierten die Schutzschirme der angreifenden Schiffe. Die nachfolgenden Lasersalven aus den Geschütztürmen der Schiffe der Kaiser-Klasse, beendeten den Anflug vieler getroffenen Schiffe in einer gigantischen Feuersbrunst.

Major Travis und sein Team beobachteten auf dem CIC die Raumschlacht. Die Schiffe der Lord-Klasse und die Naada-Kreuzer enttarnten sich und griffen die Flanken der najekesichen Formationen an. Schiff um Schiff detonierte in grellen Explosionen. Das Vorrücken der feindlichen Formationen stockte. Ein heilloses Durcheinander war entstanden. Erneut materialisierten 100 Meter vor den feindlichen Schiffe neue Geschosse aus den Hyperspace-Kanonen der Zerstörer des Neuen-Imperiums.

Die Einschläge erfolgten mit einer solchen Kraftentfaltung, dass die geordnete Flotte der najekesichen Schiffe ins Trudeln geriet. Aus den Geschwadern der 3.000 najekesichen Schiffen, hatten 589 Einheiten den geballten Schlag durch die Hyperspace-Kanonen der natradischen Flotte nicht überlebt. Der Einschlag der hochexplosiven Geschosse zerfetzte die feindlichen Schiffe förmlich. Jetzt feuerten die Laser-Geschütztürme der Kaiser-Schiffe den Najekesio ihre tödlichen Energie-Salven entgegen. Sofort nach der Entladung der Waffentürme der Steuerbordseiten, drehten die Schiffe über den Kiel auf die Backbord-Seite, um den Angreifern weitere tödliche Ladungen zu überbringen. Wieder vergingen hunderte von Schiffen der Najekesio in gigantischen Atompilzen. Die Anzahl der Angreifer nahm stetig ab.

Die Soldaten führten den abgesetzten Rats-Vorsitzenden ab.

»Wie sieht es oben aus? «, fragte ein Regierungs-Mitglied der Delegierten.

»Unsere Schiffe haben keine Chance«, sagte Kanriel. »Sie stürzen sich zwar auf die Angreifer, werden jedoch sofort eliminiert«.

Bringt eine Hyperkomm-Anlage«, forderte ein Delegierter. » Dieser Wahnsinn muss aufhören. «

Kanriel nickte.

»Wir werden zu unseren Entscheidungen stehen und bringen das Geschehene wieder in Ordnung«, antwortete er.

Kurze Zeit später schleppten zwei Bedienstete des Regierungsrates eine mobile Hyperkomm-Anlage herein.

»Schalten sie es ein«, befahl das Ratsmitglied Kanriel. » Sie können sprechen, das Gerät ist auf den Flotten-Funk eingestellt«, bestätigte der Bedienstete.

»Hier spricht Regierungs-Rat Kanriel«, sprach er in das Mikrofon. » Ich rufe alle Schiffe der najekesichen Heimat-Flotte. Ratsvorsitzender Muriel wurde abgesetzt und verhaftet. Ich habe vorläufig die Amtsgeschäfte übernommen. Wir stehen zu unserer Kapitulation. Alle najekesichen Schiffe brechen den Angriff auf Zerstörer des Neuen-Imperiums ab und ziehen sich zu ihren Heimat-Basen zurück. Ich wiederhole, sämtliche Schiffe der Najekesio ziehen sich zu ihren Heimat-Basen zurück. Das ist ein ausdrücklicher Befehl der najekesichen Übergangs-Regierung. Wir wollen kein weiteres Blutvergießen und keine weitere Vernichtungen auf unseren Planeten erdulden. Das ist ein überlagernder Befehl der najekesichen Übergangs-Regierung. Eine Nichtbeachtung dieser Anweisungen zieht die Todesstrafe nach sich. Bitte bestätigen sie den Befehl. «

Er drückte einige Knöpfe und stellte eine andere Frequenz ein.

»Ich rufe den Befehlshaber der natradischen Flotte, Major Travis«, sprach er in das Mikrofon. »Hier spricht der neue Regierungs-Rat Kanriel. Bitte stellen sie ihre Angriffe ein. Wir kapitulieren und stehen für unsere Taten ein. Der alte Ratsvorsitzende Muriel wurde verhaftet und seines Amtes enthoben. Bitte stellen sie sofort ihre Angriffe ein und geben sie dem Volk der Najekesio noch eine Chance. Ich wiederhole, wir kapitulieren. «

Major Travis erhielt die Nachricht auf der Kommando-Brücke der Termar 1.

»Warum ging es nicht früher? «, erkundigte sich der Major. » Erst musste wieder gekämpft werden, um die endgültige Kapitulation der Najekesio zu erreichen. «

Commander Brenzby schüttelte den Kopf.
»Die Najekesio scheinen ein stolzes Volk zu sein«, antwortete er. »Sie haben bis zum Letzten versucht, ihre Kapitulation hinauszuzögern.

»Mit welchem Ziel? «, fragte Mayor Travis.
»Mit dem Ziel ihre Eigenständigkeit zu erhalten«, antwortete Commander Brenzby.

» Geben sie Befehl an unsere Flotte«, befahl Major Travis. » Sie sollen die Angriffe einstellen und sich etwas zurückziehen. Wir beobachten, was die Schiffe der Najekesio machen. «

»Ihr Befehl wurde gesendet«, sagte Sergeant Farmer. »Die Bestätigungen kommen bereits an. «

Major Travis und Commander Brenzby standen am CIC und beobachteten die Flotten-Bewegungen. Commander Brenzby zeigte auf den Bildschirm.

»Die Schiffe der Najekesio drehen ab«, sagte er. »Sie fliegen zurück und stellen den Kampf ein. «

Die Schiffe der Najekesio drehten ab und flogen wieder den 3. Planeten an. Die Kommandeure der Flotte zogen ihre Einheiten in ihre Basen zurück.

»Sie halten Wort«, bestätigte Major Travis. »Sergeant Hausmann, bereiten sie unsere Landung vor. Wir landen auf dem Raumhafen unseres Konsulats. Weitere 10 Schiffe der Kaiser-Klasse unterstützen uns hierbei. Sie werden oberhalb der Regierungs-Stadt in der Atmosphäre für unser Sicherheit sorgen. Alle Schutz-Schirme bleiben aktiviert. «

Er blickte Sergeant Farmer an.
»Kündigen sie bitte unseren Besuch an«, sagte Major Travis. »Ich erwarte, dass sich der Regierungs-Rat in unserem Konsulats-Gebäude einfindet. «

»Wird gemacht, Herr Major«, bestätigte der Funk-Offizier.

»Commander Brenzby«, fuhr der Major fort. »Informieren sie Sergeant Hardin. Er möchte mit 50 Kampf-Robotern die Delegation der Najekesio vor unserem Schiff empfangen. «

Commander Brenzby nickte.
»Ich informiere den Sicherheits-Offizier«, antwortete er.

Langsam tauchte die Termar 1, gefolgt von den 10 weiteren Schiffen der Kaiser-Klasse, in die Atmosphäre des vierten Planeten ein. Die Zerstörer durchflogen die festen Luftschichten und drosselten ihre Geschwindigkeit. Die Termar 1 leitete den Sinkflug ein. Der neue Super-Schutzschirm war bei allen Schiffen eingeschaltet. Sergeant Hausmann setzte das Schiff sanft auf Boden, neben dem neugebauten Konsulat.

Nach dem Ausstieg begrüßten Major Travis, Commander Brenzby, Sirin und Heinze, den bereits wartenden Commander Sinner.

»Schön, dass sie rechtzeitig eintreffen konnten«, freute sich der Commander. »Wir konnten uns zwar selbst helfen, jedoch wussten wir nicht, welche Geschütze die Najekesio auffahren würden.

»Nicht sehr viele«, sagte Major Travis. » Wir sind sicher, dass die Waffentechnik der Najekesio unserer natradischen Technik weit unterlegen ist. Machen sie sich keine großen Sorgen mehr. «

Major Travis blickte sich um.

»Sie sind mit dem Aufbau des Konsulats bereits sehr weit gekommen«, bemerkte Heinze. » Meine Glückwünsche hierfür. «

»Danke«, erwiderte Commander Sinner. »Wir haben getan, was in der kurzen Zeit möglich war. «

»Lassen sie uns zu einer Funkanlage gehen«, bemerkte Major Travis. »Wir werden die Vertreter der Najekesio informieren, dass wir gelandet sind. «

»Ich bringe sie in unsere Zentrale«, antwortete Commander Sinner. » Dort steht unsere Hyperraum-Funkanlage. «

Commander Sinner führte seine Gäste durch die Anlage des Konsulats-Neubaus. Er zeigte ihnen den Fortschritt des Innenausbaus und die technischen Anlagen des Gebäudes. Schließlich erreichten sie das größte Gebäude der Anlage, in dem auch die Einsatz-Zentrale beheimatet war.

»Hier befindet sich unsere Leitstelle«, sagte Commander Sinner.

Er zeigte mit einer Hand nach links.
»Dort ist die Hyperfunk-Abteilung«, lächelte er. »Es ist alles noch ein wenig im Rohbau. «

Der Commander schritt auf den wachhabenden Offizier zu.

»Stellen sie bitte eine Leitung zu der Regierung der Najekesio her«, bat er. «

Der Offizier hantierte an den Geräten und stellte die entsprechende Frequenz ein. Er übergab das Mikrofon an Major Travis.

»Sie können sprechen, die Leitung ist offenen «, bestätigte er.

Der Major nickte ihm zu.
»Hier spricht Major Travis, Oberbefehlshaber der Streitkräfte des neuen Imperiums«, sprach er in den Communicator. »Ich rufe die Regierung der Najekesio. Sie haben sicherlich bereits mitbekommen, dass wir gelandet sind. Ich fordere sie unverzüglich auf, in das Konsulat des neuen Imperiums zu kommen. Wir bieten ihnen Gespräche an. Unterzeichnen sie die Verträge zum Beitritt des Najekesio-Reiches in den Planetenbund des Neuen-Imperiums. Sichern sie ihre Zukunft. «

Major Travis ließ einen kurzen Moment vergehen. Dann sprach er weiter.

»Kommen sie zu uns und unterschreiben sie die Verträge«, fuhr er fort. »Bringen sie die Attentäter mit. Diese werden ohne Kompromisse ihre Strafe erhalten.

Major Travis, Oberbefehlshaber der Streitkräfte des neuen Imperiums. Ende der Übertragung.«

Major Travis gab den Communicator zurück.
»Jetzt werden wir warten, bis eine Antwort kommt«, lächelte er. «

Schneller als erwartet, kam die Antwort der Najekesio über den immer noch offenen Kanal herein.

»Hier spricht die Übergangs-Regierung der Najekesio, unter Leitung des neuen Ratsvorsitzenden Kanriel«, tönte es aus der Leitung. »Wir möchten nicht den gleichen Fehler zweimal begehen. Bitte gedulden sie sich noch etwas. Die Schuldigen werden gesucht. Wir werden uns in Kürze zu ihnen auf den Weg machen. Bitte erwarten sie uns in zwei Stunden. Stellvertretender Regierungs-Rat Kanriel, Ende der Übermittelung. «

Major Travis schaute Commander Sinner an.
»Sind ihre Konferenzräume bereits eingerichtet, oder müssen wir auf mein Schiff gehen? «, erkundigte er sich.

Commander Sinner nickte.
»Die Räume sind eingerichtet«, erwiderte er. »Sie können sie gerne benutzen, Herr Major. Gerade für diesen Zweck wurden sie entsprechend ausgestattet. «

Major Travis aktivierte sein Head-Fon.
» Sergeant Hardin, die Vertreter der najekesischen Regierung kommen in zwei Stunden. Bereiten sie sich vor.

Lassen sie bitte 50 Kampf-Roboter ausschleusen. Sie werden die Abordnung der Najekesio bewachen und uns im Konferenzraum unterstützen. «

Der Sergeant bestätigte den Funkspruch.

Major Travis wandte sich wieder Commander Sinner zu. »Wir haben noch etwas Zeit«, sagte er. » Zeigen sie uns die komplette Anlage. Zum Abschluss des Rundganges bringen sie uns bitte in den Konferenz-Raum. Ich möchte nicht, dass unsere Gäste eher dort eintreffen. «

Die Zeit verging wie im Fluge. Commander Sinner hatte dem Team der Termar 1 voller Stolz die Anlage gezeigt. Alle Gebäude, die Freiflächen und der Raumschiffs-Hafen, begeisterten die Gäste. Anschließend begleitete er die Gruppe in den Konferenzraum. Die Einheit Kampf-Roboter war bereits unter der Führung von Sergeant Hardin eingetroffen. Die zweite Hälfte wartete an dem Eingang des Konsulats-Gebietes, auf die Ankunft der Regierungs-Vertreter der Najekesio.

Die Kampf-Roboter hatten bereits in den Kampfmodus geschaltet und standen gewohnt wachsam verteilt an der Rückwand des Sitzungszimmers.

Major Travis, Commander Brenzby, Sirin, Heinze und Commander Sinner waren gerade erst eingetroffen, als ein Mitarbeiter der Basis in den Raum geeilt kam.

»Commander Sinner, die Delegation der Najekesio ist eingetroffen«, teilte er mit.

»Wie viele sind es? «, fragte der Commander.
» Ich habe 6 Delegierte gezählt«, erwiderte der Mitarbeiter.

»Bringen sie die Najekesio herein«, sagte Commander Sinner.

Es vergingen zwei kurze Minuten, dann klappte die Tür auf und der Mitarbeiter kündigte die Delegation der Najekesio an.

Langsam und unsicher schritten die Najekesio auf Commander Sinner und Major Travis zu. Ihnen folgte die Gruppe Kampf-Roboter.

»Mein Name ist Kanriel«, stellte sich ein junger Najekesio vor. »Ich bin der stellvertretende neue Ratsvorsitzende. Wir möchten uns in aller Aufrichtigkeit für den alten Vorsitzenden Muriel entschuldigen. Vermutlich war er nicht mehr richtig bei Sinnen. Er hat uns alle hintergangen. Es war mit den Regierungs-Räten abgestimmt, dass unsere Delegierten die Kapitulations-Verträge im Sol-System unterzeichnen sollten. Muriel hat hinter unserem Rücken eigenmächtig gehandelt, alle Absprachen umgeworfen und uns hiermit lächerlich gemacht. Er muss den Delegierten heimlich neue Anweisungen gegeben haben. Erst viel zu spät haben wir von seinem Vorgehen erfahren. Er war schon zu lange unser Vorsitzender. Niemand von uns hat es gewagt, an seiner Person zu zweifeln. Für ihn scheint dieser neue Weg nicht begehbar gewesen zu sein. «

»Hierdurch haben sie Schiffe verloren und viele Besatzungen«, bedauerte Major Travis. » Das hätte alles nicht sein müssen. «

Der Najekesio senkte seinen Kopf.

»Wir hätten früher reagieren müssen«, antwortete er. »Bitte verzeihen sie unser Versagen. Das ist nicht zu entschuldigen. «

»Es muss Vertrauen zwischen unseren Völkern entstehen«, sagte Major Travis. » Die alten kaiserlichen Machenschaften sind nicht mehr existent. Begreifen sie das endlich. «

Der Stellvertreter Kanriel senkte wieder den Kopf.

»Eine Zeit, wie unter dem kaiserlichen Regime von Natrid, möchten wir nicht noch einmal erleben«, erklärte er. »Aufgrund der vielen Anfeindungen gegen uns Albinos, haben wir uns zurückgezogen und die alte Heimat verlassen. Wir wollten uns neue Lebensgebiete erschließen. «

Major Travis hatte gespannt zugehört.
»Sie haben die einmalige Chance Vertrauen zu bilden. Wir meinen es ehrlich«, sagte Major Travis. » Versuchen sie

ein zuverlässiger Partner in dem neuen Bündnis zu sein. Wir brauchen engagierte Völker, die vor nichts zurückschrecken. «

»Das hört sich alles sehr gut an«, sagte der Stellvertreter Kanriel. »Ich werde unser Volk überzeugen und ihnen die Furcht vor dem Neuen-Imperium nehmen. Es existiert nicht mehr in der Form, wie wir es kannten. «

»Erklären sie es ihnen und bereiten sie es auf eine neue Zeit vor«, sagte Major Travis.

»Die Schuldigen haben wir ihren Sicherheits-Kräften übergeben«, ergänzte Kanriel. »Sie sollen ihre gerechte Strafe bekommen. Sie haben nicht im Namen aller Najekesio gearbeitet. «

Kanriel ließ eine kurze Pause vergehen.
»Welche Reparatur-Zahlungen kommen auf uns zu? «, fragte er vorsichtig.

Major Travis blickte den jungen Najekesio in die Augen. »Bestatten sie ihre Toten und lassen sie sich dies eine Lehre sein«, antwortete er. » Helfen sie unserem Konsulat bei dem Aufbau. Dann sind wir quitt. Wir kennen die Schwierigkeiten, ein altes Volk auf eine neue Zeit vorzubereiten. Damit haben sie genug zu tun. Falls sie wieder rückfällig werden sollten, dann hört der Spaß bei uns auf. «

Kanriel schaute glücklich aus und drückte Major Travis die Hand.

»Danke«, sagte er. »Wie soll ich ihnen danken? Das Volk der Najekesio steht für immer in ihrer Schuld. Nochmals unseren Dank. So soll es sein. Lassen sie uns gemeinsam mit einem neuen Anfang beginnen. Wir werden uns gegenseitig unterstützen. Ich lasse ihr Personal bei dem Aufbau ihres Konsulats von unseren Handwerkern massiv unterstützen. «

»Bleiben sie gelassen«, antwortete Major Travis. »Sie müssen die Menschen erst einmal richtig kennenlernen. Sie werden ihre Freude an uns haben, aber auch in uns verlässliche Bündnispartner finden. Ich übergebe sie und ihre Leute jetzt der regulären Verhandlungs-Delegationen. Leider habe noch andere Aufgaben zu erledigen. «

Der Major ließ den Najekesio hinausführen. Er schaute Commander Sinner an.

»Sie haben alles im Griff? «, erkundigte er sich. »Dann gibt es für uns nichts mehr zu tun? Wir werden sie jetzt wieder verlassen. «

»Danke für ihr schnelles Eingreifen, Herr Major«, antwortete Commander Sinner. » Wir bedauern sehr, dass sie uns schon wieder verlassen. Aber sie haben auch ihre Aufträge. Das verstehe ich selbstverständlich. «

Er salutierte vorschriftsmäßig.
Die Offiziere der Termar 1 erwiderten den Gruß.

Major Travis, Commander Brenzby, Sirin und Heinze drehten sie sich um und gingen aus dem Gebäude, auf das große Flugfeld zu. Dort stand die stolze Termar 1. Kurze Zeit später waren sie auf der Brücke angekommen. Der Commander nahm wieder seine gewohnte Position ein. Major Travis gab den Befehl zum Start. Heinze hatte sich in seinen Vorratsraum verabschiedet. Sanft hob der Naada-Kreuzer ab, durchflog den Schutzschirm auf die wartende Flotte im Orbit des 4. Planeten der Dunkel-Wolke zu. Synchron beschleunigte die Flotte in Richtung des Sol-Systems.

Einsatz in der Kleinen Magellanschen Wolke

Der Planet Centros schlummerte den Schlaf des Allwissenden im großen schwarzen Loch, in der Mitte der Milchstraße. Auf dem Planeten lief alles seinen gewohnten Gang, wie seit vielen Jahrtausenden. Die Lantraner zeigten keinerlei Hektik. Nichts war hiervon bei ihnen zu spüren.

Heran stand am Fenster eines Büros im 156. Stockwerk des zentralen Verwaltungsgebäudes von Centros und blickte in die Tiefe. Zu seinen Füßen pulsierte das Leben. Viele Schiffe, Gleiter und Transport-Fahrzeuge waren unterwegs. Sie flogen 3-stufig. Die langsamen Fahrzeuge unten, die Schnelleren in der Mitte und die Wichtigen auf der obersten Flugstraße von Centros. Der ganze Verkehr wurde automatisch gesteuert. Jedes einzelne Fahrzeug musste sich in den Zentralrechner des Planeten einloggen. Von hier wurde seine vorausberechnete Flugbahn gesteuert. Der ganze Ablauf war perfektioniert.

»Genug gesehen«, tönte es von hinten. «
Heran drehte sich um. Aritron, der allmächtige und oberste Führer seines Volkes schaute ihn an.

»Warum bin ich hier? «, fragte Heran. «
»Du hast dich in letzter Zeit sehr intensiv für die Nachkommen der Natrader eingesetzt und ihnen neue Wege gezeigt«, lächelte Aritron.
» Das war doch so abgesprochen«, erwiderte Heran. »Wir wollten wieder verstärkt die Weichen in der Milchstraße stellen. So lautete die oberste Direktive. «

»So wird es auch sein«, erwiderte Aritron. » Wir werden uns unserer Aufgabe nicht entziehen können. Ich habe wichtige Information für dich. Brontan hat wieder das allwissende Galaxien-Rad gedreht und eine Verbindung zu der kleinen Magellanschen Wolke hergestellt. Die Völker dort befinden sich scheinbar in Aufruhr und zetteln eine Rebellion gegen die Worgass an. Es ist für dich bestimmt interessant zu wissen, dass sich viele Rassen in der Sternen-System daran beteiligen, Schiffe bereitstellen und Mannschaften ausrüsten. Diese werden sich in Kürze den Worgass zum Kampf stellen. Nach unseren Berechnungen werden sie aber kläglich untergehen. Die dortigen Worgass sind viel zu stark. «

»Warum teilst du mir das mit? «, fragte Heran. »Unser Einflussgebiet ist auf die Milchstraße beschränkt. «

»Wir können die Worgass in der Kleinen Magellanschen Wolke ebenso wenig gebrauchen, wie in der Milchstraße«, entgegnete Aritron. »Der Gedanke unserer Hohen Empore ist es, dass wir die rebellierenden Völker in der kleinen Magellanschen Wolke unterstützen sollten. Alle Schiffe der Worgass, die nicht von den Rebellen vernichtet wurden, können später in die Milchstraße eindringen. So einfach ist die Regel, mein Freund. «

Heran blickte den Weiser des lantranischen Volkes an. Er wusste nicht, wie er sich entscheiden sollte.

»Fliege zu deinen neuen Freunden und spreche mit ihnen«, fuhr Aritron fort. »Vielleicht wollen sie die

Rebellen unterstützen und mithelfen die Worgass zu vernichten. Möglicherweise ist es mit ihrer Unterstützung möglich, die kleine Magellansche Wolke von diesen Tyrannen zu befreien. Brontan konnte in diesem Fall nur eine Woche in die Zukunft schauen. Du hast also nicht viel Zeit, bis die Ereignisse dort eskalieren werden. «

»Ich habe verstanden«, sagte Heran. » Werden wir uns persönlich mit einer Armada beteiligen? «

»Das haben wir schon lange nicht mehr gemacht«, entgegnete Aritron. »Du weißt doch, dass wir uns nicht gerne von jungen Rassen in Kämpfe verwickeln lassen. «

»Entschuldigung«, sagte Heran. » Das hatte ich doch glatt vergessen. Wie ist deine Antwort auf meine Frage?«

Aritron verzog sein Gesicht.
»Hierfür sehen wir derzeit keine Notwendigkeit«, ergänzte er. »Die natradischen Schiffe sind waffentechnisch stark genug ausgerüstet. Sie sollten mit den Worgass problemlos fertig werden. «

»Gut, dass es die Natrader gibt«, sagte Heran. »Ich korrigiere mich. Eigentlich sind es Terraner, die sich die Technik der Natrader zu Eigen machen. Wir machen es uns immer sehr einfach. Die anderen Völker können für uns die Kohlen aus dem Feuer holen und wir schauen dabei zu. «

»Haben wir das nicht immer so gemacht?«, fragte Aritron nachdenklich.

»Das ist ja das Problem«, ergänzte Heran. » Täusche dich nicht in den Terranern. Die rechnen uns das irgendwann einmal auf. «

»Wie sollten sie das?«, erkundigte sich Aritron.

»Sie lernen dazu«, entgegnete Heran. » Vielleicht brauchen wir sie in der Zukunft einmal, wenn bei uns auch etwas aus den Fugen gerät. Wir sollten nicht versäumen, uns darauf einzustellen. «

Aritron dachte nach.
»Ich werde die Hohe-Empore über deine Gedanken informieren«, teilte er mit. »Wir werden früh genug erkennen, wenn wir die Hilfe der Terraner benötigen sollten. Mache dich jetzt auf dem Weg und prüfe, wie du helfen kannst. Sei weise und wachsam. «

Heran kannte die Schlussworte von Aritron zur Genüge. Er verzichtete auf weitere Worte. Er wusste, dass seine Worte nutzlos sein würden.

Aritron sah in das Gesicht von Heran.
»Es ist alles vorbereitet«, bemerkte er. »Dein Schiff ist frisch bestückt und mit allem Notwendigen ausgestattet. Du darfst sofort fliegen und dir auf dem Flug weitere Gedanken machen. Ein Gleiter wartet unten auf dich. Er

bringt dich zum Raumhafen. Viel Erfolg für deine Mission.«

»Danke«, sagte Heran knapp und verließ den Raum. «

Wie versprochen wartete der Gleiter bereits auf ihn. Heran stieg ein. Die Automatik war bereits programmiert. Zielpunkt war der Raumhafen von Centros. Sein Evolutionsschiff stand auf Landeplatz 20.719. Heran aktivierte den Antrieb und schloss das Schott des Gleiters. Dann setzte er sich in einen Sessel. Der Personen-Gleiter hob ab und flog selbstständig zu dem Raumhafen. Dort landete die Maschine. Heran stieg aus und wechselte in sein Evolutions-Schiff. Nach wenigen Minuten hatte er die Zentrale des 250-Meter messenden Schiffes erreicht. Er aktivierte alle Anlagen.

»KI«, befahl er. »Sofort den Start vorbereiten. «
»Alle Systeme werden hochgefahren, lieber Heran«, meldete eine weibliche KI.

Der Lantraner drücke auf einen grünen Knopf und zündete die Antriebe. Er schob den Schubregler leicht nach vorne. Die Anti-Gravitations-Servos ließen das Schiff langsam an Höhe gewinnen und hoben es aus dem dichten Zentrum der Stadt in den Himmel.

»Ich habe eine schöne Reise vor mir«, dachte Heran. »Weg von den degenerierten Lantranern, hin zu den jungen, neuen Rassen des Universums, die noch etwas bewegen möchten. «

Heran freute sich hierauf, junge Rassen mit frischen Ideen zu besuchen.

Endlich hatte das Raumschiff die Umlaufbahn von Centros erreicht. Heran aktivierte seinen Evolutions-Antrieb. Das große Wurmloch hatte er schnell passiert. Heran drückte einen weiteren Knopf. Vor ihm öffnete sich der Schlund eines großen Verbindungs-Portals. Er schob den Schubkraft-Regler nach vorne und verschwand mit immenser Geschwindigkeit in dem Ereignishorizont.

***

Doktor Hermann Keeler saß mit einem Banken-Konsortium zusammen. Er war der Finanzmanager der EWK. Sein neues Aufgabengebiet sah vor, die intergalaktische Währung Terun auch auf der Erde zu etablieren. Er sollte die Reichtümer von Natrid und der EWK verwalten und mehren. Das immer größer werdende Imperium brauchte immens viel Geld. Langfristig sollte der Bedarf durch Handelsgeschäfte mit den Morina und anderen interessierten Planeten gedeckt werden.

»Unsere neue Terun-Währung, gewinnt immer mehr an Bedeutung«, teilte er den Bankern mit. »Wir können bereits jetzt die höchste Sicherheits-Reserve aller Banken der Erde vorweisen. Dank unserer enormen Produktivität steigt der Kurs des Terun kontinuierlich an. Die EWK besitzt als terranische Nutznießerin der natradischen Hinterlassenschaften, als einzige Gesellschaft das

Monopol auf den Verkauf und den Handel von natradischer Technologie. Dank unserer Duplikations-Technologie können wir auf undefinierbare Mengen an High-Tech-Produkten zurückgreifen, die wir auf der Erde frühestens in ein paar Jahrhunderten erfunden würden. Schon jetzt ist der Terun eine der stärksten Währungen der Erde. Bislang haben sie sich gesträubt, unsere intergalaktische Währung anzuerkennen. Hierdurch mussten wir mühsam die Erträge wechseln lassen. Nicht immer zu unserem Vorteil. Das hört jetzt auf. Verlegen sie ihre Schaltzentralen nach Natrid. Ich lasse ihnen geeignete Gebäude zur Verfügung stellen. Dort findet in der Zukunft das Finanz-Geschehen unseres Imperiums statt. «

Die Vorsitzenden der unterschiedlichen vertretenen Welt-Banken murmelten etwas.

»Wir würden den Terun sehr gerne als generelle neue globale Währung einführen«, begann der Vorsitzende der EZB. »Jedoch sträuben sich immer noch die USA, China und Russland. Ohne diese wichtigsten Länder mit im Boot zu haben, sehe ich für ihr Vorhaben nur einen begrenzten Erfolg. Sie scheinen den Prozess leider zu boykottieren. «

Dr. Keeler schmunzelte.
»Das ist uns bekannt, damit haben wir gerechnet«, erwiderte er. »Wir werden in naher Zukunft als Zahlungsmittel nur noch den Terun akzeptieren. Falls diese Länder fortschrittliche Technologie erwerben

möchten, können sie diese nur in der neuen Währung bezahlen. «

»Das ist Erpressung«, riefen einige Vertreter von Banken, die vermutlich vorrangig Geschäfte mit den genannten Ländern abwickelten.

»Sagen sie das ihren Geschäftspartnern«, entgegnete Dr. Keeler kalt. »Bereiten sie ihre Partner auf den nächsten Schritt vor. Ansonsten geht die Technologie an bereitwillige Partner, die auf unsere Wünsche eingehen. Strukturieren sie ihr Finanzsystem rechtzeitig um. Investieren sie in die Zukunft, nicht in die alten Strukturen. Die EWK und Natrid sind zahlungsfähig und das wird sich auch in der Zukunft nicht ändern. Ein Handel mit der EWK und Natrid bedeutet zukünftig für sie, Handel mit vielen Rassen in der Milchstraße zu betreiben. Nehmen sie endlich an dem Warenaustausch mit intelligenten Rassen und Lebensformen in der Galaxie teil. Dieser Handel wird in der Zukunft noch sehr ansteigen. Es kommen ständig neue Zivilisationen hinzu, die bestrebt sind, sich weiterzuentwickeln. Die Bezahlung erfolgt bereits in Terun. Auch diese Planeten haben bereitwillig Wechselkurse eingeführt und akzeptieren unser Zahlungsmittel. Nur die alte Erde bislang nicht. Denken sie auch an den Imageverlust, den sie hierdurch erleiden werden. «

»Sie verlangen viel von uns«, sagte ein anderer Bankenvertreter.

»Ich denke nicht«, antwortete Dr. Keeler. » Es reicht, wenn die Europäische-Zentralbank als Vorreiter, den Wechselkurs als neue Berechnungsgrundlage für alle Währungen einführt. Dann sehen wir weiter. «

Die anwesenden Banken-Vertreter standen auf und gaben sich die Hände. Sie verließen wortlos den Raum. Genug Ansätze nahmen sie mit. Jetzt hieß es für sie, diese für die entsprechende Bank und das vorstehende Land umzusetzen.

Dr. Keeler ging in Richtung des Ausganges. Hier wartete ein Gleiter auf ihn, der ihn zu den heiligen Hallen der EWK und zu dem nächsten Transmitter-Port in Richtung Natrid brachte.

***

Heran hatte den ersten Flug durch das programmierte Wurmloch absolviert. Er kam in einem unbedeutenden System wieder heraus.

»Warum hat mich die Automatik hier herausgeworfen«, dachte er. »Hier gibt es nichts von Bedeutung. Keine bewohnten Planeten, keine Mineral- oder Erzplaneten, nur Asteroiden und kleinere Steinhaufen. Warum wurde hier der Ausgang eines Wurmloches gebildet? «

Er war Spezialist für die Technik der Wurmloch-Steuerungen. Er war als einer der wenigen Lantraner ausgebildet, sie zu warten und sie zu reparieren. Die

Erbauer dieser Technik kannten die Lantraner nicht. Zumal die Stationen mit einer komplizierten Tarn-Technik gekoppelt waren.

»Das ist wohl noch eines der großen Geheimnisse unseres Universums«, dachte Heran.

Er schaute auf sein Display. Die Anzeige einer getarnten Wurmloch-Kontroll-Station blinkte auffällig.

»Das ist ein Alarmhinweis auf einen Funktionsdefekt «, erkannte er. »Hat meine Hypertronic-KI deswegen diesen Ausgang gewählt? «

Er war ein Spezialist für solche Dinge. Vermutlich war auch der Beste, den die Lantraner für solche Fälle einsetzen konnten. Heran konnte sich nicht erinnern, dass er von einem Kollegen wusste, der die gleichen Arbeiten ausführte. Aber das bedeutete aber bei den Lantranern nichts. Es wurde nicht geprotzt, oder lange Geschichten erzählt. Sie gaben sich lieber ihren virtuellen Spielen hin. Er schimpfte auf die Führung seines Volkes. Sie bezeichneten sich als allmächtig, doch sie konnten nicht einmal die Abstumpfung ihres eigenen Volkes eindämmen.

»Dieser verdammte Aritron«, dachte er. »Er ist der Schlimmste. Bei ihm ist es so schwierig neue Ideen zu etablieren. «

Heran wandte sich wieder dem Display zu.

»Wieder ein Defekt in der Elektronik der Station?«, fragte er seine Hypertronic-KI.

Diese antwortete nur knapp.
»Ein Fehler wird angezeigt«, teilte sie monoton mit. »Ich musste meinen Flug zur Erde unterbrechen, weil die Reparatur dieser Station als vorrangig eingestuft wurde. «

Schnell hatte er die getarnte Station lokalisiert. Sie war nicht weit entfernt von seinem Standort, dem Austrittspunkt aus dem Wurmloch. Eine kleine Kurskorrektur mit den Manövrier-Düsen würde genügen. Er startete seine Maschinen. Die Station rückte näher.
»Die Station zu enttarnen«, befahl er seiner KI.

Vor seinem Schiff wurde eine kleine Kontroll-Station sichtbar. Diese hatte die Aufgabe das Wurmloch zu stabilisieren und zu kontrollieren.

»Das ist eine Einheits-Station, in der bekannten Größe«, erkannte er. »Vermutlich verfügt sie über die gleiche Ausstattung, wie alle anderen Stationen. Es scheint Tausende hiervon geben. «

Er kannte nur die Stationen, welche er repariert und gewartet hatte. Heran glaubte nicht Überraschungen zu finden, aufgrund abweichender Konstruktionen. Er suchte auch nicht hiernach. Die Hypertronic-KI seines Schiffes war programmiert, ihn auf weitere nicht mehr einwandfrei arbeitende Stationen hinweisen. Heran schalte die Andock-Automatik ein. Sein Evolutions-Schiff erledigte alles Weitere. Er merkte, wie die Halter einrasteten.

»Andockverfahren abgeschlossen«, teilte die Schiffs-KI mit. »Atmosphäre wurde hergestellt. Die Station ist jetzt betretbar. «

Heran suchte seinen speziellen Werkzeugkoffer und ging zum Ausgang seines Schiffes.

»Das Schott öffnen«, befahl er.

Es öffnete es sich und verschwand hinter einer Verkleidung der Bordwand. Saubere, unverbrauchte Luft strömte ihm entgegen. Er atmete tief durch und ging durch die Schleuse. Schnell hatte er den kurzen Weg in das Kontrollzentrum zurückgelegt. Er blickte sich um und ließ seinen Blick schweifen.

»Alles sieht auf den ersten Blick normal aus«, stellte er fest.

Sein Blick zog weiter und blieb an der Steuer-Konsole hängen.

»Stopp, was ist das? «, dachte er. » Unter der Steuer-Konsole hängen Kabel herunter? «

Heran schaute intensiver hin.
»Herausgerissen«, fluchte er vor sich hin. » Das ist eindeutig Sabotage. Wieder eine Anlage, die mutwillig

zerstört wurde. Wer hat das Wissen hierzu? Wie kommt ein Fremder in diese Station hinein, die speziell von uns Lantranern gesichert wurde. Das ist fast unmöglich. «

Heran dachte kurz nach.
»Ich kenne keine Rasse, die von den getarnten Wurmloch-Stationen weiß«, dachte er. »Vielleicht war es auch kein Fremder, sondern ein Angehöriger meines Volkes. Nur ein Lantraner selbst kann sich Zugang verschaffen. Ist es ein Saboteur aus den eigenen Reihen? «

Er konnte sich dieses Szenarium nicht vorstellen.
»Es muss ein Fremder gewesen sein«, dachte er. »Ich werde schnellstens Aritron hiervon unterrichten. «

Heran zog seinen Scanner heraus und suchte intensiv nach Spuren.

»Nichts zu finden«, bemerkte er. » Die Anzeige auf dem Scanner rotierte weiter in der grünen Farbe. Eine rote Schrift hätte eine Unregelmäßigkeit bedeutet. Die Saboteure haben sauber gearbeitet. «

Heran schaltete die Haupt-Konsole ein.
»Die Generierung eines Wurmloches ist über die Haupt-Konsole nicht möglich«, lass er dem Fehlerspeicher aus.

Heran seufzte.
»Das sieht nach längerer Arbeit aus«, dachte er. » Die Hauptstamm-Verkabelung bitte auf dem Display anzeigen. «

Sofort zeigte die KI den passenden Kabelbaum und das Bordbuch an. Heran zog den Bildschirm aus der Halterung und legte sich unter die Konsole. Erst jetzt sah er das volle Ausmaß der Zerstörung.

»Sämtliche Kabel wurden herausgerissen«, erkannte er. »Da hat sich einer nicht viel Mühe gemacht. «

Mit einem weiteren Seufzer begann Heran die ersten Kabel wieder an die entsprechenden Gegenstellen anzuschließen.
»Das dauert jetzt«, fluchte er.

***

Doktor Keeler saß vor seinem Terminal und blickte auf die Daten. Langsam schob er die Tastatur zu Seite.

»Abspeichern«, befahl er der holographischen Figur, die auf seinem Arbeitstisch stand.

»Möchten sie weitere Analysen sehen? «, fragte das Hologramm. «

»Ja«, antwortete der Finanz-Experte.
»Wie ist die Entwicklung des Warenaustausches mit den Morina? «

»Die Analyse wird erstellt«, erwiderte das Hologramm. Dr. Keeler erkannte, dass die Verkaufslinie steil nach oben ragte.

»Das Ergebnis geht bereits in die Milliarden von Terun«, stellte er erfreut fest. »Jeden Monat werden die Erträge gesteigert. Ich habe dem Banken-Konsortium nichts Falsches erzählt. Die Morina reißen uns die Ware förmlich aus den Händen. «

Er schaute sich die Statistik weiter an.
»Gibt es irgendwelche Probleme? «, fragte er das Hologramm.

»Es kommt in Einzelbereichen zu Lieferengpässen und zu Lieferzeiten von bis zu 14 Monaten «, antwortete das Hologramm.

»Wie ist das möglich? «, ergänzte er seine Frage.
» Ein Teil der keramischen Produkte werden in kleinen Unternehmen hergestellt«, teilte das Hologramm mit. »Diese Firmen haben nach terranischen Recht ein Monopol auf ihre Produkte. Die Kapazitäten dieser Firmen sind erreicht. Wir können diese Produkte leider nicht durch Ausweichfirmen fertigen lassen. Es gab bereits erste Stornierungen. «

»Hieran können wir derzeit nichts ändern«, erkannte Dr. Keeler. » Wir können nicht in einem Jahr die gewachsene Wirtschaftsstruktur der Erde umkrempeln. Damit würden wir uns nur Feinde machen. Wie entwickelt sich der

Handel mit den neuen Firmen der Green-Lizards? «, fragte Doktor Keeler.

»Er weitet sich aus«, antwortete das Hologramm. »Diese Rasse ist mit dem Aufbau ihrer Industrie beschäftigt. Sobald sie wieder einen neuen Industriezweig aufgebaut haben, bekommen wir die produzierten Waren als Erstes angeboten. Derzeit beschränkt sich der Warenverkehr auf technische Produkte und auf Agrar-Produkte. «

Doktor Keeler blickte auf die Anzeigen.
»Wie sieht es aus mit den Najekesio? «, erkundigte er sich.

»Leider ist dieser Verkaufsweg noch nicht aktiviert worden«, teilte das Hologramm mit. »Es sollte eine Produkt-Auswahl mit den Najekesio getroffen werden, welche Produkte für sie interessant sind. Ferner sollten sie eine Auswahl ihrer Produkte vorlegen, welche für uns interessant sind. «

»Langfristig ist ein Geschäft immer nur für beide Gruppen interessant, wenn beide Seiten hiervon profitieren. «

Er nahm sich vor, dieser Aufgabe in Kürze mehr Zeit zu widmen. Es musste eine Kommission einberufen werden, die sich zu dem Regierungs-Planeten der Najekesio begab, um Artikel für den Import und den Export zu bestimmen. Doktor Keeler hatte genug gesehen.

»Danke«, sagte er. » Das Terminal bitte herunterfahren. « Er ging aus seinem großen Büro heraus, in den Verbindungsgang. Das Gebäude war neu und nach moderner terranischer Architektur geformt. Der Bau der quadratische imperiale Bank protzte in einer architektonischen Meisterleistung. Der 150 Meter hohe Bau war von innen offen konstruiert. Doktor Keeler konnte in die einzelnen Etagen und in die Büros hineinsehen.

»Mittlerweile arbeiteten 2.500 Personen in diesem Komplex«, dachte er. »Und es werden monatlich mehr. Unsere Aktivitäten steigen, ebenso wie die Einnahmen. Aber ohne Arbeit kein Erfolg. Des Weiteren wird von unserer Bank das komplette natradische Vermögen verwaltet, welches uns Noel zur Verfügung gestellt hat. «

Er ging zu dem nächsten Kommunikations-Gerät und gab die Nummer seiner Sekretärin ein.

»Frau Linders, nehmen sie bitte keine Gespräche mehr für mich an, ich bin einige Zeit außer Haus«, teilte er mit. »Für dringende Gespräche können sie mich in der Verwaltung von Tattarr, bei General Poison und Noel erreichen. «

»Vielen Dank, Herr Doktor«, antwortet die freundliche Sekretärin. » Ich notiere ihre Anrufe. «

Der Major und General Poison saßen an dem Schreibtisch in Marcs Büro und besprachen die aktuellen Ereignisse.

»Noel nervt mich mit dem Wunsch, dass sie weitere Flüge durchführen sollen«, sagte General Poison. »Er möchte unbedingt die weiteren Planeten des alten kaiserlichen Systems wieder aktiviert haben. Es scheinen noch etliche wichtige Planeten dabei zu sein, die er dringend benötigt.«

»Ich werde in Kürze weitere Flüge durchführen«, antwortete Major Travis gelassen. » Wir müssen natürlich auch das Erreichte zusammenfügen und integrieren. «

Es klopfte an der Tür.
»Herein«, sagte der General in gewohnter Manier.

Noel trat ein. Es schien so, als ob er schmunzelte. Major Travis wusste jedoch, dass der Kunst-Klon keine Regung zeigte.

»Da habe ich aber Glück, dass ich alle wichtigen Herren direkt versammelt antreffe«, sagte er. »Ich wollte sie nur fragen, Herr Major, wann nehmen sie ihre nächsten Flüge vor? «

»Um was für Planeten dreht es sich denn? «, fragte Major Travis.

»Es dreht sich um wichtige Mineral-Planeten«, antwortete Noel. »Glauben sie wirklich, den ganzen Bedarf an Energie-Kristallen können wir mit nur einem Erzabbau-Planeten befriedigen. Das natradische Kaiserreich hatte nie auf nur einen Planeten gesetzt.

Dieser könnte viel zu einfach von einem starken Gegner annektiert, oder auch zerstört werden können. Früher wurde die Versorgung mit Energie-Kristallen über Dutzende von Abbau-Planeten gesichert. Alle diese heißt es jetzt wieder zu aktivieren, meine Herren. Sie sind immer noch im Schlaf-Zustand und den Befehlen von Admiral Tarin untergeordnet. «

Der interne Hausruf summte. General Poison nahm den Hörer ab.
»Ich höre«, sagte General Poison.

»Dr. Keeler ist hier und möchte sie sprechen«, antwortete Frau Schiffers, die freundliche Stimme seiner Sekretärin.

»Er soll bitte eintreten«, erwiderte der General. »Ich befinde mich im Büro von Major Travis.«

Wenige Minuten später klappte die Türe auf und ein erstauntes Gesicht von Dr. Keeler schaute herein.

»Ich wollte nicht stören«, sagte er. » Ich ersuche um ein Gespräch mit General Poison. «

» Treten sie bitte ein«, polterte der General los. »Wir sitzen hier in gemütlicher Runde zusammen und besprechen den Tagesablauf. «

Zurückhaltend trat Doktor Keeler ein.
»Was verschafft uns die Ehre ihres Besuches? «, erkundigte sich General Poison.

Major Travis und Noel schauten Dr. Keeler an.

»Eigentlich ist es nur eine Kleinigkeit«, sagte der Doktor. Er war unsicher.

»Ich benötige lediglich die Freigabe für einige Geschäftsreisen, die ich tätigen möchte. «

»Was für Geschäftsreisen? «, polterte der General Poison.«

»Ich möchte auf dem Planeten Morina unsere Filialen besuchen, die sich dort im Aufbau befinden«, erklärte der Dr. Keeler »Im Anschluss reise ich zu den Najekesio, um ebenfalls dort unsere Filiale zu kontrollieren. Zum Abschluss möchte ich noch zu den Green-Lizards, zu Eris und zu Titan. Ich plane mich in allen Filialen der Außenwelt sehen lassen, die wir derzeit einrichten, oder schon eingerichtet haben. Ein guter Chef muss sich von Fall zu Fall selbst vor Ort zeigen. Ansonsten verliert er das Vertrauen seiner Mitarbeiter. «

»Ich verstehe sie«, sagte Major Travis. » Sie wollen nach dem Rechten schauen und eingeschlichene Fehler beheben. «

»Ganz genau«, antwortete Doktor Keeler. » Das ist meine Absicht. Ich würde gerne die neuen Ressortchef für die Aufnahme von neuen Handelsgütern mitnehmen.«

»Sie sind aber erst vier Wochen im Amt«, antwortete Noel. » Ist das nicht viel zu früh? «

Major Travis blickte Noel an.

»Ich denke die Wissens-Implantate wirken schon nach wenigen Tagen? «, fragte er.

»Ja, das stimmt«, antwortete Noel. «

»Dann sollten die Mitarbeiter von Dr. Keeler doch über das notwendige Wissen verfügen, um alle Aufgaben erfolgreich abschließen zu können«, bemerkte Major Travis.

»Theoretisch ja«, antwortete Noel. »Die Praxis fehlt leider noch. «

»Die können sie direkt bei Dr. Keeler erwerben«, ergänzte Major Travis.

General Poison räusperte sich.

»Dann haben sie sich gedacht, ich buche bei General Poison einmal die komplette Rundreise«, murrte er.

Der General überlegte einen Augenblick.

»Ich erkenne bereits, der Major sieht ihre Aktivitäten positiv sieht«, teilte er mit. »Der Einsatz wird hiermit offiziell genehmigt. Informieren sie Captain Dolly Banter. «

»Einverstanden, das mache ich gerne«, freute sich Doktor Keeler. »Wo finde ich sie? «

»Ich denke, sie wird auf Titan sein und die Artikel durchsehen, die bereits als Import-Ware festgelegt worden sind«, antwortete Noel.

»Wie wollen sie ihre Reise antreten«, fragte General Poison. »Mit dem Transmitter oder per Schiff?

»In Anbetracht, dass die Transmitter-Strecke noch nicht fertig ist, würde ich gerne ein Raumschiff von ihnen erbitten«, antwortete Doktor Keeler. «

»Das ist in Ordnung«, erwiderte General Poison. »Sie bekommen ein Schiff der Naada-Klasse mit entsprechender Bewaffnung. Captain Banter soll das Naada-Schiff befehligen. Drei Schiffe der Königs-Klasse eskortieren sie auf ihrem Flug. Ich hoffe, das macht ihnen nichts aus. Es ist wichtig darauf zu achten, dass unser oberster Finanzchef nicht in einen Hinterhalt gerät. «

»Das akzeptiere ich«, antwortete Dr. Keeler. » Würden sie bitte die Schiffe nach Titan senden. Ich starte meine Rundreise von dort aus. Ich nehme die Transmitter-Verbindung nach Titan, um Captain Banter zu informieren. Vielen Dank für alles, General Poison.«

Dr. Keeler nickte Major Travis und Noel zu, drehte sich um und verließ den Raum.

***

Heran überprüfte nochmals die Kabelverbindungen.

»Ich bin fertig«, dachte er. »Alles sieht ordentlich und sauber aus. «

Heran war Computer-Experte und Spezialist für Verkabelung von Großanlagen. Die Wartung von Wurmloch-Stationen hatte er sich nachträglich angeeignet. Er machte dies nicht zum ersten Mal. In früheren Zeiten war es grundsätzlich so, dass die Verkabelungen der Stationen manuell vorgenommen werden mussten. Er schaute auf seinen Zeitmesser.

»Die Zeit ist wie im Fluge vergangen«, dachte er. »Zehn Stunden habe ich hierfür gebraucht. «
Er drehte seinen Kopf der Hypertronic-KI zu.
»Selbstanalyse«, sagte er zu der KI der Station.

»Alle Systeme arbeiten einwandfrei«, teilte die Stations-KI mit.

Er schaute auf das Display. Die LEDs und die Signalgeber erfüllten ihren Dienst.

»Alles wird jetzt in einzelnen Schalt-Routinen durchgecheckt«, erkannte er.

»Es wurden keine weiteren Fehler entdeckt, die Anlage arbeitet funktionsgerecht«, meldete die KI monoton.

Heran war mit sich zufrieden. Er setzte sich an das Terminal und schaltete einzelne System-Kontrollen durch. Monitore flammten auf und gaben das Außenbild wieder. Obwohl die Station getarnt war, konnte er einen Blick ins All richten. Wie dezente kleine Diamanten lagen die Sterne ruhig in ihrem dunklen Bett, keine Schiffe, keine Kometen, nichts störte die Ruhe seines Ausblickes.

»Die Arbeit war getan«, dachte Heran. »Soll ich mich wieder der Langweile hingeben? Von hier aus kann ich gut Morass und Raise erreichen. Ich kann einmal kurz schauen, wie weit sie mit dem Aufbau ihrer Industrieanlagen auf Lizzit 2 gekommen sind. «

Je länger er über diese Idee nachdachte, umso mehr ereiferte er sich hierfür.

»Selbst-Analyse abschalten«, sagte er zu der Stations-KI. »Aktiviere wieder den Tarn-Modus, schalte auf Automatik zurück. «

»Die Befehle werden ausgeführt«, antwortete die KI.

Heran stand auf, verschloss die Zentrale und ging zum Ausgang. Schnell versiegelte er den Schott. Wieder in der Zentrale seines Evolutions-Schiffes, koppelte er sein Schiff von der Station ab und flog einen Bogen um die Steuerungs-Einheit. Die Blickprüfung stimmte mit den Anzeigen auf seinem Display überein. Dann öffnete ein Wurmloch, das ihn zu dem neuen Planeten der Green-Lizards bringen sollte. Der dunkle Schlund öffnete sich wie gewohnt. Heran beschleunigte sein Schiff und verschwand in der großen Öffnung des Wurmloches.

Doktor Keeler trat aus dem Transmitter-Bogen auf Titan heraus und sah sich um. Die erreichten Fortschritte waren immens. 53 Transmitter standen aktiv auf Podesten und versandten Ware, oder waren auf Waren-Eingang geschaltet. Jeder des anwesenden Personals wusste, dass die eingehende Ware durch zahllose Scanner geleitet werden musste, um den Inhalt der Container exakt bestimmen zu können. So wurde vermieden, dass faule Eier, gegebenenfalls Bomben oder Saboteure mit eingeschleust wurden. Drei uniformierte Sicherheitsbeamte schritten ihm entgegen.

»Sie sind Doktor. Keeler? «, fragte einer von ihnen. » Sie wurden uns gemeldet. Was können wir für sie tun? «

»Ich suche Captain Banter«, antwortete Dr. Keeler. »Würden sie mir bitte sagen, wo ich sie finden kann? « »Sie ist gerade in die Saturn-Lounge gegangen, um eine Kleinigkeit zu essen. Folgen sie der Beschilderung. Sie können den Trakt nicht verfehlen. «

»Begleiten sie mich? «, fragte Doktor Keeler. »Nein«, antwortete einer drei uniformierten Sicherheitsleute. »Wir sind nur für ihre Einweisung zuständig. Jeder schlägt sich hier selbst durch. Hier gibt es keine Butler. Hier ist ihr Communicator. Die Raum-Aufklärung informiert sie, wenn ihre angeforderten Schiffe eingetroffen sind. «

»Danke«, erwiderte Doktor Keeler und nahm den Communicator entgegen.

»Er ist auf die Frequenz der Schiffe eingestellt«, erklärte der Uniformierte. » Sie brauchen bei einer Antwort nur auf den großen Knopf zu drücken und in das Mikro zu sprechen.
«

»Danke, ich habe mit solchen Geräten schon einmal zu tun gehabt«, entgegnete Dr. Keeler.

Er wollte sich abdrehen, als einer der Sicherheitsleute sich vor ihn stellte.

»Moment noch«, sagte er. »Auf den ausdrücklichen Befehl von General Poison hin, steht ihnen ein Tart-Personenschutz-Roboter neuester Bauart zur Verfügung. Es ist Tart 89. Er ist speziell darauf programmiert, ihr Leben zu schützen. Ferner sie aus möglichen Gefahrenzonen zu befreien oder herauszuhalten. Widersetzen sie sich erst gar nicht. Diese Tart-Roboter haben eine ganz besondere Programmierung. Sie lassen keinen Widerspruch zu. «

Keeler wollte etwas sagen, hielt dann aber inne. Hinter den Versand-Kisten trat ein 2,20 Meter großer Personenschutz-Roboter hervor. Sein Natrid-Stahlmantel glänzte in dem Farbton Schwarzblau. Die silbernen Symbole der EWK und des neuen Imperiums zierten seine Brust. Vor dem Uniformierten des Sicherheits-Personals blieb der Roboter stehen und verharrte im Ruhe-Modus. Der Sicherheitsbeauftragte öffnete eine Klappe an der Rückseite des Roboters.

»Wir müssen ihn noch personifizieren«, erklärte er. »Drücken sie bitte ihren Zeigefinger auf diesen Scanner. «

Dr. Keeler tat wie befohlen. Eine kleine LED blinkte grün. Der Sicherheits-Offizier verschloss die Platte wieder und sprach einen Aktivierungs-Code auf.

»Aktiver Modus, Befehle wurden eingescannt«, antwortete der Roboter. »Mein Schutzbefohlener ist Dr. Keeler, Leiter der intergalaktischen Bank auf Natrid und allen Filialen im Imperium. Hüter der neuen Währung Terun. Alle Personenschutz-Befehle werden akzeptiert und ausgeführt. «

Der Uniformierte wandte sich wieder Doktor Keeler zu. »Sie haben jetzt sprichwörtlich einen Metall-Klotz am Bein«, lächelte er. »Sie können jetzt gehen. «

»Danke«, antworte Dr. Keeler. Er wandte sich zaghaft um, blickte seinen Begleiter an und ging voraus. Der Personenschutz-Roboter folgte ihm in einem Meter Abstand. Seine Sensoren waren wachsam, die Augen waren noch in seinem natürlichen Blau gehalten, welches für die Titan-Station genügte.

Doktor Keeler und sein Begleiter bestiegen das Laufband, das sie schnell in die Richtung des Mittelpunktes der Station beförderte.

»Wir müssen nach rechts«, sagte Doktor Keeler und folgte der Beschilderung. Endlich hatten sie das Ziel, die Saturn-Lounge erreicht.

»Moment«, teilte der Robot blechern mit.
Er hielt Doktor Keeler am Arm etwas zurück und trat als Erster durch die Tür. Er schaute sich nach alle Richtungen um und scannte den Raum. Er konnte nichts Verdächtiges erkennen. Dann öffnete die Türe ganz und ließ Dr. Keeler eintreten.

»Ich werde mich an dein Vorgehen noch gewöhnen müssen«, bemerkte der Finanzexperte der EWK.

Der Tart 89 verzichtete auf eine Aussage.
»Ich hoffe, du bist nicht die meiste Zeit stumm? «, fragte Dr. Keeler.

Er ging auf einen Tisch zu, an dem eine junge Frau saß. Sie trug die Uniform eines Captains.

»Sie müssen Captain Banter sein? «, sprach der Finanz-Experte sie leise an. «

Die junge Frau vor ihm besaß eine hübsche Figur, hatte blonde Haare und war 1,75 Meter groß. Vor ihr auf dem Tisch stand eine Schale Salat und eine Flasche Mineralwasser.

»Sie achten auf ihre Figur? «, fragte Doktor Keeler lächelnd.

Captain Banter blickte kurz auf und aß weiter.
»Was wünschen sie? «, antwortete sie.

»Ich komme von General Poison«, erwiderte der Doktor.
»Ich habe eine Depesche für sie. «

Sie zog ihre rechte Augenbraue herauf und wirkte angespannt.

»Komme ich endlich raus aus diesem Loch«, stutzte sie.
Doktor Keeler nickte.

»Ja, es sieht fast so aus«, antwortete er. »Sie sollen mich begleiten. Wir fliegen zu den unterschiedlichen Handels- Planeten, zu denen wir bereits intensive Kontakte unterhalten. Sie möchten neue Produkte bestimmen, die wir importieren können und die für einen Vertrieb in unserem neuen Imperium interessant erscheinen. «

»Stellen sie mir einmal ihren lustigen Begleiter vor? «, sagte sie. «

»Das ist Tart 89«, antwortete der Doktor. »Personen Schutzroboter neuster Generation. Er wurde mir von General Poison aufs Auge gedrückt. «

»Der ist nicht schlecht«, sagte Captain Banter. »Diese Burschen sind im Notfall sehr hilfreich. «

Sie gab die Depesche Dr. Keeler zurück.
»Wann geht es los? «, fragte sie.

»Sobald sie aufgegessen haben«, lächelte Doktor Keeler. »Ich glaube, ich mag den Salat nicht mehr«, antwortete sie. »Ich hatte schon zu viel davon«.

»Wenn man richtig Hunger hat, dann isst man keinen Salat «, antwortete der Doktor.

Er nahm seiner Communicator hervor und aktivierte ihn. Der große Knopf stellte sofort eine Leitung hier.

»Hier spricht die KÖ-151 unter der Leitung von Captain Randolf«, tönte es aus dem Gerät. »Ich begrüße sie, Doktor Keeler. «

»Den Gruß gebe ich gerne zurück«, antwortete dieser. »Wir sind hier unten fertig. Können sie uns bitte einen Gleiter schicken, der uns abholt. Wir warten an Landebucht 7. «

»Wird gemacht Doktor«, antwortete der Funkoffizier. »Wir holen sie und Captain Banter ab. Das Naada-Schiff haben wir mitgebracht. Captain Banter kann es sofort übernehmen. Ich freue mich, sie beide persönlich kennenzulernen. Begeben sie sich bitte zu der Andockbucht. Wir sind schnell da. «

»Danke«, antworte Dr. Keeler. » Wir warten auf sie. «
Er blickte den Captain an.
»Lassen sie uns gehen«, sagte Dr. Keeler.

Sie verließen die Lounge in Richtung der zentralen Lande- und Andockbuchten. Tart 89 folgte ihnen unauffällig.

**

Wie ein grüner Smaragd lag der Planet der Green-Lizards unter dem Evolutions-Schiff von Heran. Der Lantraner freute sich auf ein Wiedersehen mit seinen neuen Freunden.

Heran wollte nicht wieder einen Schuss vor den Bug erhalten, wie beim ersten Mal seines Besuches. Er schaltete sein Hyperkomm-Gerät ein. Langsam flog er auf den grünen Planet zu.

»Heran ruft Lizzit 2«, sprach er in den Communicator. »Ich bitte um Landeerlaubnis. «

Es knackte kurz in der Leitung, dann meldete sich die Flugkontrolle des Planeten.

»Hier ist die Flugkontrolle von Lizzit 2«, kam eine Antwort zurück. »Was ist der Anlass ihres Besuches? «

» Ich möchte Morass und Raise besuchen«, teilte Heran mit. »Es sind Freunde von mir. «

»Bitte warten sie«, teilte die Raumüberwachung mit. »Wir fragen nach. «

Heran schaltete sein Evolutions-Schiff in den Ruhe-Modus.

»Das kann etwas dauern«, dachte er.
Wieder vergingen einige Minuten, dann rauschte die Leitung.

»Landen sie bitte auf Parzelle 29, nahe dem neuen Flughafen«, teilte die Raumkontrolle mit.

»Vielen Dank«, antwortete Heran. » Ich erwarte ihren Leitstrahl. «

»Es ist bereits unterwegs zu ihnen«, kam die Antwort durch. »Folgen sie der Einweisung. «

»Der Leitstrahl wurde eingeloggt «, meldete die Hypertronic-KI des Evolutions-Schiffes.

Heran nahm Fahrt auf und stieß in die Atmosphäre des Green-Lizard Planeten vor. Dort drosselte er seinen Antrieb und ließ das Schiff durch die untere Atmosphäre des Planeten sinken. Gekonnt setzte er das 250-Meter-Schiff auf den markierten Platz des Raum-Flughafens auf.

Heran ließ sich Zeit mit dem Ausstieg.
»Die Green-Lizards sind zwar nett, aber nicht die Schnellsten«, dachte er. » Ein Empfangs-Komitee wird schon auftauchen. «

Heran kannte die traurige Geschichte dieser Echsen-Rasse. Morass hatte sie ihm bei dem ersten Aufeinandertreffen anvertraut. Der Lantraner hatte ihm geholfen, in der Milchstraße neue Freunde zu finden und sich von der Tyrannei der Worgass zu befreien. Es zeigte sich, dass er bereits das Gemüt der Green-Lizards ein wenig kannte. Es waren 15 Minuten nach dem Aufsetzen seines Schiffes vergangen, da rauschte ein Transport-Gleiter heran. Heran beobachtete ihn über die Monitore seines Schiffes. Er ging zum Schott des Evolutions-Schiffes und öffnete es. Vier uniformierte Echsen standen Spalier vor seiner Ausstiegsluke. Heran trat heraus und ging zu ihnen. Vorsichtshalber hatte er seinen Individual-Schutz-Schirm aktiviert. Ein leichtes bläuliches Flimmern umgab seinen Schutzanzug. Heran sprach einen der Uniformierten an.

»Sie sollen mich bestimmt abholen? «, fragte er. «

»Sind sie Heran, der Freund unseres Präsidenten Morass?«, fragte einer der Soldaten.

Heran nickte.
»Richtig vermutete«, antwortete er. »Ich dachte Morass holt mich persönlich ab. «

»Er ist sehr beschäftigt«, entgegnete der Angesprochene. » Wir bringen sie zu ihm. Bitte steigen sie in den Gleiter. «
Heran tat wie gewünscht. Der Transport-Gleiter beschleunigte und flog über den großen Raum-Flughafen.

Die Green-Lizards hatten ihre Technik weiterentwickelt und bereits auf Elemente natradischer Entwicklung zugegriffen.

»Vermutlich haben die Terraner ihnen vereinfachte Technik zur Weiterentwicklung überlassen? «, dachte Heran.

Er war begeistert.
»So einfach ist es, ehemals verfeindete Rassen in das neue Imperium zu integrieren«, lächelte er.

Der Transport-Gleiter stoppte. Ein Uniformierter öffnete das Schiebeschott. Heran stieg aus.

»Wir bringen sie in den Sitzungssaal«, teilte er mit. »Morass erwartet sie bereits. «

»Danke«, erwiderte er und schritt hinter den Soldaten auf den Eingang zu.
Zwei Soldaten blieben am Eingang stehen. Die restlichen beiden, vermutlich war es Angehörige des Sicherheits-Personals, führten ihn durch den Regierungspalast.

»Bitte direkt den langen Gang entlang«, sagte einer der Soldaten und zeigte mit seinem Arm auf den rechten Gang.

Die Personen setzten sich in Bewegung. Die Gruppe kam zu einer großen Tür. Der Uniformierte öffnete sie und Heran trat herein. Morass wartete bereits auf ihn. Auf seinem Gesicht lag ein freudiges Lächeln. Er saß hinter einem großen Schreibtisch. Als er Heran eintreten sah, sprang er auf und kam ihm entgegengelaufen.

»Ich freue mich dich zu sehen«, begrüßte er ihn. » Was verschafft mir die Ehre deines Besuches? »

Auch Raise kam aus einer Ecke des Raumes auf ihn zu. Heran hatte sie vorher nicht gesehen.

»Ich war in der Nähe und wollte etwas mit euch besprechen«, erklärte Heran.

Er gab Raise und Morass die Hand.
»Es freut uns wirklich, dich zu sehen«, entgegnete Raise. » Du bist immer ein gerngesehener Gast bei uns. «

»Ich hoffe, du hast auch etwas Zeit für uns mitgebracht? «, erkundigte sich Morass. » Bei deinem letzten Besuch war das nicht der Fall. Wir Green-Lizards stehen in deiner Schuld. «

»Das ist schon lange her«, erwiderte Heran. » Hieran denke ich nicht mehr. «

Heran schaute Morass und Raise ernst an.

»Gibt es wieder irgendwelche Probleme? «, stutzte Morass.

Heran nickte schnell.

»Ansonsten wäre ich nicht wieder hier«, sagte er. »Ich komme mit einer Bitte zu euch. Es ist ein spezieller Wunsch, der aber letztendlich die Sicherheit eures Volkes verstärkt. «

»Da bin ich aber gespannt«, antwortete Raise.

»Du weißt ja, dass wir die Möglichkeit des erweiterten Sehens und Hörens haben, «, begann Heran. »Das ist eine spezielle Technik, die ich hier gar nicht erklären möchte. Wir haben hierdurch die Möglichkeit weiter zu sehen und weiter zu hören, als es alle andern Rassen in der Galaxis möglich ist. Brontan, der große Seher unseres Volkes hat das Rad der Galaxien gedreht und festgestellt, dass in unserer Nachbarn-Galaxie, der kleinen Magellanschen Wolke eine Rebellion stattfindet. «

»Eine Rebellion? «, fragte Morass interessiert.

»Ja«, antwortete Heran. »Das wollte ich gerade erklären. Ich fahre fort, wenn du mich ausreden lässt. «

»Entschuldigung«, entgegnete Morass. » Das ist leider eine Unart von mir. Setzen wir uns. Es scheint eine längere Geschichte zu werden. «

Sie gingen an einen großen runden Tisch uns ließen sich auf den wohlgeformten Plätzen nieder.

»Erzähle bitte weiter«, forderte Morass ihn auf.

Heran schaute ihm in die Augen.

»Dort in unserer Nachbar-Galaxie befinden sich Stützpunkte der Worgass«, informierte er die beiden Zuhörer. »Es spielt sich dort das gleiche Szenarium ab, wie in eurer Heimat-Galaxie Andromeda. Die Worgass haben Jahrhunderte lang die Rassen bekämpft, besiegt, versklavt und dann tyrannisiert. Die meisten humanoiden Völker, die sie entdeckten konnten, wurden angegriffen und vernichtet. Von den neuen aufkeimenden Rassen sind nur Insektoiden, Sauroiden und Tier-Mischrassen übriggeblieben. Diese werden seit vielen Generationen versklavt. Jetzt ist aber eine Wende eingetreten. Einige der Species haben sich zusammengeschlossen und planen einen Angriff gegen die zentralen Steuerungs-Stationen, Garnisons- und Werft-Planeten der Worgass. Sie haben all ihren Mut vereint und werden in Kürze einen Angriff gegen die Worgass fliegen. Sie fühlen sich stark und sind der Versklavung überdrüssig geworden. «

Heran machte eine kurze Pause und ließ seine Worte wirken. Dann fuhr er fort.

»Jedoch sind sie noch nicht so weit, dass sie die Worgass allein besiegen könnten«, erklärte er. »Das wissen die Rebellen jedoch nicht. Es wird ein Gemetzel geben, mit dem Ende, dass alle Rassen in der kleinen Magellanschen Wolke vernichtet werden. Das kann bis dahin gehen, dass die Worgass alle rebellierenden, fortschrittlichen Rassen eliminieren werden. Wir haben einmalig die Möglichkeit, die Rassen in unserer Nachbar-Galaxie zu unterstützen und können sorgen, dass die Worgass ein für alle Mal vernichtet werden. Der Angriff der Rebellen wird überraschend kommen. «

Heran erkannte, wie seine Zuhörer überlegten. Er sah, dass sie seinen Ausführungen folgen konnten.

»Derzeit sind sich die Rebellen noch sicher, dass sie Worgass besiegen zu können«, erklärte er. »Sie haben ihre Möglichkeiten ausgeschöpft. Jedoch werden sie keine weitere Verstärkung bekommen. Wir haben erkannt, dass sie ins offene Messer der Worgass-Abwehr fliegen werden. Wenn wir eingreifen, könnten wir das Blatt noch wenden. Ich bin auf dem Weg zu Major Travis, um von ihm eine starke Kampfflotte zu erbitten. Hiermit hoffe ich, die Rebellen in ihrer Galaxis entsprechend unterstützen zu können. Ich habe gesehen, was ihr mittlerweile zustande bringen könnt. Die Freiheit hat überall den gleichen Preis. Ich bitte euch auch um die gleiche Unterstützung. Um eine Flotte und um Mitwirkung an der Vernichtung der selbsternannten Herrenwesen. Alle Worgass, die wir dort in der Galaxis vernichten können, werden später nicht mehr in die Milchstraße einfallen. «

Morass lehnte sich zurück und pfiff durch seine Zähne.

» Das ist aber eine ganz spezielle Bitte«, sagte Raise und schaute ihren Vater an.

Dieser dachte angestrengt nach.

»Heran hat natürlich Recht«, bemerkte Raise ergänzend. »Alleingelassen werden die Rassen das gleiche Schicksal erleiden, das unser Volk in Andromeda immer noch erleidet. Wir müssen uns gegenseitig helfen. «

»Meine Tochter ist ein Moral-Apostel«, sagte Morass. »Ich möchte zunächst unsere Möglichkeiten in aller Ruhe durchdenken und nicht immer direkt von jeder Seite aufgefordert werden, eine Entscheidung zu treffen. Mir ist schon klar, dass die Freiheit wichtig ist. Ich bin mir nur nicht sicher, ob die Rassen, in der keinen Magellanschen Wolke schon reif genug sind, über andere Species zu richten? «

Morass schaute Heran durchdringend an.

» Ich werde deine Bitte natürlich an das Gremium der Ältesten weitergeben. Die Entscheidung kann ich nicht allein treffen. «

»So sei es«, sagte Heran.
»Bleibe einige Tage hier und schaue dir unseren schönen Planeten an«, sagte Morass. » Ich denke, dass wir in zwei Tagen eine Entscheidung getroffen haben. «

»Das passt«, antwortete Heran. » Länger kann ich leider nicht bleiben, da ansonsten das Zeitfenster zu eng wird, um eine Flotte als Unterstützung zu entsenden. «

»Wir bemühen uns schnell eine Antwort zu finden«, entgegnete Morass. «

Er blickte Raise an.
»In der Zwischenzeit kümmerst du dich bitte um unseren Gast. «

»Das mache ich gerne«, antwortete sie.
Sie stand auf und zupfte ihre Uniform gerade.

»Darf ich dich bitten mir zu folgen«, sprach sie Heran an.
»Ich zeige dir deine Unterkunft. «

»Danke«, sagte Heran und folgte ihr.

***

Das Naada-Schiff, unter dem Kommando von Captain Banter, flog im Hyperraum mit immenser Geschwindigkeit dem Planet Morina entgegen. Dr. Keeler wurde bereits von dem Handels-Attaché, dem Finanz-Attaché und dem Wirtschafts-Attaché von Morina erwartet. Sein Besuch war im Vorfeld rechtzeitig angekündigt worden. Ein Besuch der neuen Filiale der Galaxis-Bank war ebenfalls vorgesehen. Doktor Keeler wollte prüfen, wie schnell sich die neue imperiale Währung auf Morina etablierte.

»Noch zwei Sprünge, dann sind wir da«, sagte Captain Banter.

»Das ging ja schneller als erwartet«, antwortete Dr. Keeler.

»Ich bin froh, wenn wir die Strecke hinter uns haben«, antwortete der Captain. »Morgen früh werden wir unser Ziel erreichen. «

Der Doktor nickte und verbrachte die restliche Zeit in seiner Kabine. Er hatte seine Unterlagen studiert und die Zeit hierüber vergessen. Tart 89 befand sich immer in seiner Nähe.

Die Zeit verging rasend schnell. Als Dr. Keeler wieder auf die Brücke kam, befanden sich der Naada-Kreuzer und seine Begleitschiffe bereits im Anflug auf den Morina-Planeten. Captain Banter befahl den Begleitschiffen, unter der Leitung von Captain Randolf, in der Umlaufbahn des zentralen Planeten eine Warteposition zu beziehen. Dann ging sie mit dem Naada-Kreuzer in den Landeanflug über. Vorsichtig setzte sie das schwere Schiff auf.

Ein Begrüßungs-Komitee fuhr vor. Captain Banter, Dr. Keeler, Tart 89 und weitere 5 Personen der galaktischen Bank gingen die ausgefahrene Laserbrücke herunter, um mit den Morina Wirtschafts-Gespräche zu führen. Die Begrüßung war freudig.

Die Gäste wurden von einem Transport-Gleiter durch die Stadt gefahren. Das Ziel, das morinische Handels-Auditorium, war schnell erreicht. Der Transport-Gleiter flog auf den Mittelpunkt der Stadt zu. Große Scheinwerfer beleuchteten das Finanz-Auditorium der Morina.

»Scheinbar ist das hier der wichtigste Ort auf dem ganzen Planeten«, bemerkte Captain Banter.

Doktor Keeler nickte.
»Hier befindet sich die Schaltzentrale des kompletten Warenaustausches mit den bekannten Galaxien«, teilte er mit. »In diesem Gebäude prüfen die Morina Waren, bemustern und besprechen Verbesserungen. Neue Artikel und deren Verkaufsmöglichkeiten werden analysiert. Die Rasse der Morina sind uns in dieser Angelegenheit weit voraus. Sie haben bereits viele Abnehmer, Kontakte und Zielplaneten. Die Schaltzentrale ihres interplanetaren Warenaustausches funktioniert zuverlässig. «

Beifall klang auf, als Doktor Keeler in Begleitung seines Gefolges, Captain Banter und Tart 89, den Sitzungssaal betrat. Etwa 20 Männer und Frauen bildeten auf der Seite der Morina das Gesprächs-Komitee. Auch drei Senatoren aus entfernteren Systemen waren extra angereist. Das fotografische Gedächtnis von Dr. Keeler speicherte alle Einzelheiten. Es war eine Tatsache, dass sämtliche Informationen über den Warenaustausch später bei ihm im Büro zusammenliefen. Die Ränge waren mit Zuhörern gefüllt. Die Gruppe schritt auf das Rednerpult zu, das in der Mitte des Raumes aufgebaut stand.

Dr. Keeler blickte viele der interessierten Zuhörer an. Dann hob er seine Hände in die Luft und ersuchte die Applaudierenden um Ruhe.

Ein Diener schloss die Türe des Saales. Alle Anwesenden wollten die Rede des Finanzgenies der EWK, als einer der wichtigsten Handelspartner von Morina hören.

Tart 89 beobachte intensiv die Umgebung. Seinen Sensoren würde nichts entgehen. Selbst das Fallen einer Stecknadel wurde von dem feinen Gehör des Personenschutz-Roboters aufgenommen. Doktor Keeler begann mit seiner Rede.

»Ich danke dem Handels-Auditorium von Morina für die Möglichkeit, vor diesem Gremium sprechen zu dürfen«, teilte er mit. »Wie wir alle wissen, existiert das ehemalige natradische Kaiserreich nicht mehr. Die ehemaligen Schutzherren sind durch den Krieg mit den Rigo-Sauroiden ausgeblutet. Ihre Heimat wurde für Tausende von Jahren radioaktiv verseucht. Aus diesem Grunde sahen die Natrader keinen anderen Weg mehr, als auszuwandern. Wo sie hin sind, welchen Flugroute sie genommen haben und wo ihr neues Zuhause ist, wissen wir nicht. Wir werden uns zu gegebener Zeit auf die Suche machen und ihren Spuren folgen. Dieses Schicksal haben aber auch andere Planeten und Rassen erleiden müssen. Diese konnten nicht auswandern. Sie konnten zusehen, wie ihr eigener Lebensraum vernichtet wurde und für eine lange Zeit nicht mehr bewohnbar war.

Heute haben sich die Rassen der Milchstraße wieder aufgerichtet und mit Mut einen neuen Anfang gewagt. Das zeichnet uns aus. Nicht nur die Morina, die Terraner, oder die Green-Lizards haben uns gezeigt, dass sich nur als Einheit die besten Erfolge zu erzielen lassen. Auch Rassen, wie die Najekesio, oder auch die Piraten, werden irgendwann dazugehören. «

Lauter Applaus stoppte die Ansprache von Doktor Keeler. Hiernach fuhr er fort.

»Die Morina zeigten uns, wie der intergalaktische Handel betrieben wird. Sie nehmen zukünftig für das neue Imperium diese ernsthafte und wichtige Aufgabe wahr. Auch wenn momentan unsere Raumfahrt weitgehend neu aufgebaut wird, bin ich überzeugt, dass wir Terraner die richtige Nachfolge des ehemaligen Kaiser-Reiches antreten werden. Wir sind als offizielle Nachkommen und als Verwalter der Hinterlassenschaften von Natrid eingesetzt. Wir werden zu einer der wichtigsten Raumfahrer-Nationen unserer Galaxis aufsteigen. Trotzdem haben wir aus den Fehlern des alten kaiserlichen Imperiums gelernt. Sie können sicher sein, dass wir unsere Partner besser absichern werden, als das früher der Fall war. Wir sind uns einig, dass wir einen solchen Eingriff von außen, nicht mehr zulassen werden.

Die Ausgangsposition ist für alle Rassen gleich. Wir versuchen die alten Rassen des kaiserlichen Imperiums, wieder für unser neues Zeitalter zu begeistern. Es beginnt ein Wettlauf in der Evolution aller Zivilisationen. Ein

Wettlauf, wie ihn die Rassen der Milchstraße seit vielen Jahrtausenden nicht mehr erlebt haben. Es ist die Aufrüstung unserer Galaxie mit Technik, mit Wissen und mit dem umfassenden Streben nach Handeln. Es wird ein Sicherheits-System installiert werden, das uns sofort informiert, wenn Gefahr droht. Ferner arbeiten wir an der Umsetzung des Wurmloch-Antriebes.

Wenn wir diesen zur Betriebsfähigkeit gebracht haben, können unsere schnellen Eingreif-Verbände jeden Planeten in der Galaxie innerhalb kürzester Zeit erreichen. Alle Zivilisationen gewinnen ihre Handlungsfähigkeit zurück und werden gestärkt hieraus hervorgehen. Es liegt in den Händen aller Rassen, diese einmalige Chance zu ergreifen und nicht ungenutzt verstreichen zu lassen. Aus diesem Grunde appelliere ich noch einmal an sie, die neue Währung den Terun ihrer Regierung vorzuschlagen und als generelles Zahlungsmittel einzuführen. Es vereinfacht die Zusammenarbeit zwischen allen Völkern und Rassen des neuen Imperiums. «

Lauter Beifall hallte von den Zuhörern zu dem Podium. Doktor Keeler verbeugte sich und schritt zu seiner Gruppe zurück.

»Danke für die ergreifende Rede«, antwortete Handels-Attaché Prince Prine Pimona. » Etwas anderes kommt für uns nicht infrage. «

Doktor Keeler lächelte einen Moment.

»Deswegen bin ich hier«, erwiderte er. »Wir brauchen neue Initiativen und Ideen für den Aufbau des neuen Imperiums. «

»Ich würde gerne wissen, welche Maßnahmen schon an den gefährdeten Außen-Grenzen eingeleitet wurden? «, fragte der Handels-Attaché.

Dr. Keeler schaute zu ihm herüber.
»An der Grenze des Imperiums werden verstärkt Patrouillen geflogen«, entgegnete er. » Wie sie wissen, steht möglicherweise ein Angriff der Worgass bevor. Wir wissen derzeit nicht, in welchem Quadranten sich ihr Wurmlochtor etablieren wird. Aus diesem Grunde bitten wir sie alle, ihre Augen offen zu halten und uns verdächtige Aktivitäten sofort zu melden. Vergessen wir aber nicht das Wichtigste. Das ist die Aufnahme von neuen Handels-Produkten in die Lieferkette. Ferner die Bezahlung der Ware mit der neuen Währung Terun des Imperiums. Die Schnelligkeit, mit der wir alle Aufträge bewältigen, bestimmt über das wirtschaftliche Wohlergehen und den Einfluss unseres Imperiums. Zukünftig werden alle brachliegenden Zweige wieder aktiviert werden. Wir Terraner werden dafür sorgen, dass das neue Imperium zu der führenden Macht in der Milchstraße aufsteigen wird. Wir alle werden mithelfen müssen, den Neuaufbau organisatorisch und wirtschaftlich optimal zu meistern. Ich bitte alle Rassen um die Mithilfe. «

Doktor Keeler wusste, dass er noch Einzelgespräche mit 23 Attachés führen musste. Gegen Abend bezogen er und Captain Banter ein Domizil in einem Seitentrakt des neuen Konsulats- und Handelszentrums, in der Nähe des Raum-Flughafens. Doktor Keeler fand nicht nur eine großzügige technische Ausstattung vor, sondern auch entsprechende abgegrenzte Besprechungsräume und Bewirtungs-Zonen.

Der Türsummer piepste laut auf. Tart 89 öffnete die Türe von außen.
»Doktor Keeler, sie haben Besuch bekommen«, tönte es blechern. »Commander Stewart bittet ein Gespräch mit ihnen. «

»Er kann eintreten«, antwortete er.
Der Doktor wusste, dass Commander Stuart für den Aufbau des Konsulats und des Handels-Zentrums auf Morina zuständig war.

»Hallo Doktor«, sagte Commander Stewart beim Eintreten. »Ich grüße sie, Commander. Wir haben uns lange nicht gesehen.«

»Es ist schön, dass ich sie in meinem Zimmer begrüßen darf «, antwortete der Doktor. »Darf ich ihnen Captain Banter vorstellen. Sie wird zukünftig für die Auswahl der Handels-Erzeugnisse zuständig sein, die von Morina vorgeschlagen werden. «

Commander Stuart lächelte Captain Banter an.

»Es freut mich sie kennen zu lernen«, antwortete er höflich.

»Ganz meinerseits«, lächelte sie. «

Dr. Keeler bot dem Commander einen Platz in den geräumigen Soft-Sesseln an. Er drückte auf einen Knopf an seiner Kontrollkonsole. Aus dem Boden hob sich langsam ein Tisch, der in angenehmer Höhe stoppte.

Commander Stuart legte seine mitgebrachten Unterlagen auf den Tisch.

»Ich sehe, sie haben sich mit der Ausstattung ihres Apartment bereits vertraut gemacht«, sagte der Commander. »Was gibt es Neues im Sol-System? «

»Was soll es Neues geben? «, fragte Dr. Keeler zurück. » Ich kann ihnen nicht viel berichten. Mein Büro ist in Tattarr. Meine ganze Aufmerksamkeit widmet sich dem Finanzsektor. Aber wie mich General Poison informiert hat, arbeiten wir mit höchster Energie an dem Aufbau einer starken Raumflotte. Wir konstruieren, wir duplizieren, wir bauen Schiffe und schulen Personal. Die Zeit läuft und irgendwann werden wahrscheinlich die Worgass angreifen. Es muss uns gelingen, sie massiv zurückzudrängen. Auf diesen Zeitpunkt sollten wir vorbereitet sein.

Der Ausbau der Titan-Verteilungs-Station schreitet immer weiter voran. Die wieder aktivierten Planeten des alten natradischen Kaiserreiches werden fast alle von einer Hypertronic-KI gesteuert. Sie nehmen ihre Arbeiten wieder auf. Die wichtigsten Planeten liefern Energie-Kristalle per Transmitter nach Titan. Wir haben mittlerweile Schutz-Flotten, die unsere Produktions-Planeten sichern. Das ist nötig, um die Transport-Schiffe vor Piraten zu schützen. Leider sind unterschiedliche Gruppen von ihnen weiterhin aktiv. «

»Es tut sich etwas«, freute sich Commander Stewart. » Hier auf Morina finden die maßgeblichen Attachés immer mehr Gefallen an unseren Praktiken, genormte Container für den Warentransport einzusetzen. Einen Teil hiervon verwenden sie bereits selbst für den Versand. Dann möchten die Morina unsere Waffentechnik zu ihrer besseren Absicherung aufkaufen. Ich empfehle nicht unseren letzten Entwicklungsstand anzubieten, aber die Waffen einer früheren Generation sind auch nicht schlecht. Diese sind auch für die Morina ausreichend. Diese Einkäufe zielen daraufhin, die Piraten-Angriffe abzuwehren. «

»Ich bin hier, um den Aufbau der Filiale und die Einführung des Zahlungsmittels Terun zu unterstützen «, antwortete Doktor Keeler. » Alles Weitere sollten sie mit General Poison klären. «

»Was gibt es da zu unterstützen? «, fragte Commander Stuart.

»Es geht darum, dass ich überprüfen möchte, ob Verkäufe und Zahlungen in dieser neuen Währung verbucht werden«, lächelte Doktor Keeler freundlich.

»Bisher wurde von den Morina in Diamanten bezahlt«, teilte Commander Stuart mit. »Doch sie haben Recht, wir sollten langsam zu einem einheitlichen geprägten Zahlungsmittel übergehen. Ich dachte, dass der Vorgang bereits ans Laufen gekommen wäre. «

»Nicht wirklich«, antwortete Dr. Keeler. »Es dauert eben ein wenig. Ich kümmere mich jetzt intensiver hierum. «

Der Doktor schaute Commander Stuart an.
»Ich weiß natürlich auch ihre Verdienste zu schätzen«, bemerkte er.

»Danke«, sagte Commander Stuart. » Mein Schwerpunkt auf diesem Planeten liegt in dem Aufbau unserer Einrichtungen und dem Schutz der Morina-Planeten-Gruppe. Ausgerichtet auf die Konstruktion eines intergalaktischen Handelsnetzes. Wir beschützen die Transport-Schiffe gegen die Piraten und gegen andere Splittergruppen. Derzeit existiert nur eine Transmitter-Verbindung nach Titan. Alle weiteren Handelslieferungen müssen aufwendig per Schiff begleitet werden. Denken sie nur an den letzten Angriff der Piraten, der uns bis an unsere Leistungsgrenze beschäftigte. «

»Ich habe davon gehört«, antwortete Doktor Keeler. General Poison hat nur in den höchsten Tönen von ihnen gesprochen. «

Der Commander lächelte.
»Das freut mich natürlich«, entgegnete er.

Commander Stuart stand auf.
»Ich muss wieder in die Zentrale zurück«, sagte er. »Gleich kommen meine Patrouillen zurück und ich möchte hören, was sie zu berichten haben und sie neu einweisen. Sie kommen zurecht? «

»Ich denke schon«, antwortete Doktor Keeler. » Ich werde sie in den nächsten Tagen nochmals aufsuchen und Captain Banter mitbringen. Sie wird mit ihnen zusammenarbeiten und eine optimale Auswahl der marianischen Handelsgüter bestimmen. «

»Darauf freue ich mich jetzt schon«, entgegnete der Commander.

Mit diesen Worten drehte er sich um und entschwand durch die Türe.

***

Heran hatte sich mit Morass in einer kleinen Bar getroffen. Er hatte einen Kaffee bestellt. Den Anbau hatten die Green-Lizards von den Terranern übernommen. Sie hatten sich hieran gewöhnt und gelernt, dass man aus den Bohnen ein herrliches Getränk zubereiten konnte.

»Ist der Rat zu einer Entscheidung gekommen, mein Freund? «, fragte Heran. «

Morass nickte.
»Welche Entscheidung könnte das wohl sein? «, fragte er.
» Wir stehen in deiner Schuld. Obwohl wir zwar erst mit dem Aufbau einer Raum-Flotte beschäftigt sind, können wir derzeit 500 Schiffe aus einer neuen Eigenentwicklung als Hilfs-Flotte beisteuern. Alle Schiffe sind mit neuen Geschützen ausgerüstet, die wir nach natradischen Konstruktions-Zeichnungen angefertigt haben. Die Terraner geben uns zwar nicht die neusten Ausführungen, aber diese sind trotzdem 45-mal leistungsstärker als die Geschütze, die uns seinerzeit von den Worgass zur Verfügung gestellt wurden. Ich denke, dass wir hiermit in der Technik Schritt halten können. «

»Wann können wir aufbrechen? «, fragte Heran.

» Die Schiffe werden derzeit ausgerüstet und bemannt«, antwortete Morass. » Bitte gebe uns noch 6sechs Stunden Zeit. Morgen früh können wir starten. «

Heran lächelte ihn an.
»Das freut mich«, erwiderte er. »Jetzt verstehst du auch das Sprichwort, eine Hand wäscht die andere. Freiheit ist nicht gratis, man muss etwas dafür tun. Ich freue mich,

dass du meine Initiative mit einem Flotten-Kontingent unterstützt.«

»Wenn du auch dabei bist, macht mir das keine Angst«, antwortete Morass.

Heran lächelte.
»Das lasse ich mir doch nicht entgehen«, sagte er.

»Unser Hass auf die Worgass ist sehr groß«, ergänzte Morass. »Ich würde schon gerne sehen, wie sie eine Schlappe erleiden. «

»Dann sehen wir uns morgen«, sagte Heran und gab Morass die Hand. »Auf ein gutes Gelingen. Ich gehe auf mein Schiff und bereite alles vor. «

Die 6 Stunden vergingen schnell. Heran hatte sich die aktuellen Flugpläne eingeprägt, als ein Funkspruch einging.

»Wir sind startklar, ich habe das Kommando der Flotte übernommen«, hörte er Morass durchsagen. »Ich habe mir nicht nehmen lassen, die Flotte persönlich zu führen. Wir unterwerfen uns deinem Oberbefehl. Führe uns zum Sieg.«

»Das werde ich«, bestätigte Heran. » Den folgenden Befehl bitte ich unbedingt zu beachten. Ich öffne ein Wurmloch, womit wir in die Nähe des Sol-Systems gelangen, der Heimat des neuen Imperiums. Eure Schiffe müssen zügig das Wurmloch passieren. Es schaltet sich selbstständig ab, wenn längere Zeit keine Schiffe mehr einfliegen. Der Ausgangspunkt im Sol-System ist gleichzeitig der Wartepunkt deiner Flotte. Hier verharrt ihr, bis zu meiner Rückkehr. Ich fliege allein weiter und nehme Kontakt mit den Terranern auf. Stelle dich auf eine längere Wartezeit ein. Ich muss leider erst noch Major Travis überzeugen. «

»Du hast mit ihm noch nicht geredet? «, fragte Morass entsetzt.

»Nein«, antwortete Heran. » Aber die Terraner sind genauso interessiert wie ihr, dass die Worgass kein Bein in unserer Galaxis auf die Erde bekommen. Daher kann die Entscheidung nur so lauten, dass sie sich mit einer großen Streitmacht beteiligen. «

»Ich bin aber auf den Ausgang der Gespräche gespannt«, lächelte Morass. »Nehmen sie Lantraner auch mit einer Flotte an diesem Einsatz teil? «

»Das ist ein anderes Thema«, antwortete Heran. » Unsere Schiffe werden derzeit wieder flugfähig gemacht. Wir arbeiten hieran. «

Morass bemerkte, dass Heran diese Frage sichtlich unangenehm war.

»Startet jetzt bitte eure Antriebe und folgt mir«, wechselte der Lantraner das Thema.

Unter Herans Führung, startete die Flotte von 500 Schiffen der Green-Lizard aus der Umlaufbahn des Echsen-Planeten. Der Lantraner gab noch einmal eine kurze Info an Morass weiter, als er das Wurmloch geöffnet hatte.

»Fliegt eure Schiffe unverzüglich hinter mir her, in den Eingang des Wurmloches hinein«, empfahl er. »Sobald das letzte Schiff durchgeflogen ist, schließt sich der Eingang automatisch. «

Morass antwortete sofort.
»Der Befehl wurde verstanden und weitergegeben«, teilte er mit.

Heran programmierte bereits die Flug-Koordinaten des Sol-Systems in seine Hypertronic-KI. Langsam beschleunigte er sein Evolutions-Schiff und flog in den Eingang des Wurmloches hinein. Die Schiffe der Green-Lizards folgten in einem geringen Abstand.

***

In der Einsatz-Zentrale von Tattarr herrschte große Aufregung. Schrille Alarmsirenen deuten auf einen außerplanmäßigen Einflug ins Sol-System hin. Automatisch wurden alle Piloten zu ihren Schiffen geordert. Der Alarmstart der Heimat-Flotte ging reibungslos vonstatten. Die gleichen Szenarien spielten sich auf der Erde ab, auf Titan und auf allen wichtigen

Planeten im Sol-System. Überall wurden verfügbare Flottenteile zusammengezogen, um eine Absicherung der Planeten und Trabanten zu gewährleisten. Die großen Kampf-Stationen hatten ihre 1.000 Schiffe ausgeschleust und in einer ringförmigen Warteposition positioniert.

Major Travis ging zu dem Herz von Natrid, der zentralen Einsatz-Zentrale. General Poison war bereits vor Ort.

»Was ist los? «, fragte er.
»Unsere Frühwarnsysteme zeigen die Öffnung eines Wurmloches an, in der direkten Nachbarschaft zum Sol-System. Die Struktur-Erschütterungen lassen auf Hunderte von Schiffen schließen. Ich habe die Alarmbereitschaft deutlich angehoben. «

Noel kam angelaufen.
»Ich habe eine Erschütterung der Raumstruktur angemessen«, teilte er mit. »Ein einzelnes Raumschiff ist nahe Uranus materialisiert. Es war deutlich anzumessen. Unsere Wach-Flotte hat Aufnahmen gemacht und schickt diese gleich durch. «

»Für Spekulationen habe ich keine Zeit«, sagte Major Travis.

»Alle Stationen in der Nähe der Saturn- Umlaufbahn haben die höchste Alarmstufe befohlen bekommen«, erwiderte Noel.

»Eingehender Funkspruch von der Konstalarosa«, meldete der Funkoffizier. »Sie ist am weitesten entfernt und in der Nähe der Uranus-Umlaufbahn platziert. Sie leitet Bilder über Hyperraum-Datenpaket an uns weiter. «

»Auf die Bildschirme legen«, befahl General Poison.

»Achtung, die Aufnahmen kommt jetzt durch«, teilte der Funk-Offizier mit.

Die Bildschirme flammten auf. Sie zeigten ein einzelnes Schiff, das sich langsam näherte.

»Eingehender Hyperraum-Funkspruch«, meldete der Funk-Offizier. » Man ruft uns. «

»Auf die Lautsprecher legen«, befahl Major Travis.

»Hier spricht Heran, der Lantraner«, tönte es aus der Leitung. »Ich erbitte um eine Einflug-Genehmigung ins Sol-System. Ich wünsche Major Travis zu sprechen. Ich wiederhole, ich wünsche Major Travis zu sprechen. «

Major Travis blickte den General und Noel an.
»Wir bekommen Besuch«, lächelte er. »Sie können die Alarmbereitschaft der Heimat-Verteidigung abbrechen. Geben sie mir bitte den Communicator. «

Ein Offizier reichte ihm das Gerät.
»Hier spricht Major Travis«, sprach er in das Gerät. »Hallo Heran, es ist schön deine Stimme zu hören. Wir sollten

dringend über deine Besuchs-Allüren sprechen. Was sind das für Schiffe, die außerhalb unseres Systems warten? Sie bringen unser ganzes Frühwarnsystem durcheinander. «

»Das sind 500 Schiffe der Green-Lizards, die ich mitgebracht habe«, antwortete der Lantraner. »Ihr Freund Morass hilft uns bei einer gewagten Aktion. Ich bin gekommen, um das Neue-Imperium ebenfalls um Unterstützung zu bitten. «

»Gut, du bist ja bereits ins Sol-System eingeflogen«, antwortete Major Travis. »Jetzt kannst du auch weiterfliegen. Wir treffen uns auf Titan. Ich lasse dir Lande-Koordinaten von dem Raum-Flughafen übermitteln. «

»Danke sehr«, sagte Heran. » Ich freue mich auf ein Treffen. «

»Wir auch«, erwiderte Major Travis und beendete das Gespräch.

»Machen sie sich fertig«, wandte er sich an General Poison und an Noel. » Wir gehen durch den Transmitter nach Titan und hören uns an, was er will. Er wird sicherlich einen triftigen Grund haben, zu uns zukommen. «

Er drehte sich um zur Funkabteilung.
»Sergeant, funken sie bitte Sirin, Commander Brenzby und Heinze an«, befahl er. »Sie sollen sich umgehend im

Transporter-Raum melden. Ich möchte sie ebenfalls auf Titan haben. «

Der General und Noel waren nicht begeistert, die Zentrale verlassen zu müssen. Bevor sie etwas sagen konnten, fuhr Major Travis ihnen über den Mund.

»Gehen wir, es ist unhöflich Gäste warten zu lassen«, sagte er.

Einige Etagen tiefer warteten Heinze, Sirin und Commander Brenzby bereits an der aktivierten Transmitter-Verbindung nach Titan. Major Travis begrüßte die Freunde und erklärte kurz die Situation.

»Heran hat um ein Gespräch gebeten«, teilte er mit. »Er ist mit einer Flotte von 500 Schiffen der Green-Lizards gekommen. Es scheint etwas Dringendes zu sein. Ich bitte um eure Unterstützung.«

Die Personen schritten durch den aktivierten Transmitter und kamen Sekunden später auf Titan, in der überdimensionierten Transmitter-Halle, heraus. Commander Gormansik erwartete sie bereits. Er salutierte vor General Poison und Major Travis. Die Besucher gaben den Gruß zackig zurück.

»Es freut mich, sie zu sehen«, begrüßte Commander Gormansik die Personen.

»ist das Schiff des Lantraners schon gelandet? «, fragte Major Travis. «

Commander Gormansik nickte.
»Dem Evolutions-Schiff wurde ein Landeplatz zugewiesen«, bestätigte er. »Ihr Gast wird von einer Roboter-Garde des Sicherheitsdienstes abgeholt, die ihn in den Konferenz-Saal geleitet. Darf sie bitten, mir zu folgen? «

Commander Gormansik drehte sich um und ging mit schnellen Schritten auf einen Transportgleiter zu.

Die Anlage auf Titan war erneut um ein gewaltiges Areal gewachsen. Es vergingen ganze 15 Minuten, dann hatte der Transportgleiter das Parkhaus des Konferenzgebäude erreicht. Der Commander steuerte den Gleiter in einen kleinen Hangar. Er schaltete den Antrieb ab. Die Besucher stiegen aus.

Commander Gormansik führte die Offiziere in das große Konferenzzentrum. Ein dreifach gesicherter Schutz-Schirm überspannte die ganze Anlage und sorgte für eine entspannte Atmosphäre. Die Eingangshalle war pompös eingerichtet. Skulpturen, Malereien von zeitgenössischen Künstlern und Natur-Szenarien zierten die Wände. Bilder von den Rocky Mountains, von mehreren Seen und Wäldern deuteten auf eine intakte Natur hin.

Geräusche am Eingangsbereich ließen Major Travis und sein Team zurückblicken. Heran wurde in Begleitung von

2 Robotern des Sicherheits-Dienstes in die Eingangshalle geleitet. Schnell hatte er Major Travis und seine Gruppe eingeholt. Er schüttelte allen die Hand.

»Schön einmal wieder in dem Territorium des neuen Imperiums sein zu dürfen«, sagte er.

»Von dem Spektakel, das sie jedes Mal verursachen, wenn sie uns besuchen, ganz zu schweigen«, monierte General Poison.

Major Travis sah die Diskussion bereits im Vorfeld kommen und ließ keine zweite Frage aufkommen.

»Was ist der Anlass deines Besuches? «, unterbrach er den General.

»Kein schöner«, antwortete Heran. « Ich muss euch etwas Schlimmes mitteilen. «

Die Gesichter von General Poison, Sirin, Major Travis, Noel und Commander Brenzby verdunkelten sich. Heran schaute Heinze an, der sich intensiv bemühte, die Gedanken von ihm zu erfassen.

»Bemühe dich nicht, Heinze«, dachte er. »Nochmals überrumpelst du mich nicht. Ich kenne jetzt deine Qualitäten. Ich habe eine Gedanken-Blockade errichtet. So wie beim ersten Mal, überraschst du mich nicht noch einmal. «

»Ist irgendetwas nicht hat in Ordnung? «, fragte Heinze scheinheilig.

Heran schüttelte seinen Kopf und grinste.
»Nein«, antwortete Heran. »Ich habe keine Probleme. «

Die Gruppe trat in ein modernes Besprechungszimmer.
»Setzen wir uns«, sagte Major Travis. »Du hast bestimmt lange in keinen bequemen Sessel mehr gesessen. «

Nachdem das Service-Personal, die Getränke serviert und sich zurückgezogen hatte, schaute General Poison seinen Gast interessiert an.

»Erzählen sie bitte, welche Wünsche haben sie auf dem Herzen? «, fragte er.

Heran begann seine Geschichte mit dem Aufstand der Rassen in der kleinen Magellanschen Wolke.

»Dort ist die Knechtschaft der Worgass seit Jahrtausenden ebenfalls existent«, erklärte er. »Leider eskaliert die Situation dort. Mehrere Rassen organisieren eine Rebellion. Sie wollen nicht länger unter der Knappschaft der Worgass leiden. Sie haben eine große Flotte ausgerüstet und stellen sich den Formwandlern zum Kampf. Sie greifen die Stationen, die Garnisons-Planeten und die Werften der Worgass an. Sie wollen die Worgass für immer aus ihrer Galaxis vertreiben. Sie wissen jedoch nicht, dass ihnen dieses Vorhaben, ohne eine massive Unterstützung von uns, nicht gelingen wird.

Es ist sehr schwer, zumal die Worgass genmanipulierte Formwandler sind. Dieser Hinweis ist auch für sie neu. «

Der Lantraner blickte verschmitzt in die Runde.

»Einen Moment bitte«, fragte Major Travis nach kurzer Zeit. »Heißt das, die Worgass können jede fremde Körperform annehmen, wie es ihnen gefällt? «

»So ungefähr«, antwortete Heran. »Sie können nur die Form der Lebewesen annehmen, denen sie bereits einmal begegnet sind. Die brauchen einen einmaligen Kontakt zu den fremden Körpern. «

»Kann man einen Worgass erkennen? «, erkundigte sich Major Travis.

»Das ist tatsächlich sehr schwer«, antwortete Heran. »Wir arbeiten derzeit an neuen Körper-Scanner, mit denen es gelingen soll, die Worgass eindeutig zu identifizieren. Es mischen sich immer wieder einzelne Exemplare von ihnen unter andere Völker und betreiben unerkannt Spionage. Theoretisch könnten sich auch welche bereits auf Tarid aufhalten, in der Form von Menschen in hohen militärischen Positionen. «

Die Zuhörer blickten Heran entgeistert an.
»So weit wollen wir es nicht kommen lassen«, erwiderte General Poison.

»Deswegen bin ich hier«, sagte Heran. »Die Rebellen, die ungefähr über 15.000 Schiffe in unterschiedlichen Größen verfügen, werden es nicht allein schaffen, die Worgass zu besiegen. Ihre Kampfkraft ist nicht ausreichend, um sie zu eliminieren. Ich erbitte um eine starke Kampfflotte des ihrem neuen Imperium, um eingreifen zu können. Mein Plan ist es, die rebellierenden Rassen in der kleinen Magellanschen Wolke unterstützen und die Worgass aus der Galaxie zu jagen. «

Das Gesicht von General Poison lief rot an. Dann polterte er los.

»Wie sollen wir das machen? «, fragte er. » Junge, denken sie einmal nach. Wir haben hier im Sol-System selbst genug abzusichern. «

Heran lächelte den General an.
»Erstmals bin ich nicht ihr Junge«, antwortete er. » Ich bin viel älter als sie. Alle Worgass, die wir in der kleinen Magellanschen Wolke vernichten werden, können nicht mehr in die Milchstraße einmarschieren. Nehmen sie das bitte zur Kenntnis. «

Major Travis hatte sich mit Noel kurzgeschlossen.
»Ich gebe Heran Recht«, bemerkte er. »Wir wissen jetzt, dass die Worgass Formwandler sind. Sie sind gefährlicher, als wir bislang dachten. Wir sollten das Problem bereits an der Wurzel kappen und die Worgass daran hindern, größere Verbände in die Milchstraße einzuschleusen. «

General Poison blickte Noel an.

Der nickte kurz.

»Also gut«, antwortete der General. »Ich erkenne, dass Major Travis ein Eingreifen befürwortet. Wir werden uns mit 6.000 schweren Einheiten an dem Kampf beteiligen. Ich werde 1.000 Schiffe der Kaiser-Klasse, 3.000 Schiffe der Königs-Klasse und 2.000 Schiffe der Lord-Klasse zusammenziehen. Das wird eine große Angriffs-Flotte werden «

»Nicht zu vergessen, die 500 Schiffe der Green-Lizards, die auch an dem Kampf teilnehmen werden«, erklärte Heran. »Es sind alles Schiffe, die bereits mit neuer Waffentechnik ausgestattet wurden. «

General Poison zog seine Stirn in Falten.

»Das wusste ich noch gar nicht«, bemerkte er. »Sie haben sich heimlich bereits eine beachtliche Streitmacht aufgebaut. «

»Was heißt heimlich aufgebaut? «, fragte Heran. » Den Green-Lizards ist daran gelegen, ihre Heimat abzusichern. «

General Poison überlegte.

»Wenn ich ihnen die 6.000 Zerstörer mitgebe, dann ist das eigentlich unsere ganze Heimat-Verteidigung«, teilte er mit. »Falls wir alle Schiffe in den Kampf schicken, besitzen wir haben keinen Schutz mehr vor unserer Haustüre? «

»Rufen sie für diesen Notfall weiter entfernte Einheiten zurück«, empfahl Major Travis. » Wir können uns diese Gelegenheit nicht entgehen lassen. Wie sie jetzt erfahren haben, beteiligen sich die Green-Lizards ebenfalls mit ihren Kampf-Verbänden an der Mission. Ihnen ist der Einsatz auch wichtig.«

Heran nickte.
»Sie warten einen Klick vor dem Sol-System auf uns«, sagte er. »Ihr Hass auf die Worgass, gab ihnen wohl den Mut, sich mit dieser Flotte zu beteiligen. Sie wollen niemals mehr in ihre Knechtschaft geraten. «

»Heran übernimmt das Kommando«, sagte Major Travis. »Es stehen genug Schiffe zu Verfügung. Dank seines Wurmloch-Antriebes verlieren wir nicht viel Zeit und können schnell wieder zurück sein. General Poison geben sie bitte ihre Zustimmung. Lassen sie die Schiffe sich im Titan-System sammeln. Wir fliegen hinter Heran her, zu dem Treffpunkt mit den Green-Lizards. «

Endlich war der General überzeugt.
»Einverstanden, so machen sie es«, bestätigte der General. »Ich leite alles in die Wege. Sehen sie zu, dass sie schnell zurückkommen. Mir ist nicht ganz wohl bei dieser Geschichte. «

»Halten sie uns auf dem Laufenden«, bemerkte Noel. » Es ist wichtig, dass wir über alle Schritte informiert werden. « Es war beschlossen. General Poison und Noel verabschiedeten sich eiligst und nahmen die Transmitter-

Strecke zurück nach Natrid. Sie bereiteten jetzt gemeinsam den Alarm-Start der schweren Einheiten vor.

»Ich würde gerne mehr mit dir besprechen, aber die Zeit eilt«, sagte Heran. »Ich hoffe, dass wir uns nach getaner Arbeit nochmals zusammensetzen können, um über diverse Punkte zu sprechen. «

»Gerne«, antwortete Major Travis. »Denn auch die Lantraner sollten einen Beitrag zu dem Frieden in unserer Galaxis leisten. «

Heran war irritiert.
» Das machen wir doch bereits, indem wir euch über diese Aktionen informieren «, teilte er mit.

»Das allein wird zukünftig nicht mehr reichen«, erwiderte Major Travis. »Eines Tages schützen wir auch die Leben der Lantraner. Darüber sollten wir sprechen, oder vielleicht auch über eine Übergabe der Wurmloch-Technik an uns. «

»Du weißt doch, dass dieser Wunsch sehr schwierig zu realisieren ist«, antwortete Heran mit gesenktem Blick. Unsere Hohe-Empore untersagt die Weitergabe dieses Antriebes. Gemäß unseren Statuten dürfen wir junge Rassen nicht mit gefährlicher Technik unterstützen. «

»Darüber sollten wir reden und die Frage einmal in den Raum stellen, ob es nicht eine Ausnahmegenehmigung geben könnte, im Rahmen des Gemeinwohls«, lächelte Major Travis den Lantraner an. «

»Wir sprechen noch hierüber«, blockte Heran ab. »Ich muss jetzt auf mein Schiff gehen und meine Sinne neu ordnen. Wir treffen uns in der Umlaufbahn. Bis später. «

»Danke«, antwortete Major Travis. »Bis später.«

Heran wartete in seinem Evolutions-Schiff auf die versprochene Flotte des neuen Imperiums. Zwei Stunden waren vergangen, als plötzlich die Funk-Taster in Herans Schiff anschlugen.

»Resonanzkontakte«, meldet seine KI. »Soll ich einen Fluchtsprung vorbereiten? «

»Nicht nötig«, antwortete Heran. » Es sind befreundete Schiffe. Die versprochene Flotte unter dem Befehl von Major Travis trifft ein.

Heran erkannte, dass sich immer mehr Schiffe in seiner näheren Umgebung materialisierten.

»Eingehender Hyperraum-Funkspruch«, meldete die Hypertronic-KI des Evolutions-Schiffes.

»Auf die Lautsprecher legen«, murmelte Heran.
»Die Leitung ist offen, Gebieter«, meldete die KI monoton.
Heran verzog sein Gesicht. Die KI nervte gewaltig.

»Hier spricht die Termar 1, unter Major Travis«, hallte es aus den Lautsprechern. »Wir sind bereit. Heran übermittle uns bitte die Rendezvous-Koordinaten der Green-Lizard-Flotte. Die Termar 1 übernimmt die Befehlsführung. «

»Achtung, ich sende die Koordinaten«, meldete der Lantraner über die offene Verbindung. «

»Ich habe die Daten erhalten«, antwortete Sergeant Farmer, der Funk-Offizier der Termar 1. »Ich lege sie auf das CIC. «

»Bitte geben sie einen Hyperraum-Funkspruch an unseren Flotte durch«, befahl Major Travis. » Den gemeinsamen Sprung in 5 Minuten ausführen. «

»Ihr Befehl wurde gesendet«, sagte Sergeant Farmer. »Es kommen bereits erste Bestätigungen herein.

Es waren exakt 5 Minuten vergangen, als die komplette Flotte entmaterialisierte. Der große Schiffs-Verband war von den Bildschirmen der Raumaufklärung von Titan verschwunden. Nur kurze Zeit später materialisierte sie außerhalb des Sol-Systems. Vor den Schiffen des Neuen-Imperiums lag die Flotte von 500 Schiffen der Green-Lizards.

»Eingehender Funkspruch«, teilte Sergeant Farmer mit.

»Legen sie ihn zu mir«, antwortete Major Travis.

Ein kurzes Knistern zeugte von dem Einrasten der Verbindung.

»Hier spricht Morass Zyran«, meldete sich das Flaggschiff der Lizards. »Ich freue mich, an ihrer Seite in einen weiteren Kampf ziehen zu dürfen. Hiermit können wir einen Teil unserer Schuld begleichen. Wir sind immer noch dankbar für diesen schönen Planeten, den sie uns übergeben haben. Kommen sie einmal vorbei, um uns zu besuchen. Es ist bereits viel aufgebaut worden. «

»Ich grüße sie ebenfalls, Morass«, antwortete Major Travis. »Schön, dass sie gut weiterkommen. «

»Ich unterbreche das Gespräch nur sehr ungern«, mischte sich Heran ein. » Die Zeit drängt leider. Ich öffne jetzt einen Wurmloch-Tunnel, der uns an den Rand der Milchstraße bringt. Dort erhalten sie letzte Instruktionen. Folgen sie unverzüglich meinem Schiff nach der Öffnung des Wurmloches. Schließen sie dicht auf. Verzögern sie auf keinen Fall den Einflug. Der Eingang des Wurmlochs schließt sich selbständig, wenn keine Aktivitäten mehr registriert werden. «

Major Travis und Morass bestätigten. Die Informationen wurden sofort an die Flotten-Verbände weitergegeben.

Heran drückte in seinem Evolutions-Raumschiff den Aktivierungsknopf. Ein riesiger schwarzer Schlund öffnete sich vor der Raumflotte. Herans Evolutions-Raumschiff nahm Fahrt auf und flog als Erstes in das Wurmloch hinein. Sofort folgten die Schiffe der Green-Lizards und der große Verband des neuen Imperiums.

Es vergingen nur Sekunden, dann traten sie auf der anderen Seite der Milchstraße wieder in den Normalraum ein. Vor ihnen leuchtete die Kleine Magellansche Wolke.

»Ortungen? «, fragte Major Travis. » Wo sind wir? «

» Einen Augenblick noch«, sagte Ortungs-Offizier Dantow. »Ich gebe die Informationen auf das CIC weiter. Wir haben die ganze Milchstraße durchquert und sind an deren Ende herausgekommen. Vor uns liegt die große Leere, welche die Distanz zur kleinen Magellanschen Wolke überbrückt. «

»Bitte öffnen sie einen Kanal zu Herans Schiff «, befahl Major Travis.

»Der Kanal wurde geöffnet«, sagte Sergeant Farmer. » Sie können sprechen. «

»Hallo Heran, wie lauten deine Anweisungen? «, fragte Major Travis. «

Das lantranische Schiff meldete sich sofort.

»Ich öffne jetzt noch einen Wurmloch-Tunnel, der uns bis auf einen Klick in den Quadranten bringt, indem die

Raum-Schlacht stattfinden wird«, antwortete der Lantraner. »Dort angekommen, entsenden wir einen getarnten Aufklärer, der uns über die aktuelle Situation informieren wird. Wie du weißt, kann ich nicht nur ein Wurmloch öffnen. Es ist mir auch möglich, das Zeitgefüge einzustellen. Du würdest das Wort manipulieren gebrauchen. Es ermöglicht uns jedoch rechtzeitig am Ort des Geschehens einzutreffen. «

Major Travis hatte verstanden.
»Dein Wurmloch-Generator kann auch die Zeit manipulieren«, sagte Major Travis. »Wir haben verstanden. «

»Informiere bitte deine Schiffe, dass ich jetzt die Wurmloch-Verbindung öffne«, meldete Heran. » Danach verweilen wir einen Augenblick und warten auf die Information des Aufklärers. «

»In Ordnung, ich informiere meine Commander«, antwortete der Major.

Morass hatte die Informationen ebenfalls verstanden, bestätigt und bereits an seine Schiffe weitergegeben.

Heran öffnete erneut ein großes Wurmloch und flog hinein. Die große Gemeinschafts-Flotte folgte ohne Wartezeiten.

Kurze Zeit später öffnete sich in der kleinen Magellanschen Wolke das Fenster zum Austritt aus dem

Wurmloch. Heraus flog die große Hilfsflotte aus der Milchstraße. In geordneter Formation drosselte die Flotte ihre Geschwindigkeit.

Heran hatte die Koordinaten für die Aufklärung übermittelt.

Die Termar 1 schleuste einen Tarin-Jet aus. Dieser wechselte getarnt im Hyperraum. Der Auftakt war eindeutig bestimmt und hieß Sondierung der Lage und eine Berichterstattung.

Heran hatte sein Schiff an der Termar 1 angedockt und war auf dem Weg zur Brücke. Er hatte um ein Gespräch gebeten. Morass war ebenfalls eingetroffen, um an diesem letzten Gespräch teilzunehmen. Alle Gäste wurden in einen Konferenzraum der Termar 1 gebracht.

»Ich begrüße sie, meine Herren«, sagte Major Travis. »Wir warten gemeinsam auf die Daten des getarnten Jets, der aktuelle Informationen im Gebiet der aufzeichnen soll. Die Information ist wichtig für uns, mit wie vielen Schiffen der Worgass wir es zu tun bekommen. «

»Wir sollten über eine Strategie sprechen«, bemerkte Heran.

Er schaute die Zuhörer an. Diese dachten über Möglichkeiten nach.

»Die Vorgehensweise der Worgass ist seit Jahrtausenden gleich«, offenbarte Heran. »Sie tauchen mit dem größten Material auf, das sie haben und versuchen die Schlacht für sich zu gewinnen. Bisher funktionierte das immer. Solange eine Rasse eine Schlacht nicht verliert, entwickelt sie ihre Technik nicht weiter. «

»Das ist unser Vorteil«, bestätigte Morass. » Wir haben festgestellt, dass die Worgass, falls sie sich überhaupt mit eigenem Material an einen Kampf beteiligen, maximal eine Schiffsverband mit maximal 500 Schiffen in den Kampf werfen. «

»Ich stimme Morass zu«, ergänzte Heran. » Das stimmt mit unseren Beobachtungen überein. Es sind meistens ihre übergroßen 2.500 Meter Zerstörer, die zu einem Krisenherd gerufen werden. «

Heran schaute Major Travis an.
»Diese hast du bei unserem letzten Aufeinandertreffen mit den Worgass schon kennengelernt«, entgegnete er.

Commander Brenzby nickte.
»Dann werden wir höllisch aufpassen müssen«, bemerkte er. »Diese Schiffe verfügen über einen speziellen Energie-Strahl, der die alten natradischen Schutzschirme instabil werden lässt. «

»Das betrifft aber nicht mehr die neuen Super-Schutzschirme lantranischer Herstellung«, antwortete Heran. »Diese wurden von unseren Wissenschaftlern fluktuierend programmiert. Ihr habe die Konstruktionsdaten seinerzeit direkt von Aritron erhalten. Eure alten Schutzschirme konnten das nicht. Macht euch keine Sorgen. Die Super-Schutzschirme sind für extreme Raumschlachten konzipiert.«

»Ich habe neue Ortungen«, teilte Sergeant Dantow mit.
» Unser getarnter Tarin-Jet ist zurück. Er leitet gerade den Landeanflug ein. «

»Wer ist ihn geflogen? «, fragte Major Travis.
»Das war Airman Lino Maturi«, antwortete Commander Brenzby. »Er hat sich bei den letzten Trainingsübungen ausgezeichnet und ist ein sehr guter Pilot geworden. «

»Er möchte bitte schnellsten zu uns kommen und seine Aufzeichnungen mitbringen«, befahl Major Travis.

Es dauerte fünf Minuten, dann klopfte es an der Tür. Die Sicherheits-Wache öffneten sie.

»Airman Maturi ist da«, sagte der Leutnant.
»Er möchte bitte eintreten«, antwortete Mayor Travis. « Freudestrahlend trat Airman Maturi in den Konferenzsaal.

»Wie sieht es aus? «, fragte Major Travis.

Airman Maturi salutierte kurz.

»Es ist so, wie es ihr lantranischer Gast es mitgeteilt hat«, antwortete er. »Ich habe alles aufgezeichnet. Ich darf ihnen meine Aufzeichnungen vorführen.«

Airman Maturi steckte den Speicher-Kristall in ein Wiedergabegerät.

Major Travis blickte Commander Brenzby an.
»Stellen sie eine Video-Konferenzschaltung«, bat er. »Die Commander unserer Schiffe sollen mithören. «

Der Commander bestätigte den Befehl und nahm einige Schaltungen vor.

»Alle Schiffe sind auf Leitung«, antwortete Commander Brenzby.

»Danke«, antwortete der Major.

Er griff nach dem Communicator.
»Hier spricht Major Travis, vom Flagg-Schiff Termar 1«, meldete er. »Wir nehmen jetzt die Koordination des Angriffes vor. Beobachten und hören sie genau zu. Sie sehen jetzt unseren Zielpunkt und die Schlacht, in der wie eingreifen werden. «

Das Video lief an. Die Raumschlacht tobte im vollen Umfang. 400 große Zerstörer der Worgass wurden erfasst. Es handelte sich um die 2.500-Meter Giganten. Ferner waren unterschiedliche große Hilfsschiffe zu sehen. Die automatische Zählung erfasste 2.500 Einheiten, die auf der Seite der Worgass kämpften.

Airman Maturi zeigte mit dem Finger auf eine Flotte kleinerer Schiffe.

»Vermutlich handelt es sich hierbei um die Rebellen«, erklärte er. »Ich vermute es stark. Sie kämpfen mit einer Flotte von 15.000 kleineren und mittleren Schiffen. Doch wie sie aus den Aufnahmen entnehmen, haben sie so gut wie keine Chance. Ihre Bewaffnung scheint den Schiffen der Worgass unterlegen zu sein. «

Die Personen in dem Raum schauten auf den Monitor, der die verheerende Schlacht in Bildern fasste. In unterschiedlichen Rhythmen explodierten die angreifenden Schiffe der Rebellen und hinterließen feurige Flammen, grelle Explosionen, Rauch und Trümmer im dunklen All. Immer wenn die schweren Worgass-Schiffe sich neuen Opfern zuwendeten, dauerte es nicht lange, bis es um ein Rebellen-Schiff geschehen war. Unzählige Laser-Strahlen erhellten das Schlachtfeld.

»Sie werden abgeschlachtet«, erkannte Major Travis. »Sie scheinen nur über wenig Kampf-Erfahrung zu verfügen. Jedenfalls benehmen sie sich so. Wir müssen unverzüglich eingreifen. «
Die Bildaufzeichnung endete.

»Wie gehen wir vor? «, fragte Heran.
Major Travis blickte ihn an.

»Wir werden nach Manöver Schlüssel MT 134 vorgehen«, antwortete er. »Die Positions-Koordinierung erfolgt durch die Hypertronic-KI der Termar 1. «

Major Travis schaute zu dem Green-Lizard und hinüber.

»Morass, ich weiß nicht, was ihre Waffen zwischenzeitlich zu leisten vermögen«, sagte Major Travis. »Unsere Strategie sieht vor, dass sich jeweils ein Schiff von ihrer Flotte, sich einer Viergruppe von uns anschließt. So hoffe ich, dass wir die Verluste in ihren Reihen geringhalten können. Wir gehen nach Angriffsmuster MT 134 vor, das folgendes bedeutet. Alle Angriffs-Geschwader bestehen aus 5 Schiffen. Jede Gruppe greift ein Schiff der Worgass vor. Die Position dieses Schiffes erhalten sie von unserer KI. Der Beschluss des Gegners beginnt zuerst mit 4 schirmbrechenden Geschossen aus den Hyperspace-Kanonen unserer Schiffe. Das sollte genügen, um das Schirmfeld der großen Worgass-Schiffe kollabieren zu lassen. Hiernach setzen alle 5 Schiffe einer Gruppe, ihre Waffentürme ein. Synchronisieren sie ihren Beschuss. Die Laser-Strahlen werden die ungeschützten Bordwände der Worgass-Schiffe durchschlagen und sich Wege zu ihren Reaktoren suchen.

Warten sie unbedingt ab, bis die Geschosse der Hyperspace-Kanonen wieder materialisieren und in die Ziele eingeschlagen. Erst dann eröffnen sie das Feuer aus allen Lasertürmen ihre Schiffe. Während sich ihre Konverter wieder auffüllen, rollen sie ihre Schiffe über den Kiel und feuern ihre Geschütz-Batterien der anderen

Breitseite auf ihren Feind ab. Für hartnäckige Fälle setzen sie bitte die rückwärtigen Raketen-Abschuss-Rampen ein. Warten sie nicht, bis das von ihnen anvisierte Worgass-Schiff vernichtet wurde. Führen sie nach dem Abschuss ihrer Breitseiten einen kleinen Hypersprung durch, um den Standort zu wechseln. Sofortige Entmaterialisierung und Sprung an eine gegenüberliegende Seite der feindlichen Armada. Sie vermeiden so, dass sich die Laser-Batterien der Worgass-Schiffe auf sie einpendeln können. An der neuen Position beginnen sie sofort wieder das gleiche Angriffsmuster durchzuführen. Ist das von ihnen verstanden worden? «, fragte Major Travis.

»Die per Videokonferenz zugeschalteten Commander bestätigten ebenfalls die Befehle.

»Was ist mit mir? «, fragte Heran.» Erhalte ich kein Geschwader? «

»Bleibe hinter unserer Linie und fliege dein Schiff nicht in unsere Schusslinie«, riet Major Travis. »Damit hilfst du uns am besten. «

Heran nickte und lächelte.
»Ich werde von einer guten Position aus Schuss-Übungen auf die Worgass-Zerstörer vornehmen. Mach dir keine Sorgen, ich werde vorsichtig sein. Mein Schiff ist zwar nicht so groß wie eure Zerstörer, doch es hält noch einige Überraschungen bereit«.

Major Travis schaute Heran an, verzichtete aber auf eine Äußerung hierauf.

Der Major blickte die Commander der Video-Konferenz an.

»Danke für ihre Aufmerksamkeit«, beendete Major Travis die Video-Schaltung. »Wir starten in wenigen Minuten. Bereiten sie sich vor. «

Der Major suchte den Blickkontakt zu Morass.
»Gehen sie zurück auf ihr Schiff«, sagte er.

»Heran, informiere bitte nach unserem Eintreffen die Rebellen, dass wir auf ihrer Seite stehen. «

»Das hatte ich sowieso vor«, antwortete der Lantraner. Die Gruppe löste sich auf.

Major Travis und Commander Brenzby und die Offiziere verließen den Konferenzraum und eilten zurück auf die Brücke.

»Alpha-Alarm für alle Schiffe, Waffentürme ausfahren und die Schutzschirme hochfahren «, befahl Major Travis. »Wir werden nach unserem letzten Hyperraumsprung direkt in Kampfhandlungen verwickelt werden. Ich erwarte eine absolute Konzentration.«

Herans Schiff hatte sich zwischenzeitlich von der Termar 1 abgekoppelt und sich an die Spitze der Hilfsflotte gesetzt. Kurze Zeit später sprangen die Schiffe in den Hyperraum. Der Flug dauerte nicht lange, bis die 6.501 Schiffe des Neuen-Imperiums in den Normalraum wechselten. Die Pegel der Taster, der Ortungsgeräte und Sensoren schlugen bis an die Leistungsgrenze aus. Vor den Schiffen tobte eine erbitterte Schlacht. Die riesigen Zerstörer der Worgass vernichteten unerbittlich die angreifenden Schiffe der Rebellen.

»Wie viele Resonanzkontakte haben wir«, fragte Major Travis.

»Die Daten werden aufs CIC übertragen«, antwortete Sergeant Dantow. »Es wurden 387 Worgass-Schiffe der 2.500-Meter-Klasse gescannt und 2.357 kleinere, unterstützende Einheiten. «

»Ich autorisiere den Angriff für alle Kampfgeschwader«, ordnete der Major Travis an. «

Die große Formation des Schiffsverbandes des Neuen-Imperiums zerfiel in zahlreiche kleine Gruppen zu jeweils 5 Schiffen. Diese stürzten sich auf die Worgass-Einheiten. Der synchrone Einsatz der Hyper-Space-Kanone sorgte dafür, dass sich die Schutz-Schirme der 2.500 Giganten aufblähten und ihre Generatoren überlasteten. Anschließend zischten die baumstammdicken Laser-Strahlen auf die wehrlosen Schiffe zu. Diese zerrissen förmlich die Bordwände der großen Zerstörer und drangen tief in ihr Inneres vor. Zahlreiche Energie-

Generatoren explodierten. Grelle Feuerbälle blendeten die feinfühligen Sensoren der Schiffe der Hilfsflotte.

Gigantische Explosionen erhellten das Weltall. Aus einem Teil der angeschlagenen Riesenschiffe drangen Feuer-Zungen hervor und wuchsen so gewaltigen Fontänen an, die nur langsam verblassten. Energie-Entladungen zeigten wieder einen Untergang eines Worgass Schiffes an. Die Rebellen hatten sich zwischenzeitlich dieser Vorgehensweise angeschlossen und attackierten in Geschwadern zu 30 Schiffen die großen Worgass-Schiffe. Sie hatten zwar nicht die Möglichkeit die großen Zerstörer zu zerstören, aber sie konnten sie doch entscheidend beschädigen. Den Rest der Arbeit verblieb für die Flotte des neuen Imperiums übrig. Trümmer flogen durch das All, Ausrüstungsgegenstände und Lebewesen, die mit der austretenden Atmosphäre ins All gezogen wurden, drifteten durch den Sektor. Die Rebellen atmeten auf. Sie sahen, wie sich das Blatt zu ihren Gunsten wendete. Mit einem neuen Willen bemühten sich die Rebellen, eine Entscheidung herbeizuführen.

Nach dem Eintreffen der Unterstützung registrierte Major Travis, dass die Schiffe die Rebellen noch agiler vorgingen und den Feind mit aller Härte angriffen. Erneut verschossen die schweren Laser-Türme der Schiffe der Kaiser- und Königs-Klasse ihre tödliche Ladung auf die Schiffe der Worgass. An unterschiedlichen Koordinaten des Kampfgeschehens kollabierten Schutz-Schirme der übergroßen Schiffe. Die Schiffe der Rebellen setzten in Geschwadern nach, um den Zerstörern der Worgass den

Todesstoß zu versetzen. Immer wieder das gleiche Spiel. Explosionen erhellten den Weltraum, Schiffe trudelten mit qualmenden Antrieben durchs All. Nur war es jetzt nicht mehr die Niederlage auf Seiten der Rebellen. Die Schiffe der Worgass und ihrer Hilfstruppen explodierten mitleidslos.

Heran erfasste die Situation mit Genugtuung.
»Die Worgass haben sich nie weiterentwickelt«, dachte er.
Er fuhr im Frontbereich seines Evolutions-Schiffes eine massive Kanone aus.

»KI«, sagte er. »Automatische Zielerfassung einleiten. «
Nur Sekunden später bestätigte die Hypertronic-KI seines Schiffes.

»Das vorderste Ziel wurde anvisiert«, meldete sie. »Soll ich auf Automatikfeuer gehen? «

»Nein«, antwortete Heran. »Das Feuern übernehme ich manuell. «

Das erste Worgass-Schiff tauchte im Fadenkreuz der Waffenanzeige auf. Heran drückte den Feuerknopf. Ein roter Spiralstrahl verließ das Geschütz und raste mit immenser Geschwindigkeit dem Worgass-Schiff entgegen. Der Energiestrahl schloss das Schiff ein, zog sich zusammen und zerdrückte es förmlich. Das Schiff der Worgass wurde immer kleiner. In der Energieblase, die sich weiter zusammenzog, entfalteten sich enorme

Energie-Turbolenzen, die jedoch alle von der Blase aufgefangen wurden. Das Schiff wurde immer weiter zusammengedrückt, bis schließlich nur ein kleiner Haufen Schrott übrigblieb, der durch einen Dimensions-Spalt angesogen und entsorgt wurde.

»Nicht schlecht«, dachte Heran. »Das Dimensions-Geschütz funktioniert einwandfrei. «

Er wiederholte den Vorgang noch an weiteren 27 Schiffen der Worgass.

Major Travis schüttete den Kopf. Er hatte die Abschüsse aus Herans Geschütz verfolgt.

»Der Bursche hat tatsächlich noch einige Asse im Ärmel«, sagte er zu Commander Brenzby. »Ob er uns jemals in die Technik der Lantraner einweiht? «

Major Travis wusste es nicht.

»Die Schlacht dauerte weitere 5 Stunden. Die Worgass-Schiffe waren alle eliminiert worden. Die wenigen unversehrten Hilfsschiffe der Tyrannen flüchteten in den Hyperraum.

»Es sind nur noch Freund-Schiffe auf dem CIC zu sehen«, sagte Sergeant Dantow. »Alle Schiffe der Worgass haben den Sektor verlassen. «

»War es ein Fehler, dass die Worgass mit nicht mehr Flottenverbänden angetreten sind«, fragte Major Travis. »Sie waren sie zu sicher, die Schlacht für sich gewinnen zu können. Ein verheerender Fehler. Diesmal konnten die Rebellen die Situation ausnutzen und für sich entscheiden. Dank dem Eingreifen der Flotte des Neuen-Imperium, konnte in der kleinen Magellanschen Wolke die Vorherrschaft der Worgass endgültig beendet werden. «

Eine Abordnung der Alliierten-Rebellen versammelte sich auf dem Schiff von Major Travis. Sie bedankten sich für das Eingreifen und die große Unterstützung. Major Travis sagte ihnen zu, Verträge über eine Kooperation und Zusammenarbeit in der Zukunft auszuarbeiten. Der Handel mit den Völkern der kleinen Magellanschen Wolke wurde zunächst ausgesetzt, da die immense Strecke zwischen den Galaxien erst nach einer Herstellung von Wurmloch-Antrieben bewirtschaftet werden konnte.

Heran wurde befragt, ob er Hilfestellung geben könnte. Dieser versprach, das heikle Thema mit dem Ältestenrat der Lantraner zu besprechen. Nach den üblichen Dankesfeiern und den diplomatischen Konsultationen, verließ die Flotte des neuen Imperiums die kleine Magellansche Wolke und kehrte unter Herans Führung wohlbehalten in die Milchstraße zurück.

Rebellion in der kleinen Magellanschen Wolke

Samram Nor'daram war kein gelernter Admiral. Doch es erfüllte ihn mit Stolz, wenn er von allen Kollegen so genannt wurde. Er tat das, was man von ihm verlangte. Er führte seine Flotte in die Schlacht. Die Gemetzel um Aram wüteten bereits seit sieben Tagen.

»Ich werde dafür sorgen, dass es keinen achten Tag mehr geben wird«, dachte er.

Das Schicksal der Freiheitskämpfer war hiermit besiegelt. Die Anzahl der Schiffe der Gegner wurde immer weniger. Schon jetzt konnten sie keine geordnete Angriffs-Linie mehr befehligen. Immer mehr Kreuzer der Regimegegner verließen die Formationen und ergriffen die Flucht. Jetzt, da ihr Planet lichterloh brannte, hielt sie nichts mehr an diesen Koordinaten. Die kleinen Explosionen auf den Monitoren zeigten getroffene Schiffe der Gegner an, die in zahlreichen Kunstsonnen verglühten.

Samram Nor'daram lächelte still vor sich hin. Immer noch schossen seine schweren Zerstörer Raketen auf die Kruste des vor ihnen liegenden brennenden Planeten ab. Der Atombrand hatte bereits sämtliche Kontinente erreicht. Die verborgene Welt der Rebellen lag im Sterben. Samram Nor'daram musste ein Exempel statuieren. Das war sein Befehl.

Der Planet bäumte sich auf, seine riesigen Berge spuckten Magma hinaus, doch das traf die angreifenden Schiffe nicht. Die Kontinente verschoben sich. Städte, Gebäude, alles das, was eine intelligente Rasse erschaffen hatte, ging in den Lavamassen unter. Sämtliche erdgebundenen Basen wurden vernichtet.

»Dieser Planet wird zukünftig keine Schiffe mehr aussenden, die uns bekämpfen können «, dachte Samram Nor'daram. «

Ein Kribbeln durchlief seinen Körper, als der Planet vor seinen Augen explodierte und seine Stücke ins Weltall schleuderte.

»Es reicht«, befahl Samram Nor'daram.
Er schaute seinen ersten Offizier an.
»Gib den Befehl an alle Schiffe, wir fliegen zu unserer Basis zurück«, sagte er. »Die Arbeit ist hier getan. «

»Wird gemacht, Herr Admiral«, antwortete der 1. Offizier

»Übertragt die Auszeichnungen an alle Schiffe und an alle Planeten«, befahl Samram Nor'daram. » Jeder soll sehen, was passiert, wenn man sich gegen uns auflehnt. Unsere Herren sind die Worgass. Es sind Allmächtige und die Herrscher in dieser Galaxis. Sie werden es auch für immer bleiben. «

Er blickte seine Brücken-Crew an.
»Es wird sich wie ein Lauffeuer herumsprechen«, teilte er mit. »Der Rebellen-Planet Aram wurde vernichtet und existierte nicht mehr. So wird es allen Verschwörern gehen, welche die Macht der Worgass infrage stellen. Wir

sind dazu auserkoren, das Schicksal der Rassen in allen Galaxien zu lenken. «

Die Worgass hielten sich für auserwählt. Sie besaßen ein Vorrecht zu führen. Alle anderen Rassen hielten sie für unterentwickelt, unter Umständen auch für Tiere. Nur die Herren durften entscheiden, welche Tiere gehalten werden dürften.

»Wir empfangen Notrufe«, meldete der 1. Offizier Tamrass. » Sie scheinen von einem der Wracks zu kommen. «

Der Admiral hörte nur mit einem Ohr zu. Wieder völlig mitleidslos wandte er seinen Blick von den Monitoren ab und drehte sich seinem Offizier zu.

»In den Wracks lebt noch jemand? «, fragte er. » Welches ist es, wurde es schon lokalisiert? «

»Ich zoome es heran«, erwiderte der 1. Offizier.
Er drückte einige Köpfe und zeigte dann auf ein kleines Schiff. Das Bild stabilisierte sich.

»Da ist es«, sagte Tamrass.
Der Admiral spukte auf dem Boden.

»Vernichtet die Tiere«, sagte er. »Wir haben keine Verwendung für sie. «

»Das ist nicht im Sinne von Sachrael«, antwortete die Offizierin der Waffenkontrolle. »Die Untreuen können uns nicht mehr gefährlich werden. Sie wurden mit Schmach überzogen und sind jetzt geläutert. «

»Die Kriegsgötter werden es uns verzeihen«, antwortete der Admiral. »Feuern sie auf das Schiff. Haben sie meinen Befehl verstanden? «

Samram Nor'daram wurde ungeduldig.
»Vernichten sie das Schiff endlich«, tobte der Admiral. » Die Zeichen unserer Weisheit werden in das ganze Universum hinausgetragen für alle Rassen, die es bisher noch nicht wahrhaben wollten. «

Der Offizier bediente die Waffen an der Kampfkonsole. Die mächtigen Kanonen spuckten wieder ihr Laserfeuer ins All. Das beschädigte Schiff, das hilfesuchend den Notruf versendet hatte, wurde getroffen und verging in einer grellen Atomexplosion.

»Wieder ein Schiff weniger«, lächelte Admiral Nor'daram.

»Wir empfangen weitere Hilferufe, Admiral«, teilte sein 1. Offizier mit. »Sie werden auf allen Frequenzen versendet. Sie gelten nicht uns. Alle Schiffe haben mitbekommen, was wir mit dem Rebellenplaneten gemacht haben. «

»Wie lautet der Funkspruch? «, fragte der Admiral.

»Es ist eine automatische Aufzeichnung, die den Untergang ihrer Welt aufzeigt und vor uns warnt«, antwortete der 1. Offizier erneut. » Sollen wir die lokalen Funksprüche lokalisieren und sie abstellen. «

Der Admiral überlegte kurz.
»Nein«, erwiderte er. »Jede Rasse soll erfahren, was mit Rebellen passiert. Die Galaxis muss endlich verstehen, dass die Worgass keinen Spaß mehr machen. Jeder Rebell wird seine Vergeltung bekommen. «

Der Admiral dachte nach.
»Wie viele Schiffe haben wir verloren? «, erkundigte er sich.

Der 1. Offizier schaute auf seine Liste.
»Insgesamt 53 Schlachtschiffe und 98 Angriffskreuzer«, entgegnete er. »Das war in jedem Fall ein hartes Stück Arbeit. Die Rebellen haben es uns nicht leicht gemacht. «

»Das ist mir bewusst«, antwortete Admiral Nor'daram.

»Es wird den Netzwerkdenkern nicht gefallen, dass so viele Schiffe und Besatzungen verloren gingen«, bemerkte der 1. Offizier.

Langsam drehte sich der Admiral zu ihm um.
»Das Netzwerk ist mit Bürokraten besetzt«, erwiderte er. »Sie halten die Verbindungen zusammen, mehr aber auch nicht. Das ausführende Organ sind wir. Wir bringen Ordnung unter die Rassen. Und wehe, wenn die

Bürokraten den Kämpfern Einhalt gebieten wollen, dann werden die Kämpfer gegen die Bürokraten kämpfen und die Ordnung wieder herstellen. «

Admiral Nor'daram saß vor dem Monitor und wartete auf das Signal der Konferenz-Schaltung mit den Netzwerkdenkern. Die Gill-Grimm, der militärische Arm der Worgass, wollten den Erfolg des Tages abfragen. Nicht immer konnten positive Aktionen gemeldet werden. Aber wehe denen, die nur negative Meldungen übermitteln konnten. Admiral Nor'daram wollte nie in eine solche Lage kommen. Er würde dafür sorgen, dass seine Aufgaben zur Zufriedenheit des gesamten Netzwerkes bewältigt wurden.

Das Logo der Gill-Grimm erschien auf dem Monitor. Schnell wurden die schemenhaften Darstellungen der obersten Netzwerkvermittler sichtbar.

»Ich grüße euch Meister«, sagte Admiral Nor'daram.

»Den Gruß geben wir an dich zurück«, antwortete einer der Netzwerkdenker. »Warst du erfolgreich? «

»Ich bestätige «, erwiderte Admiral Nor'daram sofort. »Die Rebellen wurden vernichtet. Ihre Heimatwelt Aram existiert nicht mehr. Nur wenige konnten flüchten. «

»Es sollten doch keine Rebellen flüchten können«, kam eine Antwort zurück. »Der Befehl lautete auf eine restlose Ausrottung des Rebellennestes. Ich wiederhole es nochmal. Die vollständige Vernichtung der Welt und die Auslöschung aller Rebellen wurde angeordnet. «

»Aram wurde vernichtet«, beteuerte der Admiral. »Der Planet existiert nicht mehr. Es gelang einigen Bediensteten der Rebellen in unbewaffneten Schiffen entkommen. Sie bedeuten keine Gefahr für uns. «

»Das hast du nicht zu entscheiden«, sagte der Gill-Grimm. » Das Netzwerk ist mächtig, das Netzwerk entscheidet, was zu tun ist. Jeder gehorcht dem Netzwerk. «

»Ja, Meister«, antwortete Samram angewidert. »Wir alle dienen dem Netzwerk. «

»Noch ein solcher Fehler und du wirst degradiert werden«, teilte der Meister mit. »Inkompetente Offiziere können wir nicht gebrauchen. Wir dulden nur den absoluten Gehorsam. Ist dir das verständlich? «

»Natürlich Meister«, antwortete der Admiral kleinlaut.

Die Freude war aus seinem Gesicht gewichen. Der Erfolg über die Rebellen zählte nicht mehr. Die Gill-Grimm hatten ihm seine Euphorie genommen. Sie spielten sich wieder als fehlerfreie Meister auf.

»Es sind Handlanger der Worgass, die noch nie einen Kampf erlebt haben«, dachte er Admiral. «

»Finde die letzten Rebellen und töte sie«, befahl der Gill-Grimm. » Das ist deine neue Aufgabe. Enttäusche uns nicht wieder. «

»Jawohl Meister«, antwortete Admiral Nor'daram.» Ich finde sie und töte sie alle. «

»So ist es gut, Admiral«, bestätigte der Gill-Grimm.»Das ist die Aufgabe, die wir von dir verlangen. Sie heißt absoluter Gehorsam. «

Das Logo der Worgass und speziell der Gill-Grimm flammte auf dem Bildschirm auf und zeigte das Ende des Gespräches an.

»Was für ein arrogantes Wesen«, dachte der Admiral zu sich selbst.»Und diesem Gesindel diene ich. Hier läuft etwas falsch. Es wird Zeit, dass sich hier etwas ändert. Ich entstamme einem stolzen Volke. «

Voller Hass blickte er auf den dunkeln Bildschirm.
»Ich bin Samram Nor'daram und als Damyrer geboren«, dachte er.»Wir sind ein kämpferisches und ein mutiges Volk. Dennoch dienen wir den Worgass, anstatt sie zu bekämpfen. Die Worgass bringen nur Unheil über das Universum. Hier in der kleinen Magellanschen Wolke gibt es keine Rasse mehr, die nicht von den Worgass kontrolliert wird. Die Rebellen haben es versucht, doch sie sind gescheitert. Warum sind sie gescheitert? Fehlte es ihnen an einer vernünftigen Führung? «

Admiral Samram Nor'daram war sich sicher, dass auch die Worgass nicht unbesiegbar waren.

»Die Gill-Grimm haben kein Recht, mich so zu behandeln«, ärgerte sich der Admiral. »Diese Narren mit ihrem Netzwerk sind der Abschaum. Es sind alles Schwätzer und Theoretiker. Sie lassen aufgrund ihrer Stellungen unter den Worgass, keine andere Meinungen zu. Durch das Netzwerkes der Gill-Grimm spüren viele Rassen die Unsicherheit der Worgass. Sie beginnen sich zu formieren und wollen die Worgass bekämpfen. Jetzt werden ich und weitere Admirale ausgeschickt, um in die Brandherde zu bekämpfen. «

Es tobte ein Krieg in der Magellanschen Wolke. Dieser Krieg ging eindeutig auf das Konto der Worgass. Admiral Samram Nor'daram sollte die Rebellen verfolgen und sie töten.

»Aber ich werde erstmals ein Gespräch ihrer Führung erbitten«, dachte er. »Ich möchte hören, welche Argumente sie anführen, wie sie den Kampf gegen die Worgass gewinnen wollen. «

Er nahm sich vor, nicht mehr seine Augen und Ohren zu verschließen. Die Ankläger hatten einen Fehler gemacht und ihn als kleinen unwichtigen Handlanger abgefertigt. Hierauf stand Admiral Nor'daram überhaupt nicht.

»Die Gill-Grimm werden das Schwert der Gerechtigkeit zu spüren bekommen«, schwor er sich.

Einige Stunden vorher

Die Gedenkstätte der Parhlevi auf Aram war heilig. Hier wurden die Toten den Göttern übergeben. Die Parhlevi waren viele Jahrtausende die dominierende Spezies in der kleinen Magellanschen Wolke gewesen. Sie hatten nie Ansprüche für sich selbst gestellt, sondern setzten sich für einen Austausch von Informationen unter den Völker ein. Sie liebten das Kommunikative und das Miteinander der Rassen. Das Erkennen der Vielseitigkeit und der Ergänzung unterschiedlicher Ideen hatten die Parhlevi weitergebracht. Sie machten es sich zu eigen, dass nur gemeinsam größere Erfolge beschert würden.

Viele Jahrtausende war der Wohlstand in der kleinen Magellanschen Wolke sichtbar. Die Völker wuchsen und entwickelten sich. Raumfahrt existierte, wurde aber nur im Rahmen des Austausches von Handelsgütern unter den Rassen praktiziert. Kriegsflotten wurden nicht für nötig erachtet. Dann fielen die Worgass über die harmlosen Völker der kleinen Magellanschen Wolke her. Sie erdreisteten sich, die ganze Galaxis und die kleine Magellansche Wolke beherrschen zu wollen. Mit einer riesigen Armada von Kriegsschiffen fielen die Worgass über die so idyllische Wolke her. Sie wollten die absolute Macht. Niemand wusste zunächst, dass die Worgass Formwandler waren. In den Galaxien, in denen sie aktiv waren und viele der Völker versklavten, nahmen sie die Körperformen der Rassen an, die ihnen am besten weiterhelfen konnten. Keine der Versklavten hatte je ihre richtige Form gesehen. Je weiter die Worgass in die Galaxie vorstießen, auf mehr Rassen stießen sie. Sie bekämpften, sie versklavten, sie mordeten und sie zwangen die Angehörigen vieler Zivilisationen als Hilfstruppen für sie tätig zu sein. Diese lernten, für sie zu kämpfen. Die Worgass manipulierten sie, bis sie ihnen hörig waren und sie ihnen huldigten.

Die Parhlevi war die erste Rasse, die den Gedanken der Unzufriedenheit in eine geplante Rebellion umsetzte. Sie fühlten sich ausgenutzt und fehlgeleitet. Das ihnen vorgegaukelte neue Leben war nicht eingetreten. Als die Parhlevi erkannten, dass die Worgass ihre Hilfsvölker nur noch mit Waffengewalt festhalten konnten, fassten sie den Entschluss, sich aus diesem Knebel zu befreien. Einfach war das nicht. Aber die Parhlevi merkten schnell, dass die Worgass nur schwerfällig auf neue Ereignisse reagieren konnten. Die Parhlevi organisierten sich im Untergrund. Sie bildeten immer mehr Gruppen, die Attentate auf ihre Besetzer ausübten. Alles war bisher gut gelaufen. Sie waren stolz auf sich und hatten viel erreicht. Doch jetzt waren die Worgass und ihre Hilfs-Völker aufgetaucht und machten kurzen Prozess. Es musste undichte Stellen gegeben haben. Diese neue Situation hatte alles zunichte gemacht. Ihr Planet, ihre Heimat, die Basis der Rebellion wurde bombardiert. Sie mussten ihre Stellungen aufgeben. Diese Bastion war verloren. Sie konnten der massiven Waffengewalt der Worgass derzeit nichts entgegensetzen. Der Kommandeur des Stützpunktes gab den Befehl sämtliche Evakuierungen einzuleiten. Sie mussten den Planeten verlassen. Die

Parhlevi wussten, dass die Worgass den Befehl geben werden, den Planeten zu zerstören. So hatten sie es bisher immer gemacht. Keiner konnte sie aufhalten.

Kommissar Kahlewa gab den Befehl den Planeten zu evakuieren. Weitere Verluste waren nicht erforderlich. Alle Familien waren bereits lange evakuiert worden. Eigentlich hatten die Parhlevi indirekt schon lange mit dieser Aktion gerechnet. Jetzt war es wahr geworden. Kahlewa gab einen verschlüsselten Code durch. Dieser besagte, dass man sich auf den Koordinaten der genannten Welt neu sammeln sollte. Er war unbedingt notwendig, eine neue Aufstellung über alle verfügbaren Kräfte zu erstellen. Kommissar Kahlewa beabsichtigte mit dem Rat des Untergrundes die weitere Vorgehensweise gegen die Worgass zu besprechen.

Lahlevis kam aufgeregt in die Höhle gelaufen, die seit langem als Einsatz-Zentrale fungierte.

»Die Worgass haben Spürtruppen gelandet«, teilte er mit und fuchtelte aufgeregt mit den Armen. »Sie bringen jedes Wesen um, das sich ihnen in den Weg stellt. Wir sind hier nicht mehr sicher. «

»Ich weiß«, antwortete Kahlewa. »Ich habe das Evakuierungs-Signal bereits gegeben. Wir alle schlagen uns einzeln zu den neuen Koordinaten durch. «

Kahlewa drückte einen roten Knopf vor ihm. Grelle Signale erschütterten die Höhlen und informierten die letzten der Rebellen. Alle wussten, was das Signal bedeutete.

»Viel Erfolg meine Brüder«, sagte er. »Jeder von uns versucht sich selbst zu retten. «

Kahlewa lief zu seinem Gleiter. Die Besatzung war bereits vollständig an Bord.

»Lasst uns starten, dass wir hier fortkommen«, sagte er. » Hier können wir nichts mehr ausrichten. Der Planet ist verloren. «

Der Gleiter startete und flog in die erhitzte Atmosphäre des Planeten. Dort sprang er in den Hyperraum. Auf ein Gemetzel mit den Worgass wollten sich die Parhlevi nicht mehr einlassen.

Der Tempel der Hadesch war bereits bei vielen Rassen der kleinen Magellanschen Wolke ein heiliger Ort. Hier wurden die Götter geboren. Alles hatte hier seinen Anfang genommen. Admiral Nor'daram ging langsam durch die großen Hallen. Je intensiver er über alles nachdachte, je mehr bekräftigte sich die Ansicht in ihm, dass seinem Volk die Autorität in der bekannten Galaxie zustand. Die Worgass hatten noch nie gekämpft. Sie gaben den Auftrag immer an ihre Untervölker weiter. Sie machten sich in der heutigen Zeit nicht mehr die Finger schmutzig. Es war Zeit für eine Veränderung. Für ihn waren die Damyrer das ausgesuchte Volk.

Samram Nor'daram lächelte.

» Ich werde dafür sorgen, dass sich alle Völker zukünftig vor meinem Volk unterzuordnen haben«, dachte er. »Die Galaxie muss geordnet werden. «

Der Admiral wusste, dass die Sternen-Systeme und die losen Sternen-Reiche unter der Herrschaft der reichen Worgass-Clans aufgeteilt worden waren. Sie alle wurden blutig ausgepresst. Samram Nor'daram hatte erkannt, dass die Völker in dieser Sterneninsel nur vereint Stärke zeigen konnten.

»Ich beanspruchte die absolute Macht«, dachte er. »Die Worgass sind uns eindeutig im Wege. Ihre Zeit ist abgelaufen. Seit Jahren sorge ich dafür, dass mein Volk wieder erstarkt. Unzählige Ausbildungscamps, Trainingszentren und Raumschiffsschulen bilden Tausende meines Volkes aus. Wir müssen raus aus der Knappschaft der Worgass. «

Der Admiral wollte zu dem geheimen Treffen seines Volkes. Als er die Türe durchschritt, ertönte Beifall der Offiziere. Samram genoss die Huldigungen.

»Es ist so weit«, sagte er. »Wir sind gerüstet. Ich glaube, die Worgass-Garnisonen haben sich zurückgezogen. Wir werden ihre Stützpunkte mit einem Atomschlag ausradieren. Es wird ihnen eine Lehre sein, zukünftig Rassen in unserem Sternengebiet zu versklaven. «

Ein Offizier ersuchte um das Wort. Der Admiral nickte ihm zu.

»Wir können die Worgass nicht vernichten«, erklärte er. »Es werden mehr und mehr von ihnen kommen. Ihre Tyrannei wird umso schrecklicher werden. Wir wissen auch nicht, ob sie ein Exempel an uns statuieren und unsere ganze Rasse ausradieren werden. «

»Du bist ein Feigling«, antwortete Samram Nor'daram. »Warst du jemals an der Front? Hast du je gegen fremde Rassen gekämpft? Ich war dabei. Die Worgass haben grundsätzlich alle andersartigen Rassen in unserer Galaxis ausgerottet. Nur die Wesen, die über eine Schuppenhaut und eine grüne Hautfarbe verfügten, durften überleben. Konnte das eine Rasse nicht, wurde sie als minderwertig eingestuft. So geht das jetzt seit vielen Tausend Zyklen. Soll sich hieran nie etwas ändern? «

»Wir sind zu wenige«, teilte Russsram dem Admiral mit. »Wir wissen nicht, auf welche Ressourcen die Worgass zurückgreifen können. Wir sollten keine voreiligen Entschlüsse fassen. «

»Was schlägt die Gemeinschaft vor? «, fragte Samram Nor'daram.

»Wir raten zu Verbündeten«, sagte ein älterer Damyrer. »Warum nehmen wir nicht andere Rassen mit ins Boot? «

»Wer käme hierfür in Frage? «, erkundigte sich Samram Nor'daram. »Ich bitte um Vorschläge. «

»Gegen wen haben sie heute gekämpft?«, fragte der alte Damyrer.

»Gegen die Parhlevi«, sagte der Admiral. »Sie sind ausgerottet worden. Die Netzwerkdenker wollten sie tot sehen.«

»Nein, das war nur ein Stützpunkt von vielen«, erklärte Lyssram. »Auch sie wollen sich von den Worgass befreien. Sie haben euch etwas vorgespielt.«

Das war ein wichtiger Hinweis. Admiral Samram Nor'daram dachte nach. Je länger er überlegte, fand er niemanden, der die Worgass vertreiben konnte, außer ihm selbst. Nur er konnte das Vakuum wieder füllen. All seine Warnungen und Hinweise waren nicht beachtet worden. Die Worgass hatten ihre Macht gefestigt und weitere Rassen der kleinen Magellanschen Wolke versklavt.

Admiral Samram Nor'daram schaute in die Runde der Damyrer. Zahlreiche Anführer der unterschiedlichsten Stämme seines Volkes hatten sich versammelt. Alle hofften auf den Beginn einer neuen Zeitrechnung. Sie wollten nicht mehr die Worgass unterstützen. Es wurde ihnen zu viel Leid angetan. Das Fass war zum Überlaufen voll.

»Wollt ihr Veränderungen? «, sprach Admiral Nor'daram in das Mikrofone «

Seine Frage wurde laut in den großen Saal hinausgeschrien.

» Ja«, grölte die Menge.

»Seid ihr bereit Opfer zu erbringen? «, fragte der Admiral wieder.

Auch diesen Satz bestätigte die Menge.
»Wollt ihr die totale Vernichtung der Worgass«, ergänzte der Admiral.

Die Menge war nicht mehr zu halten.
»Ja, ja, ja«, kreischte sie.

»So sei es«, antwortete der Admiral. »Macht euch auf schwierige Zeiten gefasst. Es wird nicht leicht werden. «

Admiral Samram Nor'daram winkte seinen Unterstützern zu.

»Lasst uns einen Plan entwickeln«, sagte er. « Die Zeit ist gekommen. Wir brauchen Verbündete und Hilfstruppen. Allein können wir es nicht schaffen. Entsenden wir Schiffe zu allen Rassen, die uns behilflich sein können und die unter der Knechtschaft der Worgass leiden. Fragt sie, ob sie uns unterstützen wollen. «

Verstanden, bestätigten einige Untergebene.

»Sind die Parhlevi zurück? «, fragte Admiral Samram Nor'daram. »Wissen wir, wo sie sich jetzt sammeln? «

»Ja, Admiral«, antwortete der Angesprochene. « Unsere Späher haben ihre neue Rückzugswelt gefunden. «

»Dort fliege ich hin«, entschied der Admiral. »Ich bitte sie um Unterstützung. Die Parhlevi haben stolz gekämpft und viele Schiffe der Worgass vernichtet. Wenn sie diese Leistungen weiterhin abrufen können, dann sind sie geeignete Partner für uns. Viel zu lange haben wir sie bekämpft. Letztlich wollten sie immer nur das Gleiche, wie wir auch. Leider habe ich es zu spät bemerkt. Bitte informiert mich sofort, wenn es Neuheiten gibt. Ich mache mich auf den Weg. «

Admiral Samram Nor'daram schritt die Stufen des Tempels der Hadesch hinunter. Sein Schiff befand sich im Orbit dieses Planeten der Zusammenkunft. Es war eine traditionsreiche Welt. Früher wohnten hier die Götter. Irgendwann verließen sie den Planeten und machten Platz für die Damyrer. Admiral Nor'daram hoffte, dass die Götter ihm gesonnen waren und seinem Volk den richtigen Weg weisen konnten.

Ranklarr war eine Welt, zu der seit vielen Jahrtausenden unterschiedlichste Rassen flogen. Es waren Pilger, Schatzsucher, Abenteurer und Lebenslustige. Die Welt besaß einen Zauber, der viele unterschiedliche Individuen anzog. Niemand wusste, warum dieser Planet die Besucher so faszinierte. Die Legenden hielten sich noch aus der Zeit der großen Freiheit, als es noch viele Helden gab.

Idamor hatte nicht vor, lange zu bleiben. Er trug einen schwarzen Schutzanzug und schritt sicher vorwärts. Er wusste, wo sein Ziel lag. Er drang in die Ruinen der großen Stadt ein. Hier sollte die sagenhafte Waffe der Raschlehpech lagern. Sie sollte es ihm ermöglichen, den Raum-Quadranten von den Worgass zu befreien. Er schritt schneller voran. Er schaute sich die Artefakte in dem Durchgang nicht an, die rechts und links an den Wänden hingen. Er hatte jetzt keine Zeit für Artefakte alter Kulturen.

»Es sind heute wenig Besucher da«, erkannte er. »Dort ist die versteckte Wand. Sie stimmt mit den geheimen Plänen überein. «
Er griff in die Öffnung und drehte den Schalter nach rechts. Knarrend öffnete sich eine Tür. Gerade so groß, dass Idamor durchschlüpfen konnte. Jetzt war er am Ziel. Groß und mächtig stand vor ihm die sagenhafte Schatulle, in der die Waffe der Mächtigen versteckt war. Vorsichtig öffnete Idamor den Deckel.

Freudig schrie er auf.
»Da ist sie«, sagte er. »Die Waffe befindet sich tatsächlich noch an ihrem Platz«.

Vorsichtig hob er die Waffe aus der Lade. Sie war schwer und glänzte aus einem unbekannten Material. Idamor hoffte inständig, dass die Waffe noch funktionierte. Die Raschlehpech hatten viel hierüber berichtet.

Idamor verdrängte die Gedanken. Darum sollten sich die Wissenschaftler kümmern. Die Waffe war groß und sperrig. Er legte sie in die Lade zurück und verschloss sie.

»Hoffentlich stellt keiner der Besucher Fragen, wenn ich diese Schatulle jetzt hier heraustrage«, dachte Idamor. »Wir Parhlevi können jetzt das Universum von den Worgass-Parasiten reinigen. «

Er wusste bereits lange, dass die Worgass eine andere Gestalt annehmen konnten. Vorsichtig wickelte er die Schatulle in ein dunkles Tuch und zog sie durch die enge Türe. Diese verschloss sich sofort wieder. Er schaute auf einen Communicator.

»Jetzt habe ich wieder Empfang«, freute er sich.
Schnell informierte er sein Team. Vorsichtig sah er sich um. Keine Sicherheitskräfte waren zu sehen, die in den großen Hallen der Ruine auf ihn warteten. Es dauerte nicht lange, bis sein Team herbeigeeilt kam. Es bestand aus zehn Personen. Die Schatulle wurde auf eine Anti-Gravitations-Bahre verladen. Eine Person deckte sie mit einem Leinentuch ab. Unerkannt und ohne eine weitere Aufmerksamkeit, wurde die Anti-Grav-Bahre aus den Ruinen gesteuert. Außerhalb wartete der Gleiter des Teams. Die Waffe wurde schnell verladen. Unauffällig

fauchten die Antriebe des Gleiters auf. Sanft hob er von dem Boden ab und verlor sich in den dichten Wolkenschichten des Planeten.

Der Admiral Samram Nor'daram hatte soeben die Landegenehmigung auf Ranklarr erhalten.

»Hier soll der neue Sammel- und Rückzugsort für die Parhlevi sein«, dachte er. »Der Raumhafen war übersät mit Schiffen der unterschiedlichen Rassen und Zivilisationen. Langsam senkte sich sein Kampfkreuzer dem Boden entgegen. Mit einem Ruck setzte das Schiff auf und krachte auf die Landestelzen.

Admiral Nor'daram schaute ärgerlich auf seinen Steuermann.
»Sie lernen es nicht mehr, das Schiff sorgfältig zu landen«, fluchte er ihn an. »Warum sind sie nur so grobmotorisch? Keine ihrer Vertretungen geht so mit dem Schiff um. Sie wissen, dass sich die Schweißnähte öffnen und Beschädigungen an dem Schiffskörper entstehen können.«

Der Angesprochene nickte nur.
»Warum machen sie es dann immer wieder? «, fragte der Admiral nach.

Der Steuermann verzog das Gesicht, gab aber weiter keinen Kommentar ab. Stattdessen spuckte er auf den Boden des Schiffes.

Admiral Samram Nor'daram schaute ihn an.
»Falls das nochmals vorkommt, hat das Konsequenzen für sie«, sagte er. »Haben sie das verstanden? «

Der Steuermann nickte erneut.

»Ist das Außenteam fertig? «, fragte der Admiral seinen Ersten Offizier.

»Es steht bereits an der Schleuse«, meldete der 1. Offizier. »Drei Personen unseres Sicherheitsdienstes begleiten sie. Seien sie vorsichtig. «

Admiral Nor'daram machte sich auf den Weg. An der Schleuse befahl er den Sicherheitskräften ihm zu folgen. Langsam entfernten sie sich von dem großen Raumflughafen. Samram Nor'daram drehte sich nochmals um.

»Sehen sie die Militär-Schiffe? «, fragte er einen der Begleiter. » Hier soll der neue Stützpunkt der Parhlevi sein. «

Dieser schüttelte den Kopf.
»Da sind nur zivile Schiffe oder Raumtransporter«, antwortete er. » Ich erkenne keine Hinweise auf Kriegs-Schiffen. «

Der Admiral bestätigte die Aussage.
»Eben deshalb ist das verwunderlich«, teilte er mit. «

Der Admiral und seine Begleiter hatten normale Arbeitskleidung von Wartungsarbeitern angezogen. Die Kampfanzüge blieben im Schiff. Zu offensichtlich waren die Hinweis für jedermann, dass sie Damyrer waren.

Langsam schritt die Gruppe vorwärts.
»Die Parhlevi waren ursprünglich eines der wichtigsten Hilfsvölker der Worgass«, erinnerte sich Admiral Nor'daram. »Bis zu dem Tag, an dem sie in Ungnade fielen und die Worgass ein Exempel an ihnen statuierten. Die ganze Bevölkerung eines kleinen Agrar-Planeten der Parhlevi wurde zusammengetrieben und hingerichtet. Das brachte das Fass zum Überlaufen. Die Parhlevi gingen ab diesem Zeitpunkt in den Untergrund und bekämpften die Worgass, wo immer wir auf sie trafen. «

Am Rand des Raum-Flughafens waren Leuchtreklamen angebracht.

»Da scheinen einige Bars zu sein«, sagte der Admiral zu seinen Begleitern. »Versuchen wir dort eine Kontaktaufnahme. «

Die Gruppe schritt auf die Bar zu. Der Platz am Tresen war noch frei. Der Wirt sprach die Gäste in reinem Natradisch an.
»Was darf es sein? «, erkundigte er sich.
Der Admiral war hier irritiert.

»Warum wird hier Natradisch gesprochen? «, fragte er.
Der Wirt antwortete bereitwillig.

»Weil diese Welt früher einmal ein Stützpunkt-Planet der Natrader gewesen war«, teilte er mit. »Hier wurde lange Zeit Handel betrieben und Waren ausgetauscht. Bis der große Krieg in ihrer eigenen Sternen-Insel begann. Ab diesem Zeitpunkt sind die Natrader zurück in ihre Heimat befohlen worden. Nur wenige von ihnen sind geblieben. Ihre Sprache wird seit mehreren Jahrtausenden hier gesprochen. Sie ist hier auf unserem Planeten schon lange die offizielle Verkehrssprache. «

Admiral Samram Nor'daram konnte die Sprache auch sprechen. Es war eine sehr alte Sprache, die aber immer noch auf einigen Welten der kleinen Magellanschen Wolke bevorzugt gesprochen wurde.

Der Admiral bestellte 4 alkoholhaltige Getränke. Dann drehte er sich um und lehnte sich mit dem Rücken an die Bar. Sein Blick streifte durch die Bar. Es war kein schöner Ort. Sie schien überwiegend von Raumfahrern frequentiert zu werden.

»Da hinten«, sagte er und stupste seinen Sicherheits-Begleiter an. »Das sind doch parhlevische Uniformen. Wir haben Glück, einige Rebellen sind da. «

Verwegene Raumschiffs-Besatzungen waren immer in solchen Bars anzutreffen. Er gab seinen Begleitern ein Zeichen.

»Achtung, die Waffen entsichern und Obacht geben«, befahl er. »Ich sondiere einmal die Lage. «

Die sieben Parhlevi schauten kurz auf, als sich eine Person in einem Mechaniker-Anzug näherte. Auf ihrem Tisch standen grüne Getränke.

Der Admiral erkannte sofort, dass es sich um Krieger handelte.

»Das sind perfekte Kämpfer«, dachte er.
Der Admiral verspürte die Faszination, die ihn schon früher öfter ergriffen hatte. Sie alle trugen schwere Energiewaffen in ihren Holstern und das sagenumwobene Nahkampfschwert der Parhlevi. Was hatte er nicht alles über diese von den Göttern geschmiedete Waffe gehört. In goldener Farbe steckte der Griff des Schwertes in einer Scheide und ragte etwas heraus.

»Es sind Yattschuns, Krieger der Götter«, erkannte der Admiral. »Die Legenden besagen, dass es gleichfalls Boten der Glückseligkeit, oder auch Todesbringer sein könnten. «
Einer der Krieger riss Admiral Nor'daram aus den Gedanken.

«Was wollen sie hier? «, fragte er grob.
»Ich ersuche um ein Gespräch mit ihren Oberbefehlshabern«, erwiderte der Admiral «

Die Parhlevi blickten plötzlich alle auf.

»Worum geht es? «, fragte einer.

» Es geht um starke Verbündete und um die komplette Vernichtung der Worgass in unserer Galaxie. Rufen sie bitte ihre vorgesetzte Stelle, damit über ein Treffen entscheiden kann.

Es kam Bewegung in die vier Uniformierten. Einer hatte bereits einen Communicator geöffnet und sprach etwas hinein.

»Bitte gedulden sie sich etwas «, antwortete er. »Kommissar Kahlewa ist auf dem Weg. Er wird sich anhören, was sie zu bieten haben. «

»Danke, ich bin so lange vorne am Tresen«, entgegnete der Admiral.

Die 7 Parhlevi nickten nur. Der Admiral hatte sein alkoholhaltiges Getränk gerade geleert, da wurde die Türe aufgestoßen und 6 Personen in Rebellen-Uniformen traten ein. Sie waren hochdekoriert und trugen Abzeichen von Oberbefehlshabern der parhlevischen Flotte. Sie kamen an den Tresen.

»Sie wollten mit uns sprechen«, sprach der vorderste Admiral Nor'daram an. »Mein Name ist Kommissar Kahlewa. Was können sie uns anbieten? «

»Ich biete ihnen die Kooperation an, die Worgass zu erledigen«, flüsterte der Admiral. »Die Knechtschaft muss beendet werden. «

Einer der Parhlevi trat vor. Er blickte den Kommissar an. »Vorsicht«, sagte er. »Das ist Admiral Nor'daram, Befehlshaber der damyrischen Worgass-Flotte. «
»Stimmt das? «, fragte Kommissar Kahlewa.
Seine Hand schwebte bedrohlich über der Laserwaffe.
»Wie kommt ihr Sinneswandel zustande? «, erkundigte er sich. » Gestern noch haben sie im Namen der Worgass unsere kleinen Schiffe mit Roboter-Besatzungen und unseren Heimatplaneten vernichtet. Heute bieten sie uns ihre Kooperation an? «

Der Admiral bemerkte, dass der Sprecher seine Emotionen kaum im Zaum halten konnte.

»Das ist richtig«, entgegnete Admiral Nor'daram. »Wir Damyrer sind auf die Ratsversammlung unseres Stammes angewiesen. Dort fallen die Entscheidungen. Hier wird beschlossen, was gut für das Kolleg ist. Genau wie sie, wurden wir gezwungen zu handeln. Ihre Absichten sind leider bekannt, deswegen heißen sie jetzt Rebellen. Uns jedoch vertraut man noch, das kann sich ganz schnell ändern. Wenn wir alle Stämme mobilisieren können, dann bieten wir über 11.000 Schiffe auf. Das ist eine recht große Streitmacht.

»Wie können wir erkennen, dass sie es ehrlich meinen«, erwiderte der Kommissar.

Der Admiral Nor'daram dachte nach.
»Das wird der schwierigste Punkt sein«, antwortete er. »Wir werden es ihnen beweisen, indem wir eine Kontroll-Flotte Der Worgass zerstören. Ich meine diese 2.500-Meter-Schiffe. Wir bringen ihnen den Kopf eines Worgass. «

»So theatralisch ist das gar nicht nötig«, erwiderte der Parhlevi. » Es reicht, wenn andere Völker eine Referenz für sie aussprechen. «

»Das kann ich ihnen noch nicht sagen«, entgegnete der Admiral. »Ich weiß nicht, wie schnell wir weitere Verbündete finden werden. «

»Gut, ich bespreche das mit unseren Befehlshabern«, erwiderte der Parhlevi. »Falls sich etwas Neues ergeben sollte, hinterlegen sie bitte beim Wirt eine Nachricht. Wir bekommen diese dann zugespielt. «

Der Admiral nickte.
»Ich werte das jetzt als ein Ja«, teilte er mit. »Letztendlich wollen wir alle das Gleiche. «

Der Parhlevi schaute Admiral an.
»Wir kennen sie als einen zuverlässigen Kämpfer, Admiral Samram Nor'daram«, sagte er. »Natürlich habe ich sie erkannt. Wenn sie zukünftig so für diese neue Koalition

einstehen, wie sie bislang zu ihren alten Arbeitgebern gestanden haben, dann steht einer erfolgreichen Partnerschaft nichts im Wege. «

Admiral Samram Nor'daram schaute beschämt zu Boden. »Wenn man immer vorher wüsste, wohin die Reise geht «, sagte er.

Der Kommissar blickte den Admiral durchdringend an. »Wussten sie von den Aktionen der Worgass in Andromeda und in der Milchstraße? «, fragte er.

»Nein«, antwortete Samram Nor'daram.
»Dort toben sich auch die Stämme der Worgass auch aus«, teilte der Kommissar mit. »Ihr Einfluss begrenzt sich derzeit auf die Andromeda-Galaxie. Die Worgass wollten ihren Einfluss in Richtung der Milchstraße erweitern. Das haben sich die Natrader nicht gefallen lassen. Sie haben die ganze Flotte von 300.000 Worgass-Schiffen zu Schrott geschossen. Ferner haben sie ihr Wurmloch-Tor vernichtet. Jetzt stecken die Worgass in Andromeda fest und müssen erst wieder einen neuen Wurmloch-Generator bauen, damit sie mit ihren Schiffen durchfliegen können. Sie sehen also, die Worgass kochen auch nur mit Wasser. «

»Das ist neu für mich, aber interessant zu hören«, antwortete der Admiral. »Können wir nicht die Natrader auf unsere Seite bringen? «

» Kurzfristig nein, langfristig ja«, erwiderte der Parhlevi. » Kennen sie sich mit der Wurmloch-Technik aus? Können sie einen Durchgang zur Milchstraße öffnen? Ansonsten ist die Entfernung nicht zu überbrücken. «

»Leider nicht«, antwortete Samram Nor'daram. » Davon sind unsere Wissenschaftler noch weit von entfernt. «

Kommissar Kahlewa nickte.
»Admiral, verbleiben wir so«, entgegnete er. »Ich schlage vor unsere Kräfte zu bündeln. Lassen sie uns nach neuen Einsätzen Ausschau halten. Wir informieren sie über unsere nächsten Pläne. «

Die Wochen vergingen. Offiziere der einzelnen Gruppe erfassten die zur Verfügung stehenden Ressourcen. Der Abschlussbericht bestätigte, dass das neue Bündnis über mehr als 25.000 Schiffe von unterschiedlichen Rassen verfügte. Hiervon war der größte Teil moderne Kriegsschiffe, mit einem guten Vernichtungspotenzial. Das war wesentlich mehr, als man ursprünglich errechnet hatte. Die Rebellen machten Pläne, um die Vorherrschaft der Worgass zu schwächen.

In diesen Monaten war es sehr ruhig in der Galaxie geblieben. Die Worgass vermuteten, dass die kleine Magellansche Wolke von ihnen befriedet worden wäre. Dir stuften sie als nicht mehr groß beachtenswert ein. Sie zogen ihre überschweren Kampfverbände ab und verlagerten sie in andere Galaxien. Die Garnison-Planeten boten sich als eine leichte Beute für die Rebellen an. Nur noch Kriegsschiffe der 1.000-Meter-Klasse blieben als Schiffe für die Worgass-Einsatzverbände zurück.

Admiral Nor'daram informierte Kommissar Kahlewa, dass die Zeit günstig war, vereint zuzuschlagen.

»Sie wissen sehr wohl, welche Reaktion wir hiermit erzwingen«, gab Kommissar Kahlewa zu bedenken.

»Kann sein, aber es muss nicht sein«, antwortete der Admiral.

»Wir wissen doch gar nicht, wie es an den andern Fronten der Worgass-Einflussgebiete aussieht? «, erwiderte der Parhlevi. » Können wir keine Späher aussenden, um die Situation in diesen Kampfgebieten zu erkunden? «

»Die Flugrouten in die Milchstraße, oder in die Andromeda-Galaxie sind sehr weit«, antwortete der Admiral. » Unsere Schiffe können die Strecke nicht mal eben so überwinden. Wir sind auf uns gestellt. Unsere Völker möchten sich endlich aus den Fängen dieser Wesen befreien. «

»Das ist bekannt«, antwortete Kommissar Kahlewa. »Doch wir brauchen Informationen, wo wir die Worgass angreifen können. Wo sind ihre Stützpunkte, ihre Garnison-Planeten und ihre Schiffswerften. Wie viele besitzen sie hiervon? «

Admiral Nor'daram nickte.

»Ich sende Späh-Schiffe aus«, erwiderte er. »Es wird eine Weile dauern, doch dann sollten wir über die Informationen verfügen. «

»Bitte informieren sie die Parhlevi, wenn sie mehr wissen«, antwortete Kommissar Kahlewa. » Wir werden mit dem Angriff noch warten. Wir brauchen sichere Informationen. Ich entsende ebenfalls einige Späher, die sich heimlich an die Fersen der Worgass-Schiffe heften werden. Wir bekommen heraus, wo ihre Bastionen und Nachschub-Depots liegen. Wir entscheiden, wenn uns genug Informationen vorliegen. «

Sechs Wochen waren seit dem Gespräch vergangen. Ein Adjutant kam aufgeregt in das Zimmer von Admiral Nor'daram gelaufen.

»Unsere Späher sind zurück, Herr Admiral«, teilte er mit. »Sie haben eine Menge Informationen aufgezeichnet. «

»Das ist gut«, erwiderte der Admiral. »Werten wir die Daten aus. Ich bin sehr gespannt auf die neuen Informationen. «
Der karge Konferenzsaal gab nicht viel her. Man hatte auf luxuriöse Einrichtungen verzichtet. Zwischenzeitlich waren auch die die informierten Parhlevi der Führung der Rebellen eingetroffen.

Admiral Nor'daram und weitere Offiziere seines Gefolges begrüßten die Gäste. Kommissar Kahlewa gesellte sich zu dem Admiral.

»Ihre Aufklärer sind zurück? «, fragte der Kommissar. »Haben sie neue Informationen sammeln können? « Der Admiral nickte.

»Wir konnten uns in vielen Fällen heimlich an ihre Fersen heften«, teilte er mit. »Dank der zurückkehrenden Worgass-Schiffe konnten wir sie zu ihren Basen verfolgen.«

»Sie haben nichts bemerkt und keinen Verdacht geschöpft? «, fragte der Kommissar. «

Der Admiral verneinte und schaltete einen Bildschirm ein, der eine große Panorama-Karte der kleinen Magellansche Wolke an die rückwärtige Wand projizierte. Auf der Karte waren sämtliche Raum-Quadranten, Sternen-System, Planeten und Sonnen verzeichnet.
»Welche Informationen haben sie für uns? «, fragte Kommissar Kahlewa den Admiral. » Konnten sie die Niederlassungen und Stützpunkte der Worgass identifizieren? «

»Ja«, antwortete der Admiral. »Es hat einige Zeit gedauert, bis alle Daten gesichert waren. Nach den Informationen unserer Späher unterhalten die Worgass sechs Garnisons-Planeten. Wir haben die Koordinaten auf der Karte eingezeichnet. Ferner besitzen sie drei große Flotten-Stützpunkte. «

Ein Raunen ging durch die Anwesenden.

Der Admiral zeigte mit einem Stock auf die Planeten. »Diese drei Flotten-Stützpunkte der Worgass werden für uns die wichtigste Rolle spielen«, erklärte er. »Vermutlich werden auf diesen Planeten ihre Schiffe dupliziert. «

»Sind diese Planeten nicht besonders geschützt?«, erkundigte sich Kommissar Kahlewa.

»Die Worgass fühlen sich sicher«, antwortete Admiral Nor'daram. Seit vielen Jahrtausenden ist kein Angriff mehr erfolgt. Sie denken, sie haben unsere Galaxis befriedet. «

Admiral Nor'daram ließ eine kurze Zeit verstreichen. Dann fuhr er fort.

»Ich plane einen gleichzeitigen Überraschungsangriff auf alle drei Flotten-Stützpunkte«, teilte er mit. »Wir zerstören ihre Schiffe, alle Duplikatoren, die Schiffswerften und anschließend ganzen Planeten der Worgass. «

Erneut ging ein Raunen durch die Zuhörer.
»Ich hoffe, dass sich möglichst viele ihrer Schiffe in den Basen befinden«, lächelte er. »Wenn sich diese am Boden befinden, dann sie Worgass diese nicht mehr gegen uns einzusetzen. «

»Wie wird uns das gelingen? «, fragte Kommissar Parhlevi.

» Das ist keine leichte Aufgabe, es erfordert eine exakte Planung«, erwiderte Admiral Nor'daram. » Wir springen gleichzeitig mit 3 Flotten in die Umlaufbahnen der Flotten-Planeten. Das Überraschungsmoment ist auf unserer Seite. Sofort nach dem Materialisieren schleusen wir Dutzende von Bomben-Teppichen aus, die alle Anlagen auf dem Erdboden auslöschen. Aufsteigende Schiffe werden in Gruppen angegriffen und noch in der Atmosphäre vernichtet. Die Informationen unserer Späher-Schiffe teilten mit, dass die großen Schiffe ihrer 2.500 Meter-Klasse, erst im Weltraum ihren Schutz-Schirm aktivieren. Unsere Wissenschaftler vermuten, dass die Schutz-Schirme zu viel Energie aus ihren Generatoren absaugen und hierdurch den Startvorgang der übergroßen Schiffe erschweren können.

Der Admiral ließ eine kurze Pause vergehen und seine Worte bei den Zuhörern wirken.

»Die Laser-Geschütze unserer Schiffe müssen gebündelt eingesetzt werden«, fuhr er fort. »Kein Schiff der Worgass darf aufsteigen und sich in der Umlaufbahn zum Kampf stellen. Dann haben wir verloren. Wir greifen gleichzeitig alle drei Flotten-Stützpunkte der Planeten an. Einige Geschwader kümmern sich vorrangig um die Kommunikations-Anlagen. Den Worgass muss die Möglichkeit genommen werden, Schiffe, die sich bereits im All befinden, zurückzurufen. Ferner dürfen keine Garnisons-Planeten gewarnt werden, auf denen möglicherweise noch Schiffs-Verbände stationiert sein könnten. Nach einer Ausschaltung der Flotten-Planeten, sammeln wir unsere Flotten-Verbände und gehen gemeinsam gegen die Garnisons-Planeten vor. «

Die Parhlevi überlegten angestrengt und rechneten die Erfolgschancen durch.
»Ich halte es für dringend notwendig, im Vorfeld ein Kommando einzusetzen, das auf den Garnisons-Planeten die Funk-Stationen zerstört«, bemerkte Kommissar Kahlewa.

»Wir besitzen keine Karten von den Funkleitstellen auf den Garnisons-Planeten«, antwortete Admiral Nor'daram. » Wir können die Standorte erst bei einem Scan der Planeten ermitteln. «

Der Kommissar blickte ihn lächelnd an.
»Ich habe auch noch andere Trümpfe im Ärmel«, legte Kommissar Kahlewa offen.

Die Damyrer blickten ihn fragend an.
»Ich habe einige alte natradische Kampf-Gleiter mühsam restaurieren lassen«, sagte er. » Diese Schiffe wurden von den Natradern während ihres Abzuges in die Heimat schlicht vergessen. Es hat lange gedauert, bis wir die Funktionen der Schiffe verstanden haben. Diese wurden immer für Spionage-Aufgaben eingesetzt. Das Besondere an diesen Schiffen ist eine intakte Tarnfunktion. Wir können uns also hiermit den Worgass-Planeten nähern, ohne entdeckt zu werden. Ich verfüge über zehn Stück dieses Typs. «

»Warum erfahren wir das erst jetzt? «, fragte Admiral Nor'daram mürrisch. » Das ändert schon wieder alles. «

»Wir konnten uns nicht sicher sein, ob ihr Angebot ernst gemeint war, sich auf die Seite der Rebellen zu stellen «, antwortete Kahlewa. » Wir haben neun Angriffsziele, also bleibt ein Schiff übrig. Ich schlage vor, mit diesen getarnten Schiffen zeitgesteuerte Bomben über den Hyper-Funkzentralen auf allen angesprochenen Planeten der Worgass abzuwerfen. Ich meine nicht die kleinen Bomben. Ich spreche von den großen Geschossen, die eine komplette Anlage ausschalten und alles im Umkreis von sechs Kilometern in Schutt und Asche legen können.

Wir besitzen alte Kampf-Gleiter, die mit sechs Bomben dieser Gattung ausgestattet werden können. Durch die Tarnvorrichtung dieser natradischen Gleiter ist es möglich, den Planeten komplett zu scannen und nach weiteren Hyperfunk-Stationen Ausschau zu halten. Aus der Erfahrung wissen wir jedoch, dass die Worgass in der Regel nur eine zentrale Station betreiben. Diese werden wir unschädlich machen. Wenn das gelungen ist, wird keine Verbindung mehr in das interplanetare Hyper-Funknetz der Worgass möglich sein. «

»Der Vorschlag ist exzellent«, bestätigte der Admiral mit. » Wir geben den getarnten Kampfgleitern das Zeitfenster von einer Stunde. Das sollte ausreichen, um die Stationen zu lokalisieren und die Zeitbomben zu platzieren. Hiernach werden unsere Schiffe materialisieren und ihre planmäßige Arbeit verrichten. Sie werden verhindern, dass Schiffe der Worgass möglicherweise flüchten. Gleichzeitig mit unserem Eintreffen werden wir die Zeitbomben aktivieren und die Hyperfunkanlagen der Worgass in die Luft jagen. Hierdurch wird zweifellos eine große Verwirrung auf den Worgass-Planeten entstehen. « Die Parhlevi nickten zustimmend.

»Unser zweiter Trumpf kommt noch«, ergänzte Kommissar Kahlewa.

Er winkte einem Uniformierten seines Teams an der Türe zu. Der öffnete sie und führte einen wartenden Parhlevi herein.

»Darf ich ihnen Idamor vorstellen«, sagte Kommissar Kahlewa. » Er ist ein Geheimagent und der Schatzsucher in unseren Reihen. Wir sind einer alten Spur nachgegangen. Die besagte, dass vor vielen Jahrtausenden die Schöpfer unserer Galaxie eine Waffe versteckt haben, die speziell Worgass vernichten kann. Idamor hat die Waffe gefunden. Sie existiert und funktioniert noch. «

Admiral Nor'daram blickte den Kommissar irritiert an. »Woher konnten die Schöpfer, von der Tyrannei der Worgass wissen? «, fragte Admiral Samram Nor'daram. «

»Das entzieht sich unserer Kenntnis«, antwortete der Kommissar. »Es scheinen allwissende Wesen gewesen zu sein. Bei unseren Recherchen ist der Name Kon-Ra-Tak aufgetaucht. Wir wissen jedoch nicht, wer mit diesem

Namen bezeichnet wurde. Die Spuren deuten darauf hin, dass sie sich bereits lange vor der Geburt der heutigen Rassen, aus der kleinen Magellanschen Wolke zurückgezogen haben. «

»Wie vernichtet diese Waffe die Worgass? «, fragte Admiral Nor'daram.

»Ihr Ausdruck ist so nicht richtig«, erklärte Kommissar Kahlewa. »Die Waffe sendet eine gigantische energetische Welle aus, die sich über unsere Galaxie verteilt. Sie weicht die molekulare Struktur der Worgass auf. Sie werden zu dem, was sie in ihrer ursprünglichen Form darstellen, nämlich eine gallertartige Qualle, mit vielen Tentakeln. Diese Wesen sind nach dem Einsatz dieser Waffe nicht mehr in der Lage, eine Formwandlung durchzuführen und sich in eine andere Körperform zu verwandeln. «

»Haben sie diese Waffe getestet? «, erkundigte sich Admiral Nor'daram. » Vielleicht sind das nur Legenden. «

»Wir haben darauf verzichtet sie zu testen, um die Worgass nicht auf uns aufmerksam zu machen«, antwortete ein Parhlevi. »Es gibt die Funktion einer Testaktivierung. Die Leistung der Waffe muss auf die Minimaleinstellung geschaltet werden. Hierdurch wirkt sie nur in einem Umkreis von 2 Metern. Diese Informationen konnten wir erst vor einigen Tagen alten Schriften entnehmen. «

Kommissar Kahlewa winkte dem uniformierten Parhlevi an der Türe zu.

»Bringt den gefangenen Worgass herein«, befahl der Kommissar.

Ein Raunen ging durch die Gruppe der Damyrer.
»Keine Sorge«, teilte der Kommissar mit. »Dieser Worgass ist in einem Fesselfeld gefangen. Er kann seine Form nicht verändern. «

Idamor öffnete die mitgebrachte Schatulle und hob eine schwere goldene Waffe auf ein Stativ. Sie sah sehr eigentümlich aus und hatte vorne eine große Öffnung, die aussah wie ein Trichter.

»Führt den Gefangenen vor «, sagte Kommissar Kahlewa. Eine Gruppe Parhlevi-Soldaten führten einen Worgass-Soldaten herein. Dieser tobte und zerrte in seinem Fesselfeld.

»Das wird euch allen noch leidtun«, antwortete der Worgass. »Unsere Rache wird fürchterlich werden. Wir werden eure Familien vernichten, eure Heimat und alles, was euch lieb ist. Ich habe mir eure Rebellen-Gesichter eingeprägt. «

Admiral Nor'daram sprang auf, drehte sich um und schritt auf den Worgass zu. Dann schlug er ihm mehrmals mit der flachen Hand ins Gesicht.

»Halt endlich dein loses Schandmaul«, sagte er.

Alle Anwesenden konnten die lauten Schläge hören. Das schien gewirkt zu haben. Der Worgass verzichtete auf weitere Äußerungen.

Kommissar Kahlewa schaute Idamor an.

»Können wir die Waffe demonstrieren? «, fragte er.

»Ich bin bereit«, antwortete dieser knapp. »Treten sie bitte von dem Gefangenen zurück. «

Die Wachen schalteten das Fesselfeld ab und richteten ihre schweren Laser-Gewehre auf den Worgass. Dieser wagte sich nicht, sich zu bewegen. Dann traten die Soldaten zwei Schritte zurück.

Idamor drückte den Auslöser. Die Anwesenden sahen, wie der Worgass von einem grünen wellenartigen Strahl getroffen wurde und innerhalb von Sekunden seine Struktur verlor. Sein Körper brodelte und fiel in sich zusammen. In nur wenigen Sekunden verwandelte er sich in eine gallertartige Qualle, wie vorher von Kommissar Parhlevi erwähnt. Das 80 Zentimeter große Geschöpf lag auf dem Boden und schlug wild mit seinen Tentakeln um sich.

Kommissar Kahlewa trat vor und zerquetschte das rote Lebenszentrum der Qualle mit seinen Uniformstiefeln. Die gallertartige Haut patzte auf und flüssiger, ekeliger Schleim spritzte in die Höhe. Ein letztes Zucken beendete das Leben des Quallenwesens.

Kommissar Kahlewa blickte in die Runde der bleichen Gesichter der Beobachter.

»Ich demonstrierte ihnen die eigentliche Form unserer Tyrannen«, teilte er mit. »Wir lassen uns von solchen Wesen nicht länger unterdrücken. «

Die Damyrer verarbeiteten noch das Gesehene. Dann breitete sich lautes Gebrüll aus.

»Nieder mit den Worgass«, riefen die Offiziere der Damyrer. »Die Zeit der Abrechnung ist gekommen. «

»Können wir die Waffe auch aus dem All abfeuern? «, fragte Admiral Nor'daram.

»Ja«, antwortete Idamor. »Laut den alten Aufzeichnungen war das der Sinn dieser Waffe. Wir müssen sie auf die größte Reichweite einstellen und sie auf einen Kampfgleiter installieren. Nur durch Rücksicht auf die Energie-Versorgung dieser Waffe haben wir auf einen Test verzichtet. Wir wissen nicht, wie viel Energie nötig ist, um diesen Prozess auszuführen. «

Der Admiral war begeistert.
»Wann schlagen wir los? «, fragte er.

»Ich muss unsere Flotte instruieren«, antwortete Kommissar Kahlewa. »Ich denke, in drei Tagen wäre eine gute Zeit für einen Angriff. Wir werden noch alle weiteren Rassen informieren, von denen wir Unterstützung zugesagt bekommen haben. Als Treffpunkt schlage ich unseren zerstörten Rebellen-Stützpunkt Aram vor. Auf diesen Koordinaten sammelt sich unsere Rebellen-Flotte und teilt sich in unterschiedliche Geschwader auf. Falls wir verraten werden und ich erkennen sollte, dass die Planeten in Alarm-Bereitschaft gehen und ihre Schiffe starten, breche ich den Angriff sofort ab. Es hat keinen Sinn kopflos in eine Schlacht zu ziehen und hierdurch nur Verluste einzufahren. «

Admiral Samram Nor'daram nickte.
»Eine weise Entscheidung«, erwiderte er.
Admiral Nor'daram blickte ernst in die Runde der anwesenden Gäste.

»Damit wäre alles gesagt«, bemerkte Kommissar Kahlewa. »Gehen wir zu unseren Einheiten und bereiten wir uns vor. «

Die Zusammenkunft löste sich auf und verschwand auf geheimen Wegen.

Die drei Tage vergingen sehr schnell. Der Zeitpunkt des war Angriffes gekommen. Die vereinigten Flotten-Verbände der Rebellen hatten sich an den Koordinaten der ehemaligen Rebellenwelt Aram versammelt.

Admiral Nor'daram und Kommissar Kahlewa standen am großen Panorama-Bildschirm des damyrischen Flaggschiffes. Kommissar Kahlewa blickte stolz auf die Flotte.

»So viele Schiffe konnten wir bislang noch nie mobilisieren«, sagte er.

»Dieser Tag wird in die Geschichte eingehen und unsere Galaxie verändern«, erwiderte Admiral Samram Nor'daram. »Dieser Moment wird in die Annalen unserer Völker als der Zeitpunkt eingehen, an dem sich die Rassen der kleinen Magellanschen Wolke erhoben und die Worgass blutrünstig zerfetzt und vertrieben haben. «

»So weit sind wir noch nicht«, antwortete Kommissar Kahlewa. » Hoffen wir einmal, dass unsere Agenten die richtigen Informationen mitgebracht haben. Viele Späher mussten für dieses Unterfangen ihr Leben lassen. «

Admiral Nor'daram blickte auf die Anzeigen der Zeiteinheit.
»Es verbleiben noch 60 Minuten, bis wir uns aufteilen und losschlagen«, sagte er ungeduldig. »Alle Commander haben ihre Angriffsziele erhalten. «

Kommissar Kahlewa nickte und blickte auf den großen Bildschirm.
»Die Schiffe der Rassen, die unsere Rebellion unterstützen, scheinen eingetroffen zu sein«, registrierte er. »Wir warten diese 60 Minuten noch ab, dann wechseln wir in den Hyperraum. Alles läuft nach unserem Plan. «

»Gehen sie jetzt«, entschied Admiral Nor'daram. »Die Flotte erfordert zuverlässige Kommandeure. «

»Viel Erfolg für sie«, antwortete Kommissar Kahlewa. »Die Götter werden bei uns sein. «

Mit diesen Worten wandte er sich ab und ging zur Schleuse.

In den Garnisonsstädten der Worgass ging der Lauf des Lebens seinen gewohnten Gang. Hier erwartete man keine besonderen Vorkommnisse. Die Rassen der kleinen Magellanschen Wolke wurden seit Jahrtausenden geknechtet und unterjocht. Nichts änderte sich an dem heutigen Tage daran. Der Garnisons-Kommandant ließ sich Zeit mit der Ausgabe der Tagesbefehle. Ebenso war es auf den Flotten-Stützpunkten der Worgass. Der tägliche Ablauf nahm seinen Lauf. Schiffe rückten zur Wartung an, andere verließen den Flotten-Stützpunkt. Viele der Worgass-Schiffe blieben in ihrem Hangar. Sie hatten keine neuen Befehle erhalten. Die Stations-Leitungen der Worgass verlangten unbedingten Gehorsam. Viele Jahrhunderte lang gab es keine Gegenwehr mehr von den jungen Rassen der kleinen Magellanschen Wolke. Sie hatten sich ihren Unterdrückern geschlagen gegeben. Die Völker akzeptierten ihre Vorherrschaft und auch ihre Gesetze und die Repressalien, die für eine beschützte Welt verlangt wurden. Das war immer schon so gewesen, solange man zurückdenken konnte. Die Kommando-Zentrale des größten Flotten-Planeten war nur geringfügig besetzt. Deswegen bemerkte auch keiner in der Flugkontrolle, wie ein getarnte Kampfgleiter der Rebellen in die Atmosphäre vordrang, um die Lage der Hyperfunk-Stationen auszukundschaften.

Er machte Aufnahmen, analysierte Ziele, fotografierte wichtige militärische Anlagen, Raumschiffs-Hangar, Schutzschirm-Generatoren und Atommeiler. Die Aufnahmen dienten als ein späteres Ziel für die Haupt-Flotte der Rebellen. Das kleine getarnte natradische Schiff, mit einem Parhlevi-Piloten als Besatzung, machte einen guten Job. Ganze 15 Umrundungen des Flotten-Planeten sorgten für eine optimale Kartographie des Worgass-Stützpunktes. Dann schleuste der Gleiter die 6 schweren Zeit-Bomben aus, die sich als Zielpunkt, das Kommunikations-Zentrum des Planeten erfasst hatten. Dann flog der kleine Gleiter wieder im Rahmen des Zeitfensters zurück zu dem Sammelpunkt der Rebellen. Fast gleichzeitig traf der Gleiter mit den anderen Späh-Schiffen ein, die ihre Aufgaben ebenfalls ohne Probleme lösen konnten. Alle Tarn-Gleiter der Rebellen hatten desolate Ziele ausgekundschaftet. Die Analyse der Daten erfolgte umgehend auf dem Flaggschiff der Rebellen-Flotte.

Admiral Nor'daram hatte zu einem letzten Gespräch gebeten. Viele der Flotten-Kommandanten waren erschienen. Der Admiral unterhielt sich mit Kommissar Kahlewa.

»Die Befehle können bestehen bleiben«, teilte der Admiral mit. »Es ist genauso, wie wir es haben kommen sehen. Die Worgass glauben sich in absoluter Sicherheit. Noch nie sind sie angegriffen worden«.

Kommissar Kahlewa nickte.
»Die Daten sehen gut aus«, entgegnete er. »Wir müssen aufpassen, dass wir keine der großen Kampf-Schiffe der Worgass in eine höhere Umlaufbahn aufsteigen lassen. Das erscheint mir die beste Vorgehens-Variante zu sein. «

Admiral Samram Nor'daram bestätigte. Er blickte in die Runde der anwesenden Flotten-Führer.

»Sie haben ihre Befehle«, sagte er. »Weisen sie alle Piloten entsprechend an. Die exakten Angriffspläne sind ihrer KI überspielt worden. Lassen sie uns beginnen. Jede Division lässt ihre Geschwader nach unseren Plänen angreifen. Geben Sie ihr Bestes. «

Gemeinschaftlich salutierten die Commander.
»Für die Freiheit in unserer Galaxie «, riefen sie.

Die Kampf-Einheiten der vereinigten Rebellen-Flotte sprangen in den Hyperraum. Jede der 9 Gruppen hatte ein eigenes Ziel. Nach 1 Stunde hatte Admiral Nor'daram mit der Haupt-Flotte sein Angriffsziel erreicht. Vor ihm lag der größte Flotten- und Werft-Planet der Worgass. Sie hatten Glück und waren direkt in der Umlaufbahn des Planeten materialisiert. Admiral Nor'daram schaute auf das Informations-Display. Nichts hatte sich an den

Aufnahmen, die der getarnte Gleiter aufgenommen hatte, geändert. Alle Schiffe der Worgass standen auf dem großen Raumschiffs-Hafen. Keine Kampf-Schiffe waren in der Umlaufbahn auszumachen. Admiral Nor'daram blickten seinen ersten Offizier an.

»Zünden sie die Zeitbomben und legen sie die Kommunikation-Station der Worgass außer Betrieb«, befahl er.

Sein 1. Offizier bestätigte und gab den Befehl weiter. Der Admiral beobachte den Bildschirm. Auf dem Planeten wurden gewaltige Explosionen angezeigt. Eine große Stichflamme breitete sich aus und vergrößerte sich bis in die Atmosphäre des Planeten.

Admiral Nor'daram lächelte.
»Das Ziel wurde zerstört«, meldete der 1. Offizier. »Wir können losschlagen. Die Kommunikation der Worgass ist zusammengebrochen. «

»Danke«, antwortete der Admiral.
Er griff nach dem Communicator und gab den Befehl zum Angriff.
»Feuer frei, die militärischen Zentren sind als Erstes ausschalten «, befahl er.

Ein Sturm zog auf. Die Hauptflotte aus 15.000 Schiffen stieß in die Umlaufbahn des Planeten vor und schickte den nicht vorbereiteten Weft-Planeten ihre Bomben entgegen.

Admiral Nor'daram war sich innerlich sicher, endgültig mit den Worgass gebrochen zu haben. Es gab kein Zurück mehr. Jetzt musste der harte Kampf über die Zukunft aller Völker in der kleinen Magellanschen Wolke entscheiden. Dann schlugen die Bomben ein und zerfetzten alles am Boden, dass nicht rechtzeitig den Schutzschirm aktivieren konnte. Die Schwadronen der Worgass wurden im Schlaf überrascht. Im Sekunden-Rhythmus entstanden auf dem Planeten grelle Explosionen. Rauchschwaden stiegen in den Himmel auf. Trümmerstücke der getroffenen Anlagen flogen durch die Luft.

Die erfolgreiche Zerstörung hatte einen Namen. Admiral Nor'daram sah mit Genugtuung, wie die Schiffe der Worgass am Boden getroffen und in gewaltigen Explosionen auseinandergerissen wurden.

»Die militärischen Zentren wurden ausgeschaltet«, erklärte sein Ortungs-Offizier. »Sie konnten keinen Hilferuf mehr absetzen. «

»Das war unser Ziel«, erwiderte Admiral Nor'daram. »Gut gemacht. Weiter angreifen, alle wichtigen Ziele zerstören. Lassen sie 5 Kern-Bomben vorbereiten. Hiermit sprengen wir den Planeten auseinander. Wir statuieren hier ein Exempel. Von diesem großen Flotten-Planeten wird nichts mehr übrigbleiben. «

»Der Befehl wurde weitergegeben«, sagte der Offizier.

Admiral Nor'daram stand nicht über den Gesetzen. Die Rebellen wollten sich nach langer Knechtschaft von den Worgass befreien.

»Hier und heute findet die Entscheidungsschlacht statt«, dachte der Admiral. »Dieser Tag wird über das Schicksal aller Völker entscheiden. «

Er schaute auf die Monitore und sah wie sich eine Gruppe von 25 Rebellen-Schiffen, einem großen Worgass-Schiff näherte.

»Unsere Schiffe eröffnen das Feuer«, murmelte er. »Es ist wieder keine Gegenwehr von den Worgass zu registrieren. «

Es dauerte nicht lange, bis Explosionen aus dem ungeschützten Schiff heraustraten. Große Feuerzungen entfalteten sich in den Himmel. Die gewaltige Explosion beschädigte weitere abgestellte Schiffe und Teile einer Station. Eine Division von 500-Meter-Schiffen nahm sich eine Werftanlage vor. Sie verschossen ihre Laser-Strahlen in das Herz der Flottenbasis. Dann folgten Raketen und Bomben. Alle trafen in das Herz der überraschten Anlage der Worgass. Diese schienen unfähig zum Handeln zu sein. Wie Hornissen stießen jetzt die Staffeln von Jägern nach und erledigten den Rest. Einige noch halbwegs intakte Schiffe der Worgass versuchten sich von der Werft-Anlage zu lösen, wurden aber direkt wieder von den Rebellen-Schiffen unter ein Dauerfeuer genommen. Zwischenzeitlich waren alle gegnerischen Schiffe so beschädigt, dass sie nicht mehr in den Kampf eingreifen konnten. Die leicht beschädigten Eigenheiten der Rebellen-Flotte zogen sich direkt aus dem Kampfgeschehen zurück. Die Laser-Batterien der Rebellen-Schiffe trommelten pausenlos auf die Schiffe der Worgass ein.

Nach und nach explodierten immer mehr Schiffe der Worgass. Es schien, als wären die Worgass für die Rebellen nur noch Kanonenfutter. Viele Gruppen der Rebellen hatten die Streitkräfte der Gegner an diversen Stellen gebunden. Der Erfolg des Angriffes war überwältigend.

Admiral Nor'daram holte zum vermeintlich letzten entscheidenden Schlag aus. Er ließ die Werft mit den angedockten Schiffen mit starken Bunkerbrecher-Bomben beschießen. Der massive Schlag brachte den erhofften Erfolg. In einem riesigen Feuerball explodierte die Werft-Station. Der grelle Feuerball sprang auf die angedockten Schiffe über und ergriff Schiff nach Schiff. Die letzte Gruppe von gegnerischen Schiffen wurde lokalisiert. Sie waren außerhalb einer Werft-Anlage auf einem großen Auslagerungs-Port abgestellt. Admiral Nor'daram gab den Befehl zur Vernichtung an ein Geschwader seiner Schiffe durch.

Eine Division von 52 damyrischen Schiffen stieß auf die Gruppe von 43 gegnerischen Worgass-Schiffen vor. Diese schienen jedoch zwischenzeitlich ihre Besatzungen eingeschleust zu haben. Als die Rebellen-Schiffe sie als

Ziel anvisierten und angriffen, fuhren die Worgass-Schiffe gleichzeitig ihre Schutzschirme hoch. Aus dem Stand aktivierten die Worgass-Schiffe ihre Triebwerke. Die Rebellen-Schiffe bemerkten dies und ließen ihre Laser-Strahlen in die Schirme prasseln. Mit teilweise intensiv glühenden Schirmen, die kurz vor der Überladung standen, aktivierten die Worgass-Schiffe noch in der Atmosphäre ihren Hypersprung-Antrieb und entzogen sich somit der Gefahrenquelle.

Die Schiffe der Rebellen stießen ins Leere.
»Die kompletten 43 Schiffe der Worgass sind in den Hyperraum gewechselt«, ging der Funkspruch bei Admiral Samram Nor'daram ein.

Er konnte es nicht glauben und blickte auf die Koordinaten auf seinem Bildschirm. Die Schiffe der Worgass waren verschwunden. Bis hierhin war alles gut gegangen.

»Der Admiral wies seinen Funker an.
»Rufen sie alle Schiffe zurück«, befahl er. »Wir beenden das Drama hier. Sofort die Kern-Bomben ausschleusen. «

Admiral Nor'daram verfolgte den Abschuss auf seinem zentralen Display. Die Rebellen-Schiffe zogen sich vom Planeten in die Umlaufbahn zurück. Die schweren Kern-Bomben trafen ungehindert auf den Werft-Planeten der gehassten Worgass und gruben sich tief in das Erdreich, dem flüssigen Kern des Planeten entgegen. Dort angekommen, sandten sie ein Signal aus, synchronisierten sich und explodierten gemeinsam mit brachialer Gewalt. Die gewaltige Druckwelle zerriss den Planeten in kleine Gesteinsbrocken. Der größte Weft-Planet der Worgass hatte aufgehört zu existieren.

Admiral Nor'daram stand auf der Brücke seines Schlachtschiffes und schaute auf die Flotte. Der erste Erfolg war erreicht. Dennoch störte ihn, dass sich 43 Worgass-Schiffe seinem Zugriff entziehen konnten.

»Die werden jetzt die anderen Planeten warnen und Verstärkung mobilisieren«, dachte er. »Ich kann hier noch nicht weg. Die Flotte muss sich erst wieder sammeln.

»Es sollen sich 8 Gleiter fertigmachen, die unsere anderen Flotten-Geschwader warnen«, befahl er seinem 1. Offizier.

»Der Befehl ist raus«, antwortete der Offizier.

Admiral Nor'daram nickte.
»Funker, teilen sie unseren Angriffs-Schiffen mit, dass sie sich beeilen sollten, befahl der Admiral. »Ihre Flotten sollen sich an unseren Standort formieren«, befahl Admiral Nor'daram. »Hier können wir uns am besten auf eine einfliegende Verstärkung der Worgass einstellen. «

Ihr Befehl wurde durchgegeben und wird bereits bestätigt«, antwortete der Funk-Offizier.

Admiral Nor'daram schaute auf das zentrale Display. Sein 1. Offizier Tamrass kam hinzugetreten.

»Wir empfangen Sieges-und Freudenrufe der einzelnen Schiffe über den Hyperfunk«, meldete er. »Die Flotte freut sich über den Sieg und die Flucht der letzten Worgass-Schiffe. Sie sprechen von einem Ende der Unterdrückung durch die Worgass. «

»Ich will die Euphorie ja nicht dämpfen, doch die Schlacht wird erst noch auf uns zukommen«, antwortete Admiral Nor'daram. » Captain Tamrass, weisen sie bitte Flotte an, unverzüglich Funkstille zu halten. Die Hyper-Funksprüche laufen in alle Richtungen. Sie teilen den Worgass-Schiffen, wo wir zu finden sind. «

»Leider können wir jetzt nichts mehr hieran ändern«, entgegnete der Captain. » Ich sehe aber trotzdem einen Vorteil hierin. Wir fungieren als Lockvogel. Wir machen auf uns aufmerksam und verschaffen den anderen Angriffs-Geschwadern mehr Luft. Wenn mögliche Worgass-Patrouillen unsere Koordinaten ansteuern, können die anderen Geschwader in Ruhe ihre Aufgaben erledigen. «

Admiral Samram Nor'daram dachte nach.
»Das ist wirklich ein Vorteil«, bestätigte der Admiral. » Machen wir Helden aus uns. «

Er dachte kurz nach. Dann fiel ihm der Heldenspruch seines Volkes wieder ein.

»Ein Held kommt aus dem Dunkel und rettet deine Welt. Ein Held kommt und erlöst dich aus der Tyrannei. Gaube an deinen Gott und verlasse dich hierauf. Du solltest ihn nur rufen, damit er von dir weiß. Er wird erscheinen, so oft, wie du ihn brauchst. «

»Ich vertraue lieber unseren Waffen-Türmen«, entgegnete Tamrass, der 1. Offizier des Schiffes. » Die Geschwader haben sich wieder in die Formation eingereiht. «

»Ich traue dem Braten nicht«, teilte Admiral Nor'daram seine Befürchtungen mit. » Unsere 1.000 Meter-Schiffe bilden den Kopf unserer Verteidigungs-Formation. Sie stoßen im Angriffsfall frontal auf den Gegner zu. Unsere 500-Meter-Schiffe werden sich jeweils zur Hälfte auf die Flanken des gegnerischen Verbandes aufteilen. Sie werden in die Seite der Angreifer zielen. Alle kleineren Schiffe und Jäger werden in Gruppen von fünf Schiffen, die Ober- und Unterseite des Worgass-Verbandes attackieren. Ich hoffe sehr, dass ich mich irre. Aber ich vermute, dass wir bald Besuch erhalten werden. Geben sie die Befehle an die Schiffe aus. «

»Sofort, Herr Admiral, ihr Befehl wird weitergeleitet«, bestätigte der 1. Offizier des Flagg-Schiffes. «

Mit den Worten drehte sich Tamrass um und lief zu dem Funkbereich. Dort befahl er, die Befehle an die Flotte zu übermitteln.

Admiral Nor'daram wandte sich mit einem unangenehmen Gefühl den zentralen Ortungs-Monitoren zu.

»Ich würde gerne erfahren, wie das Gefecht der anderen Flotten-Geschwader läuft«, dachte er. »Unsere Rechnung muss aufgehen. Die Worgass haben bisher immer auf einen Angriff auf ihre Bastionen mit massiver Vergeltung reagiert. Warum soll das jetzt anders sein. Wenn wir versagen, werden unsere Heimat-Planeten vernichtet. «

Er hatte lange genug für die Quallen arbeiten müssen. Jetzt wo er ihre richtige Daseinsform kannte, hatte er nur Antipathie für sie übrig. Er schaute weiter auf seine Monitore.

»Was war das? «, fragte er sich. » Hat der Monitor nicht gerade einen Resonanzkontakt angezeigt? «
Er schaute intensiver auf das Ortungsgerät.

»Da waren die Signale wieder«, erkannte er.
Admiral Nor'daram hatte sich nicht geirrt. Schriller Alarm durchbrach die wartende Ruhe.

»Ich habe zahlreiche Fremdsignale, « teilte der Ortungs-Offizier mit. »Es werden 400 große Worgass-Schiffe und viele kleine Schiffe von Hilfsvölkern angezeigt. Sie sind aus dem Hyperraum materialisiert. Ihre Schutz-Schirme wurden aktiviert und Waffen-Türme sind ausgefahren. «

Admiral Nor'daram hatte es kommen sehen. Er verfluchte die geflüchteten Worgass-Schiffe.

»Entfernung zu unseren Schiffen?«, fragte er.
»Die Entfernung beträgt derzeit noch 300.000 Kilometer«, teilte der Ortungs-Offizier zurück. »Sie feuern aber bereits auf unsere vorgelagerten Patrouillen-Jäger.«

»Rufen sie alle Jäger zurück in die Flotte«, befahl der Admiral. »Wir gehen nach unserem Strategieplan vor.«
Der Funk-Offizier gab die Befehle durch.

Die Verstärkung der Worgass war im Rücken der Rebellen materialisiert. Sofort begannen die schweren 2.500-Meter-Schiffe, aus allen Rohren auf die umherfliegenden Jäger der Rebellen zu feuern. Der Rücken der Rebellen-Flotte war weitgehend ungeschützt. Schon in den ersten Minuten erlitt die Rebellen-Flotte schwere Verluste an Schiffen, die sich noch nicht der Haupt-Formation angeschlossen hatten.

Admiral Nor'daram ordnete ein Drehen der Schiffe an, um in eine bessere Schussposition zu gelangen. Durch dieses Manöver wurde wertvolle Zeit verloren. Leider konnte eine Art von unkontrollierter Ordnung registriert werden. Der Schreck saß jetzt den kleineren Rebellen-Schiffen im Nacken.

Jetzt schleusten die übergroßen Worgass-Schiffe ihre Kampf-Gleiter aus. Diese jagten die Rebellen-Jets. Viele von ihnen wurden von den Kampf-Jets der Worgass vernichtet.

Admiral Nor'daram beobachte kopfschüttelnd das Durcheinander. Es brachen Flüche aus ihm heraus.

»Für einen Überraschungs-Angriff ist es zu spät«, erklärte er.

Er wiederholte seine Anweisung, nur in Gruppen ein großes Worgass-Schiff anzugreifen und befahl die Laser-Strahlen zu bündeln. Seine Versuche, eine gewisse Angriffs-Ordnung in die Schlacht zu bringen, schlugen jedoch fehl.

Der Admiral beorderte größere Schiffe herbei. Nach kurzer Zeit standen ihm 14.700 Rebellen-Schiffe zur Verfügung, die gegen die 400 übergroße Schiffe der Tyrannen kämpften. Er erkannte, wie sich die eigenen Verluste minimierten.

Die Schiffe der Worgass kämpfen jetzt gegen eine große Übermacht«, dachte er. » Mut haben unsere Schiffs-Kommandanten. «

Er kannte sich mit den Worgass-Schiffen gut aus. Lange Zeit hatte er sie befehligt. Diese Zeiten gehörten der Vergangenheit an.

Er blickte auf den großen Panorama-Schirm seines Flaggschiffes. Er erkannte, dass es sich bei den georteten

Worgass-Schiffen, nur um 200 schwere Schlacht-Schiffe handelte. Die anderen Schiffe der Verstärkung waren bewaffnete Transport-Schiffe. Diese verfügten nicht über die zahlreichen Laser-Türme, wie die Schlachtschiffe, aber immer noch über respektable Waffen-Systeme.

»Die Worgass schienen alles aufgewartet zu haben, was sie finden konnten«, teilte er seinem 1. Offizier zu.

»Unsere Verluste wachsen wieder«, bemerkte Tamrass.

»Ich sehe es«, antwortete der Admiral. »Senden sie sofort einen Notruf«, befahl er. »Wir haben die Worgass unterschätzt. Sie haben heimlich Schiffe deponiert, mit denen sie uns jetzt in den Rücken fallen. Wir brauchen Verstärkung. «

»Der Funkspruch wurde gesendet«, teilte der Funk-Offizier mit. » Jedoch bekommen wir keine Antwort. «

»Probieren sie es weiter«, befahl der Admiral.

Admiral Samram Nor'daram blickte auf die Anzeigen seiner Kontroll-Monitore.

»Unsere tapfer kämpfende Rebellen-Flotte dezimiert sich immer weiter«, fluchte er. »Wir brauchen unbedingt eine neue Idee. Die Schüsse aus unseren Laser-Batterien bewirken nur sehr wenig, bei den übergroßen Schiffen der Worgass. «

»Unsere Geschütz-Türme sind zu schwach«, bestätigte der 1. Offizier.

Admiral Nor'daram erkannte, dass sich das Blatt zu Gunsten der Worgass gewendet hatte. Den großen Schiffen konnten die Angreifer bei einem aktivierten Schutzschirm nur mühsam etwas anhaben. Er schaute auf den zentralen Ortungs-Schirm, auf dem er die Erfolge der Rebellen-Flotte analysieren konnte.

»Was ist das? «, fragte er laut. » Inmitten des Raum-Quadranten öffnet sich ein großes Wurmloch. Die Worgass werden doch nicht noch weitere Verstärkung erhalten? Dann sind wir erledigt. «

Ihm war klar, dass es um seine Flotte geschehen war, wenn die Worgass weitere Verstärkung erhielten. Er schaute auf den Monitor. Tausende von unbekannten Schiffen flogen aus dem Wurmloch.

»Ortung, was empfangen wir? «, fragte er entsetzt.

»Moment noch«, erwiderte der Ortungs-Offizier. »Ich registriere fremde Schiffs-IDs. Es handelt sich um keine Rebellen-Flotte. «

»Wir sind dem Untergang geweiht«, bemerkte Tamrass. »Dieser zusätzlichen Streitmacht sind wir hoffnungslos unterlegen. «

»Die Daten stabilisieren sich«, teilte der Ortungs-Offizier mit. »Es sind natradische Schiffe, in unterschiedlichen

Schiffs-Klassen. Die automatische Zählung unserer Hypertronic-KI hat 6.501 Schiffe geortet. «

Admiral Nor'daram überlegte noch, ob dies überhaupt möglich sein konnte. Er traute seinen Ohren nicht.

»Eingehender Hyperkomm-Funkspruch«, meldete der Ortungs-Offizier. »Die neue Flotte ruft uns. «

Admiral Nor'daram wischte seine Gedanken beiseite. »Legen sie auf die Lautsprecher «, sagte er.

Nach einem kurzen Knistern der Verbindung stabilisierte sich das Gespräch.

»Hier spricht Major Travis, von den vereinigten Streitkräften von Natrid und Tarid. «

Der Admiral erkannte die Sprache, die aus der Hyper-Funkkonsole an seine Ohren drang. Es waren klare natradische Worte.

»Wir kommen zu ihrer Unterstützung«, ergänzte Major Travis. »Unser gemeinsamer Feind bedroht nicht nur sie. Wir haben erfahren, dass sie eine Offensive gegen die Worgass gestartet haben und möchten sie unterstützen. Dürfen wir uns an ihrem Kampf beteiligen und die Flotte Worgass vernichten? «

Der Admiral griff nach dem Communicator.

»Hier ist Admiral Nor'daram, Befehlshaber der Rebellen-Flotte in diesem Sektor«, antwortete er. »Sie sehen uns in Bedrängnis geraten«, sprach er die Antwort in das Gerät. »Sie kommen in letzter Minute. Es wäre uns eine Ehre, wenn sie uns helfen würden, die Worgass aus diesem Raum-Quadranten zu verdrängen. «

»Wir unterstützen sie gerne, Herr Admiral«, erwiderte Major Travis. » Ziehen sie sich etwas zurück und übernehmen sie die fliehenden Schiffe des Gegners. «

Der Admiral bestätigte schnell und wies seine Schiffe an, in die Formation zurückzukehren.

Das Evolutions-Schiff von Heran flog neben der Termar 1. Es hatte für die große Flotte des neuen Imperiums das Wurmloch geöffnet. Außerdem hatte sein Evolutions-Schiff noch einige Überraschungen zu bieten. In breiter Front näherten sich die Schiffe den Einheiten der Worgass. Obwohl die Zerstörer des neuen Imperiums noch nicht in Schuss-Reichweite gelangt waren, fing das Evolutions-Schiff bereits an zu feuern. Die Crew der Termar 1 beobachtete, wie ein dicker spiralförmiger-Energiestrahl das ausgefahrene Frontgeschütz von Herans Schiff verließ und rasend schnell auf das vorderste Schiff der Worgass zuraste. Der rote Spiralstrahl traf auf das übergroße Worgass-Schiff auf und schloss es förmlich ein. Dann zog der Strahl sich zusammen und zerdrückte das Schiff immer weiter. Das vorderste Schiff wurde auf den Bildschirmen immer kleiner. In der Energieblase des Spiralstrahls entfalteten sich enorme Energie-

Turbolenzen, die jedoch alle von der Energie-Blase abgeleitet wurden. Das Schiff wurde zusehends zusammengedrückt, bis schließlich nur ein kleiner Haufen Schrott übrigblieb. Ein geöffneter Dimensions-Spalt zog den Metall-Kubus an und verschluckte.

Major Travis hatte die Aktion von Heran mitbekommen und staunte.
»Heran hat immer noch Geheimnisse, die er uns nicht mitteilen will«, dachte er.

Er schaute Sergeant Farmer an.
»Funkspruch an alle Schiffe«, sagte er. »Angriffsmuster MT 134 sofort ausführen. «

»Ihr Befehl wurde gesendet«, bestätigte der Funk-Offizier. »Die Bestätigungen kommen bereits zurück. «

Die große Flotte des neuen Imperiums zerfiel in kleine Geschwader. In den vorher besprochenen Gruppen zu je fünf Schiffen, nährten sie sich den übergroßen 400 Worgass-Kreuzern. Die Geschosse der Hyperspace-Kanonen peitschten laut aus den Geschützrohren. Die Rebellen staunten, als sie erkannten, wie die schweren Geschosse im Hyperraum verschwanden, um kurze Zeit später vor den Worgass-Schiffen zu materialisieren. Dann schlugen die Geschosse in den Schutz-Schirm der Worgass-Schiffe ein. Ein ungeheureres Vibrieren erfasste die großen Schiffe. Ihr Schutz-Schirm blähte sich auf und zerplatzte in der End-Phase. Jetzt waren die Worgass-Schiffe ungeschützt. Die zahlreichen Breitseiten der

Schiffe der Kaiser- und Königs-Klasse erhellte im Sekunden-Rhythmus das Schlachtfeld. Die massiven Laser-Lanzen bohrten sich durch die schützenden Außenwände der Worgass-Schiffe und fraßen sich tief in ihr Inneres. Die Breitseite eines Kaiser-Schiffes hatte ausgereicht, um ein Worgass-Schiff seitlich aufzureißen. Die 3 weiteren natradische Schiffe und das Schiff der Green-Lizards verschossen gemeinsam ihre tödlichen Strahlen auf die Worgass-Giganten. Unzählige Wellen von Raketen und Bomben suchten sich einen Weg zu den gegnerischen Schiffen. Ehe sie auftrafen, aktivierten viele Schiffe der Kaiser- und Königs-Klasse nochmals ihre Laser-Türme. Die Zwillings-Rohre feuerten ihre Lasersalven auf die Gegner.

Admiral Nor'daram sah auf seinem zentralen Display, dass die angreifende Front der Worgass-Schiffe förmlich explodierte. Gewaltige Energiebälle, ausbrechendes Feuer, Rauch und Trümmer, quollen aus den getroffenen Schiffen. Zahlreiche Worgass-Schiffe fingen an zu trudeln. Die Angriffs-Formation der Worgass-Schiffe brach auseinander. Explosionen verteilten sich über die meisten Schiffe. Rauchsäulen stiegen auf und Flüssigkeiten entströmten in den Weltraum. Die Worgass waren stark angeschlagen, doch sie wehrten sich weiter. Verbittert schalteten sie ihre Waffen-Systeme auf Dauerfeuer, um den natradischen kampferprobten Flotten-Verbänden Einhalt zu gebieten. Doch diese waren alle mit dem neuen Super-Schutz-Schirm ausgerüstet. Die aufschlagenden Laser-Strahlen wurden von den Schirmen abgeleitet und verpufften im All. Immer wieder schlugen die Laser-

Lanzen der natradischen Schiffe in die mittlerweile stark beschädigten Schiffe der Worgass ein. Mit jedem Schusswechsel explodierten Worgass-Schiffe und minimierten die Angriffs-Linie. Der Weltraum brannte im Schlachtfeld der Kleinen Magellanschen Wolke.

Major Travis, Commander Brenzby, Sirin und Heinze standen am CIC der Termar 1 und schauten dem ungleichen Kampf zu.

»Ihren Gedanken ist nur Hass zu entnehmen«, bemerkte Heinze. » Sie haben erkannt, dass die natradischen Schiffe den Rebellen Unterstützung leisten. Ihr Hass auf die natradischen Humanoiden wird sich hierdurch noch verstärken. «

»Wenn bereits ein starker Hass vorhanden ist, macht es nichts mehr aus, diesen noch zu verstärken«, erklärte Major Travis. » Das Resultat bleibt das gleiche. «

»Endlich gibt es Genugtuung für das Elend, das uns von den Worgass seinerzeit in der kleinen Magellanschen Wolke angetan wurde«, erwiderte Sirin. »Ich vermute sehr stark, dass es die Worgass waren, die unsere Forschungs-Schiffe vernichtet und unsere Siedler getötet haben? «

»Vielleicht wird die Geschichte das Rätsel irgendwann beantworten«, sagte Major Travis.

Sie blickten weiter auf das CIC. Das Dauerfeuer aus allen Rohren der natradischen Schiffe wurde massiv von 500 Einheiten der Green-Lizards unterstützt. Es sorgte dafür, dass kein Worgass-Schiff mehr in den Hyperraum entkam. Endlich nach 2 Stunden war in die Schlacht geschlagen. Kein Schiff der Worgass und ihrer unterstützenden Rassen war mehr zu sehen. Nur noch die Trümmer von den vielen Schiffen verteilten sich über das Schlachtfeld.

»Die Worgass gehen nicht in die Gefangenschaft«, bemerkte Major Travis. » Wir haben keinen einzigen Kapitulations-Funkspruch erhalten. Sie haben bis zum letzten Schiff gekämpft. «

»Sie sind von dem Hass zerfressen«, bestätigte Heinze. » Ich empfange keine Gedankenwellen mehr von den Worgass. Sie sind alle untergegangen. «

Eisige Stille der Trauer war auf der Brücke der Termar1 zu spüren.

Alle Verbände der unterschiedlichen Kampf-Schiffe reihten sich wieder in ihre Formationen ein. An der Spitze der Rebellen-Flotte flog das Flagg-Schiff von Admiral Nor'daram.

»Eingehender Hyperkomm-Funkspruch«, sagte Sergeant Farmer. «

»Legen sie ihn auf die Lautsprecher«, entgegnete Major Travis.

»Hier spricht Admiral Nor'daram «, tönte es aus den Lautsprechern des Naada-Schiffes. » Ich möchte mich für ihre Unterstützung bedanken. Ohne sie, hätten wir es nicht geschafft. Die Flotte der Worgass zu besiegen. Begleiten sie uns bitte noch ein Stück. Wir haben noch acht weitere Angriffspunkte. Wir können derzeit noch nicht abschätzen, wie es da läuft. Erst nach einer Kontrolle der anderen Fronten können wir mit Gewissheit sagen, ob wir alle Worgass besiegt haben. «

Heran hatte sein Schiff zwischenzeitlich an der Termar 1 angekoppelt und stand Major Travis gegenüber.

»Wir sollten hier klare Verhältnisse schaffen«, sagte er. » Fliegen wir mit ihnen und schauen nach dem Rechten. «

Major Travis nickte und öffnete den Communicator. »Ich bestätige, Admiral«, sagte er. » Wir bleiben noch hier und unterstützen sie weiterhin. Fliegen sie vor und führen sie uns in ihre weiteren Kampfgebiete. Übermitteln sie uns bitte die Koordinaten. «

»Danke«, antwortete der Admiral spürbar erleichtert. » Dann ist der heutige Sieg komplett auf unserer Seite. Hier kommen die Koordinaten. Folgen sie uns bitte. «

Die erste Entfernung über zwei Hyper-Sprünge war schnell bewältigt. Die Flotte materialisierte in dem Quadranten, in dem die 2. Flotten-Station der Worgass stationiert war. Hier hatte sich bereits die erfolgreiche

Flotte der Rebellen formiert und erfreute sich des Sieges. Dank der eingesetzten Geheimwaffe von Idamor, wurden alle Worgass in ihre ursprüngliche Form zurück verwandelt und waren förmlich hilflos. In der gallertartigen Form war es ihnen unmöglich, mit ihren Tentakeln ihre Schiffe und Anlagen zu bedienen. Die komplette Flotten-Station und alle Schiffe der Worgass waren nach dem Einsatz der geheimen Waffe hilflos und konnten vernichtend geschlagen werden. Zahlreiche Trümmer trieben im All umher und ließen nur noch an die ehemaligen Tyrannen erinnern. Die Rebellen-Flotte kannte keine Gnade. Alle Anlagen und Schiffe wurden vernichtet. Admiral Nor'daram bedankte sich bei den erfolgreichen Flotten-Verbänden. Die unterschiedlichen Geschwader schlossen sich wieder der Haupt-Armada an.

»Hier ist nichts mehr für uns zu tun«, erreichte sein Funkspruch die Termar 1. »Wir fliegen weiter zur letzten Flotten-Station der Worgass. «

Diesmal wurden drei Hyperraum-Sprünge benötigt, um in den neuen Kampf-Sektor zu gelangen. Der Anblick, der sich der Haupt-Flotte der Rebellen offenbarte, war erschreckend. Zwar war die Flotten-Basis und alle Worgass-Schiffe vernichtet, jedoch auch die Hälfte der Rebellen-Flotte, schwebte als Trümmer-Haufen und Restmüll durchs All. Admiral Nor'daram ließ sich schnell über die Situation informieren.

Vorsichtshalber gab er Idamor den Befehl die Geheimwaffe zu aktivieren. Der grüne Energie-Strahl sorgte dafür, dass sich keine überlebenden Worgass mehr formwandeln konnten.

»Das Zeitfenster war zu knapp bemessen gewesen«, teilte einer der überlebenden Geschwader-Commander mit. » Es war ein sehr schwieriger Angriff in diesem Raum-Quadranten. Die meisten Schiffe der Worgass flogen Patrouille und mussten einzeln angegriffen werden. «

Der Admiral hatte zugehört und war stolz auf sein Geschwader.

»Es war ein sehr verlustreicher Kampf für unsere Einheit«, teilte der Geschwader Commander mit. »Hilfreich war es für uns, als die großen Worgass-Schiffe abzogen wurden und in den Hyperraum sprangen. Sie hatten wohl ein anderes Ziel befohlen bekommen. Mit den kleineren Flotten-Verbänden der Hilfstruppen sind wir dann einfacher fertig geworden. Vermutlich haben sich die Worgass mit der Einschätzung unserer Kampfstärke verrechnet. Wir haben gewonnen und die 3. Station der Worgass vernichtet. «

»Danke Commander, gut gemacht«, lobte Admiral Nor'daram seinen Untergebenen. » Schließen sie sich uns an. Wir fliegen weiter zu den sechs Garnisons-Planeten der Worgass. «

Der Commander bestätigte. Der Admiral informierte die Flotte des neuen Imperiums über die neuen Koordinaten.

Der letzte Hyper-Sprung wurde erfolgreich absolviert und

die Gemeinschafts-Flotte kam an dem neuen Sektor heraus. Dieses System bestand aus 15 Planeten und einer übergroßen Sonne. Die 8 Schiffs-Divisionen wurden von Kommissar Kahlewa befehligt. Die Flotten-Verbände der Parhlevi hatten blutrünstig Rache genommen, für die Zerstörung ihres Heimat-Planeten. Idamor war rechtzeitig mit seinem umgebauten Gleiter eingetroffen und hatte die Wunderwaffe der Götter mehrmals aktiviert. Alle Worgass in diesem Gebiet wurden in ihre ursprüngliche Gestalt zurück verwandelt. Alle 6 Garnisons-Planeten waren durch die Verbände der Parhlevi komplett zerstört worden. Die Garnisonen der Worgass existierten nicht mehr. Zahlreiche Rauchsäulen zogen sich sichtbar von den betroffenen Planeten ins All. Trümmer von Raumschiffen zeugten von einer gnadenlosen Schlacht. Die Hälfte der Garnisons-Planeten war von den Parhlevi gesprengt worden. Nur noch Gesteinsbrocken, Metallreste und Gase und Flüssigkeiten, wiesen auf drei ehemalige Planeten hin.

»Eingehender Hyper-Funkspruch«, bemerkte der 1. Offizier auf Admiral Nor'darams Flagg-Schiff. »Er kommt von Kommissar Kahlewa. «

»Annehmen«, antwortete der Damyrer. »Stellen sie das Gespräch laut. «

»Hallo Admiral«, tönte es aus den Lautsprechern. » Wir haben unsere Aufgabe erfolgreich beendet. Glücklicherweise brauchen wir nur geringe Verluste zu melden. Die Worgass wurden ausgelöscht. Wir haben alle erwischt. Wie sieht es bei ihnen aus? «

»Erstmals unseren Glückwunsch«, antwortete der Admiral freudig. » Es sah eine lange Zeit nicht gut für uns aus«, teilte der Admiral mit. »Dank der eingetroffenen natradischen Hilfe konnten wir aber zu guter Letzt alle Schiffe der Worgass vernichten. «

»Was für natradische Hilfe? «, fragte Kommissar Kahlewa nach.

»Unsere Nachbarn in der Milchstraße haben uns eine Hilfsflotte von 6.501 großen Schiffen geschickt«, teilte der Admiral mit. »Mit ihren starken Waffen war es dann sehr einfach, die Worgass zu besiegen. Bis zu ihrem Eintreffen befanden sich unsere Verbände unter starkem Beschuss. Die großen Schiffe der Worgass haben uns mächtig zugesetzt. Leider haben wir viele tapfere Piloten verloren. Dankt den Göttern, dass die Unterstützung aus der Milchstraße rechtzeitig eingetroffen ist. Kommen sie auf mein Schiff, dann erfahren sie mehr. Wir fliegen nach Hause. «

»Eingehender Funkspruch von dem Kommando-Schiff der Natrader«, sagte der 1. Offizier von Admiral Nor'daram.

»Stellen sie laut«, befahl er.

»Hier spricht Major Travis«, tönte es aus der Verbindung. »Oberbefehlshaber der natradischen Streitkräfte. Ich rufe Admiral Nor'daram. «

»Bitte sprechen sie, ich empfange sie«, erwiderte der Admiral.

»Wir sammeln uns und fliegen zurück, Admiral«, teilte Major Travis mit. »Wir haben genug in unserer Galaxis zu tun. «

Der Admiral unterbrach den Major.
»Das kommt gar nicht in Frage«, monierte er. »Wir werden uns noch offiziell bei ihnen bedanken. Bitte folgen sie unseren Schiffen nach Ranklarr. Dort in unserem größten Flotten-Stützpunkt findet das Bankett für die Sieger statt. «

Major Travis schaute Heran an. Der hob nur die Schultern und machte eine nichtssagende Geste.

»Gut, Herr Admiral«, antwortete Major Travis. »Wir nehmen an. «

Der große Saal war gewaltig. Über 250 Delegierte der verschiedenen Species der kleinen Magellansche Wolke waren versammelt. Hunderte Minister und Gesandte waren kurzfristig eingetroffen. Auf einem erhöhten Redner-Podest standen Admiral Nor'daram und Kommissar Kahlewa und blickten hinunter. Major Travis, Heran, Sirin, Commander Brenzby, Heinze, Tart 1, Tart 2 und 30 weitere Commander saßen am Fuße des Podestes, auf seltsamen Sitzgelegenheiten in den ersten Reihen. Dies waren ausschließlich die Plätze für geladene Ehrengäste.

Morass und Raise hatten sich absichtlich etwas weiter hinten niedergelassen. Ihnen war dieses Bankett sichtlich unangenehm. Major Travis schaute kurz zu ihnen hinüber.

»Das Zurückgezogene entspricht wohl ihrer Mentalität«, dachte er. »Langsam fängt man an, sich besser zu verstehen. Der Einsatz in unserer Nachbar-Galaxie wurde erfolgreich abgeschlossen. Er gab keine Verluste. Selbst alle Schiffe der Green-Lizards können unversehrt und mit erhobenem Kopf wieder mit nach Hause fliegen. «

Admiral Nor'daram hob seine Hand.
Fanfaren und Posaunen ertönten. Dann wurden die Siegeshymnen der Rebellen gespielt. Nach kurzer Zeit hob der Admiral erneut seine Hand. Die Fanfaren und Posaunen verstummten. Der Admiral ergriff das Wort.

»Die Worgass sind endgültig besiegt«, sagte er. »Wir haben unsere kleine Galaxie von den Tyrannen befreit. Erstmalig konnten wir durch die Vereinigung vieler Rassen in unserer Galaxie, die Knechtschaft der Worgass beenden. Obwohl es teilweise schlecht für unsere Truppen lief, haben wir die Hoffnung niemals aufgegeben. Wir kämpften und konnten erfolgreich siegen. Aber unser spezieller Dank gilt der schnellen

Initiative und dem rechtzeitigen Eingreifen der großen Flotte aus der Milchstraße. «

Sein Arm zeigte auf Major Travis und alle Gäste auf den Ehrenplätzen.

»Sie sind es, die uns mit ihrer Flotte tatkräftig unterstützt und diesen Sieg erst ermöglicht haben«, fuhr er fort. »Wir allein hätten es vermutlich nicht geschafft. Dank ihres beherzten Eingreifens wurden die Worgass vernichtend geschlagen. Das wird in die Annalen unserer Datenarchive eingehen. In dieser Geschichte werden unsere Freunde aus der Milchstraße ewig ein Kapitel gewidmet bekommen. Auch unsere Nachkommen werden von dem heutigen Tag, nur mit entsprechender Ehrfurcht sprechen. Ich bitte Major Travis, den Oberbefehlshaber der natradischen Streitkräfte, an das Rednerpult. «

Major Travis stieg die Stufen des Podestes hinauf. Tart 1 und Tart 2 wollten sofort hinterher, jedoch bat der Major sie zurückzubleiben. Er schnipste mit dem Finger gegen das Mikrofon, das ein kurzes Knistern aussandte.

»Wie ich sehe, sprechen und verstehen sie alle noch die natradische Sprache«, begann er. »Das zeigt mir, dass vor vielen Jahrtausenden schon jemand hier in der kleinen Magellanschen Wolke den Zusammenschluss der Rassen gesucht hatte. Wir sind die Nachfolger des natradischen kaiserlichen Imperiums. Wir gründen gerade ein neues Imperium, in dem sich alle Lebewesen frei bewegen, ihren Ideen und ihren Glauben ausleben können. Wir haben ihnen geholfen, weil wir keine Unterdrückung akzeptieren. Bei uns in der Milchstraße ist die Unterdrückung schon lange kein Thema mehr. So soll es auch bleiben. Vielleicht brauchen wir zu irgendeiner Zeit einmal ihre Hilfe. Wir haben Informationen, dass die Worgass in der Andromeda-Galaxie ein Wurmloch-Tor aufbauen, das ihnen den Einfall in die Milchstraße ermöglicht. Das werden wir in jedem Fall verhindern. Wir wissen nicht, wo es sein wird und wie lange es noch dauern wird. Wie wissen auch nicht, mit welcher Kampfstärke sie einfallen werden. Dann kann es sein, dass wir sie um ihre Unterstützung bitten. Falls sie weitere Wünsche an eine Zusammenarbeit haben sollten, lassen sie es uns wissen. Bitte verstehen sie diesen Wunsch nicht als Aufforderung zu einem Beitritt zu unserem neuen Imperium, sondern nur als eine freundschaftliche Verbundenheit mit ihrer Galaxie. Falls sie eine wirtschaftliche Zusammenarbeit und einen Warenaustausch wünschen, wäre dieser auch erst langfristig möglich, wenn unsere Wurmloch-Antriebe ausgereift sind. Eine Galaxie kann neu geordnet werden, wenn alle Völker sich unterstützen. Ich danke ihnen für das Zuhören. «

Tosender Beifall rauschte von den geladenen Gästen heran.

Major Travis ging das Podest hinunter und setzte sich auf seinen Platz.

Kommissar Kahlewa eilte an das Mikrofon. Er hob seine Hände in die Luft. Der laute, anhaltende Beifall ebbte ab.

»Dieser Tag wird heiliggesprochen«, sagte er. »Lasst uns ihn in allen Gebieten, unter allen Rassen, jedes Jahr aufs Neue feiern. Nur dank der tatkräftigen Unterstützung unserer Freunde aus der Milchstraße ist der Sieg erst möglich geworden. Auch sie sollen sich ewig hieran erinnern. Ich zeichne sie mit den höchsten Ehren aus, die unsere Zivilisation zu bieten hat. Ich verleihe ihnen den Ehrenorden des Mutes und der Kampfbereitschaft unseres Widerstandes. «

Wieder peitschte tosender Beifall auf.
In der Zwischenzeit wurde den Gästen durch weibliches Personal der besagte Orden rumgehangen. Es war ein goldfarbenes Metall an einem Band, das die Farben der Rebellen-Legion widerspiegelte.

Die abschließende Rede dauerte noch 30 Minuten. Kommissar Kahlewa kam vom Podest geschritten und ging auf Major Travis und sein Team zu.

»Bitte begleiten sie mich zu dem Festbankett«, lächelte er. »Wir haben extra für sie köstliche Getränke und Speisen vorbereitet. Das können sie uns bitte nicht abschlagen. «

Die Gäste aus dem neuen Imperium folgten der Einladung.

Heran stand bei Major Travis und hatte ein Getränk in der Hand.

»Das ist der gemütliche Teil eines Banketts «, lächelte er. Major Travis sah ihn an.

»Du bist so ganz anders, als man sich einen Unsterblichen vorstellt«, bemerkte er. » Es scheint dir richtig Spaß zu machen? «

»Das hast du gut bemerkt«, antwortete Heran. » So etwas gibt es bei uns schon lange nicht mehr. Wir haben nichts mehr zu feiern. «

Major Travis wollte etwas sagen, doch Admiral Nor'daram und Kommissar Kahlewa traten zu ihnen.

» Wir möchten uns noch einmal bedanken«, sagte der Kommissar. »Sie werden sicherlich bald nach Hause wollen, um ihre Flotte in ihr Heimat-System zurückzubringen. Wie erreichen wir sie, wenn wir nochmals in Not geraten sollten? «

»Senden sie uns rechtzeitig einen Kurier«, antwortete Major Travis. »Wir werden nach und nach Relais-Stationen zwischen der Milchstraße und ihrer Galaxis aufbauen. Hiermit wäre dann eine Kommunikation einfacher möglich. Die Umsetzung wird leider noch eine Zeit dauern. Bis dahin hoffen wir, dass sie keine weiteren Probleme bekommen werden. «

Major Travis stand auf und gab dem Admiral Nor'daram und Kommissar Kahlewa die Hand.

»Siegen sie für die Einheit und für den Frieden«, sagte er.

Heran tat es ihm gleich. Die Gäste des neuen Imperiums verließen den Saal. Die wartenden Gleiter brachten sie zu ihren Schiffen. Major Travis ließ noch eine 1/2 Stunde verstreichen, dann gab er den Befehl zum Aufbruch. Die Flotte des neuen Imperiums formierte sich. Heran übernahm die Spitze. Er öffnete ein Wurmloch in Richtung der Milchstraße und die natradische Hilfs-Flotte entschwand. Erst auf dem Rückflug wurde den vielen Offizieren der Erfolg der Mission erst richtig bewusst. Die riesigen 2.500-Meter-Schiffe der Worgass konnten überwältigt und komplett vernichtet werden. Diese Schiffe konnten nicht mehr in die Milchstraße einfallen. Die Völker der kleinen Magellanschen Wolke standen nicht mehr unter ihrer Knechtschaft. Sie waren somit auch keine Hilfsvölker mehr. Sie mussten nicht mehr unter dem Befehl der Worgass an einer Invasion in die Milchstraße mithelfen. Sie waren frei, glücklich und dankbar. Das erfolgreiche Ergebnis der Expedition in die kleine Magellansche Wolke konnte sich sehen lassen. Major Travis war zufrieden und lehnte sich in seinem Kommando-Sessel zurück. Die Termar 1 flog mit hoher Geschwindigkeit der Milchstraße entgegen.

Geheim-Station NT-KI 355

Major Travis saß Im Konferenzsaal der EWK mit Morass Zyran zusammen. Der Green-Lizard war eingeladen worden, um noch einige Tage auf der Erde zu verbringen und um seine neuen Freunde über den Aufbau seines Heimat-Planeten zu informieren. Major Travis war sehr interessiert und wollte über die technischen Fortschritte der Sauroiden-Kolonie aus erster Hand informiert werden. Dank des erfolgreichen Eingreifens der schnellen Kampf-Verbände des neuen Imperiums, mit Unterstützung einer Kampf-Flotte der Green-Lizards, war es in der kleinen Magellansche Wolke gelungen, den Einfluss der Worgass zu beenden.

»Heran ist bereits geflogen«, teilte Major Travis mit. «
Morass nickte.
»Er ließ es sich nicht nehmen, sich noch bei mir zu verabschieden«, antwortete Morass.

»Er entwickelt sich immer mehr zu einem wichtigen Verbündeten«, ergänzte Major Travis. »Leider lässt er sich immer noch nicht gerne in seine Karten schauen. Es ist äußerst wichtig, dass wir von ihm schnellstens die Konstruktionsdaten für den lantranischen Wurmloch-Antrieb erhalten. Nur so können wir langfristig die großen Entfernungen zwischen den bewohnten Sternen-Inseln bewältigen. «
»Es wäre zumindest eine Erleichterung im Flugverkehr«, bestätigte Morass. » Wir sollten versuchen Heran hiervon zu begeistern. «

»Vielleicht auch in Verbindung mit einem Besuch in seiner Heimat«, entgegnete Major Travis. » Sollte Heran weiterhin negativ zu einer Weitergabe der Konstruktionsdaten stehen, dann ist ein Gespräch mit seinen Vorgesetzten vielleicht hilfreich. Das ist eines der Ziele für die Zukunft. Es kann nicht sein, dass die Lantraner immer auf unsere Schiffe zurückgreifen, aber selbst wenig hierzu beitragen, außer uns Informationen durch Heran zu überbringen. «

Major Travis blickte Morass an.
»Kann ich noch etwas für sie tun? «, fragte er.

Morass schüttelte seinen Kopf.
»Sie haben bereits genug für uns getan«, antwortete der Lizard. »Ich mache mich auf den Weg. «

»Warten sie bitte noch«, erwiderte Major Travis. »Ich begleite sie noch zu unserem Raum-Flughafen.«

Die Personen verließen sie den EWK-Bereich. Tart 1 und Tart 2 folgten ihnen auf Schritt und Tritt. Der Personen-Gleiter wartete bereits auf sie und brachte sie zum immer größer werdenden Raum-Flughafen der EWK.

Der Personen-Gleiter parkte in einem ausreichenden Abstand zu dem 500 Meter messenden Raumschiff von Morass.

»Ich wünsche ihnen und ihrer Flotte eine gute Rückreise«, bemerkte Major Travis herzlich. » Nochmals unseren

Dank für ihre Unterstützung. Falls sie Probleme haben sollten und Hilfe benötigen, bitte kontaktieren sie uns sofort. Alles Gute für sie und die Green-Lizards. Grüßen sie mir Raise. «

Der Green-Lizard verbeugte sich ehrfurchtsvoll, drehte sich um, und ging seinem Raumschiff entgegen.

Major Travis flog in die Hauptverwaltung der EWK zurück. Er war auf dem Weg in das Büro von General Poison. Als Major Travis eintrat, blickte dieser kurz auf.

»Treten sie näher, Herr Major«, murmelte der Admiral in Berge von Akten versunken. »Ich freue mich, sie zu sehen. Ihre Mission war äußerst erfolgreich, habe ich gelesen. «

Major Travis nickte.
»Dank der Information durch Heran, gelang uns ein rechtzeitiges Eingreifen«, teilte er mit. » Nicht zuletzt mit der Unterstützung der Green-Lizards, konnten wir gegen die Worgass vorgehen und die Rebellen massiv unterstützen. Die Mission war ein großer Erfolg für uns. Die Schiffe der Worgass waren unterlegen. Auch diese Erkenntnis haben wir mitgebracht. Mehr noch, wir haben neue Freunde gefunden. Sie versprachen uns, im Notfall zu unterstützen. Wir werden noch das Problem mit der Entfernung lösen müssen. «

General Poison legte den Kopf schief. Man merkte, dass er dem Braten nicht traute.

»Haben sie kein Vertrauen mehr in die eigene Flotte? «
erkundigte sich der General.

»Doch«, antwortete Major Travis. »Aber Freunde kann
man nicht genug haben. «

»Wie sehen ihre nächsten Pläne aus? «, erkundigte sich
General Poison.

»Wir fliegen morgen zu neuen Koordinaten, die wir von
Noel erhalten haben«, entgegnete der Major. »Die Sonne
Formalhaut ist der erste Stern im Sternbild des südlichen
Fisches. Er ist 20 Lichtjahre vom Sol-System entfernt. Er
ist ein Haupt-Reihen-Stern der Spektralklasse A. Das Alter
wird auf bis zu 300 Millionen Jahre geschätzt. In der Nähe
liegt ein kleines Sternsystem, dass für geheime
Forschungen und Entwicklungen im kaiserlichen
Imperium genutzt wurde. Wir werden es erforschen. Es
liegen keine Informationen hierüber vor, was genau dort
versteckt wurde. Es fiel unter die kaiserliche
Geheimhaltungsklausel. «

»Was ist an diesem System nach dieser langen Zeit noch
so wichtig? «, fragte General Poison.

»Das wollen wir herausfinden«, entgegnete Major Travis.
»Wir wissen nur, dass der Kaiser und sein engster Stab,
diesen Stützpunkt sehr oft besucht haben müssen. Auch
in den Jahren des Krieges verzichtete er nicht auf
Kontrollen. Noel glaubt dort einige Geheimnisse finden zu
können.

«

Der General nickte.

»Gut, meinen Segen haben sie«, bestätigte er. »Bereiten sie alles vor. «

General Poison stand auf und gab Major Travis die Hand. »Ich wünsche ihnen einen guten Flug.

»Danke«, antwortete der Major. »Ich weiß ja in der Zwischenzeit das Sol-System bei ihnen in guten Händen.«

»Es ist schön, diese Worte aus ihrem Munde zu hören«, lächelte der General. » Jetzt beeilen sie sich, ansonsten verpassen sie noch ihr Raumschiff. «

Major Travis verließ das Büro seines Vorgesetzten und ging schnellen Schrittes in Richtung der Transmitter-Verteilungsstelle. Vorher stellte er noch eine Hyperkomm-Verbindung zu Natrid her. Commander Brenzby meldete sich am anderen Ende der Leitung.

»Commander Brenzby«, sagte der Major. »Ich habe das Zugeständnis von General Poison. Wir fliegen morgen. Bereite bitte alles vor. «

»Ich freue mich«, antwortete der Commander. » Wie viele Begleit-Schiffe nehmen wir mit? «

»Ich habe zwölf Schiffe der Königs-Klasse angefordert«, teilte Major Travis mit. »Sie werden uns bei unserer

Expedition unterstützen. Ich wüsste zwar im Moment nicht, wer uns angreifen sollte, aber sicher ist sicher. «

» Ich bereite alles vor«, erwiderte Commander Brenzby. » Wann denkst du, dass du morgen eintreffen wirst? «

Major Travis überlegte kurz.
»Ich denke, wir treffen uns gegen 10:00 Uhr am Vormittag«, teilte er mit. »Ordne bitte den Abflug kurz hiernach an. «

»Wird gemacht«, antwortete der Commander. » Bis morgen.«

Major Travis drehte sich um und ging zu dem zentralen Terminal der imposanten Anlage und stellte die Koordinaten seines Hauses in Douglas ein. Er drückte den Aktivierungs-Knopf. Sofort füllte sich der Torbogen mit bläulicher Energie. Der Major wartete, bis die Anzeige die Stabilität des Durchganges anzeigte. Der Major trat vor und ging durch die Energiebarriere. Das Gegenstück befand sich in dem Keller seines Hauses auf Douglas. Unversehrt trat er heraus. Er deaktivierte das Tor und sicherte es gegen eine unbefugte Benutzung. Als er die Treppe zum Haupthaus hinauf schritt, konnte er bereits die Gerüche aus der Küche aufnehmen.

»Sirin scheint sich am Herd auszuprobieren«, dachte er. Er öffnete die Türe. Sie bemerkte ihn sofort und kam ihm entgegengelaufen.

»Hallo mein Schatz, wie geht es dir«, fragte Sirin. »Hast du die Arbeit beendet? «

»Ja«, antwortete Major Travis. » Wir fliegen morgen Vormittag.«

»Ich freue mich«, sagte sie. » Dann sind wir bereit für ein neues Abenteuer. «

»Ob es ein Abenteuer wird, das sehen wir dann«, antwortete er.

Er ließ sich in den bequemen Sessel fallen und beobachtete, wie Sirin am Herd hantiert.

»Wie viele Schiffe nehmen wir mit? «, fragte sie.

»Ich denke 12 Schiffe der Königs-Klasse sollten genügen«, erwiderte der Major. »Was gibt es denn als Essen? «

»Es gibt ein Essen für Männer«, antwortete sie. »Das habe ich im TV, in einer Kochsendung gesehen. Harte Männer reiten auf Pferden und essen abends ein Gericht, das sich Steaks, Kartoffeln und Bohnen nennt. Ich habe die Zutaten im Dorf gekauft. Man sagte mir, ich sollte das Steak nicht länger als 1 Minute von jeder Seite braten. «

»Na dann bin ich einmal gespannt«, lächelte der Major.

Er freute sich, dass sich Sirin so schnell und problemlos in die Kultur der Erde integrieren konnte. Es schien ihr ungeheurer Spaß zu machen, neue Dinge auszuprobieren. Major Travis stellte eine Flasche Wein auf den Tisch und füllte zwei Gläser halb voll. Sirin tauchte bereits mit der Pfanne auf und verteilte die knusprigen Steaks auf die Teller. Die Kartoffeln und die Bohnen brachte sie hinterher.

»Lass es dir schmecken«, hauchte sie ihm zu.
»Guten Appetit«, antwortete er. «

Er schaute ihr in die Augen und sie stießen mit den Gläsern an.

Sirin war schön und sie war wissbegierig.
»Sie wird noch unendlich viele Fragen haben«, dachte Marc. » Aber diese beantworte ich gerne. «

Die Zeit lief voran und der Abend wurde immer später.
»Lass uns schlafen gehen«, sagte er zu Sirin. » Morgen wird es wieder ein anstrengender Tag werden. «

»Ja, lass uns zu Bett gehen«, flüsterte sie und lächelte. «
Major Travis blickte sie an.

»Da ist es doch am gemütlichsten«, ergänzte sie. »Wie sagt man noch auf der Erde, da kann ich auch etwas auf dich eingehen. «

Major Travis verzog die Stirn in Falten. Er befürchtete das Schlimmste.

Die Termar 1 war gewartet, aufgetankt und alle Systeme durchgecheckt. Alle Anlagen arbeiteten einwandfrei. Noel ließ es sich nicht nehmen, die Termar 1 in seinen heiligen Hallen zu kontrollieren. Major Travis, Sirin, Heinze und Commander Brenzby standen auf der Brücke des Naada-Schiffes und schauten auf die Anzeigen.

»Status? «, fragte Major Travis.
»Alles im grünen Bereich«, antwortete Commander Brenzby. «

»Fliegen sie uns heraus«, befahl Major Travis.

Commander Brenzby gab den Befehl an seinen Steuermann Sergeant Hausmann weiter. Die Antigravitations-Servos liefen an und hoben die Termar 1 langsam vom Boden ab. Höher und höher schwebte sie der künstlichen Abdeckung entgegen. Steuermann Hausmann übermittelte per Funk das Signal für das Decken-Schott. Die Höhle öffnete sich. Die schwere Abdeckung bestand aus hochwertigem, extra dicken Natrid-Stahlplatten. Nur langsam schoben sie sich zur Seite und gaben den Blick zum Himmel frei. Das alles wusste der speziell geschulte Spezialist der Steuermann-Elite. Langsam glitt die Termar 1 aus dem geöffneten Hangar ins Freie. Sie durchflog die Atmosphäre und reduzierte die Geschwindigkeit bereits wieder, um in der Umlaufbahn die Positionen der wartenden Schiffe einzunehmen.

Commander Brenzby sandte den Aktivierungscode und gab anschließend die weiten Flug-Koordinaten an die wartenden Schiffe durch. Nach dem Eingang der Bestätigungen aktivierte die kleine Schiffsformation die Sprungtriebwerke. Innerhalb von Sekunden wechselten die Schiffe durch einen Sprung in den Hyperraum.

**

Rattisch Tanlegra zuckte in seiner Arbeits-Senke zusammen. Er blickte auf seine Assistentin. Die lief um die Arbeitstische herum, auf einen Informations-Terminal zu. Hier wollte sie einige Abfragen starten.

Der Handels-Mogul stand auf. Ihm war nicht gut. Er musste sich festhalten. Ihm wurde leicht schwarz vor den Augen.

»Mir ist nicht gut«, sagte er.
»Aber du bist doch gestern gar nicht aus der Rolle gefallen«, hauchte ihm seine Assistentin zu. »Was los mit dir? «

Mühsam stand Rattisch Tanlegra auf seinen Beinen. Mit einer Hand stützte er sich an der Wölbung seines Büros ab. Mit der anderen Hand versuchte er das Gleichgewicht auszubalancieren. Mühsam schritte er hinter seiner Assistentin hinterher.

»Welche Termine haben wir heute? «, fragte er.

»Die Sitzung der Sadhurls beginnt in wenigen Minuten«, antwortete sie. »Alle Handels-Vertretungen wurden aufgefordert hieran teilzunehmen. Hast du deinen Terminplan nicht mehr im Kopf? «

Rattisch Tanlegra fühlte sich wie benommen. Die Worte seiner Assistentin liefen an ihm vorbei. Er spürte das Gewicht des ganzen Morgen auf ihm lasten. Er durchschritt die Türe und ging auf den Anti-Grav-Gleiter zu. Rattisch Tanlegra strauchelte. Er wäre der Länge nach hingefallen, wenn ihn seine Assistentin nicht noch rechtzeitig aufgefangen hätte.

»Die frische Luft tut gut«, bemerkte Rattisch Tanlegra.
»Du musst tief und kräftig durchatmen«, sagte seine Assistentin.

Endlich waren sie an dem Anti-Graf-Gleiter angekommen. Saki, seine Assistentin öffnete die Türe. Vorsichtig setzte sich Rattisch Tanlegra auf einen der Insassen-Sitze. Kaum hatte er seine Beine in dem Innenraum gezogen, schmiss seine Assistentin die Türe zu. Er merkte an ihrer Art, dass sie nicht zufrieden mit ihm war. Er musste sich zusammenreißen. Er war der General-Mogul und er durfte sich nicht gehen lassen.

»Steig auf der anderen Seite ein«, sagte er zu seiner Assistentin.

Er konnte an der Art der Körperhaltung seiner Assistentin erkennen, wie sie über ihn dachte. Er glaubte Spott in ihrer Stimme zu hören.

»So fühlt man sich eben, wenn man die ganze Nacht durchgesoffen hat«, lächelte die Assistentin.

»Die Primitivität der Wortwahl lässt auf kein gutes Elternhaus schließen«, dachte er.

Rattisch Tanlegra wollte sich ernsthaft überlegen, seine Assistenten in der Zukunft auszutauschen. Er brauchte keinen Vormund. Er benötigte eine Assistentin, die alle Schwächen seines Daseins abmildern konnte.

Der Anti-Grav-Gleiter jagte über die Straßen auf einen Hang zu. Die Residenz und der Palast der Sadhurls der hohen Perspektive lagen auf dem Berg. Hierdurch konnten die hohen Herren die ganze Tief-Ebene überblicken und auch alle Aktivitäten, die sie angeordnet hatten. Der Gleiter raste mit hoher Geschwindigkeit in eine lange Kurve.

»Das schaffen wir nie«, sagte seine Assistentin. « Entschlossen griff Rattisch Tanlegra nach der Gleiter-Automatik und schaltete sie ab. Seine rechte Hand drückte den Beschleunigungs-Hebel weiter nach vorn, während die Linke die Handbremse leicht anzog. Der Anti-Grav-Gleiter zog zurück in die Spur und raste sauber durch die Kurve.

Saki schaute ihn mit großen Augen an.
»Das hätte tödlich für uns beide ausgehen können«, bemerkte sie.

Er lauschte verwundert über ihren Tonfall. Rattisch Tanlegra konnte jedoch keine Angst in ihrer Stimme feststellen. Er dachte an letzte Nacht. Rattisch erinnerte sich, wie ihre zarten Hände über seinen Körper geglitten waren. Er spürte ihre zarte Haut auf seinen Körper liegen. Jetzt erinnerte er sich, wie sich die zarten Knospen ihrer Brüste durch ihre Seidenbluse bohrten und ihn berührten. Er hörte noch ihre wollüstigen Schreie, als er in sie eindrang und seine Zeremonie durchführte. Sie hatte sich ihn als Zeremonienmeister ausgesucht. Er war kräftig und von stattlicher Figur. Ungebunden hatte er keine Frau und keine Kinder. Er durfte noch an diesen göttlichen Zeremonien teilnehmen. Nur über diesen Weg war es möglich Nachwuchs zu gebären.

»Mach das nicht«, warnte sie. «
Rattisch Tanlegra glaubte nicht richtig zuhören.

»Sie ist doch nicht nur auf ihr eigenes Wohl bedacht, sondern auch auf meines«, dachte er. » Ich bin ihr nicht gleichgültig. Jetzt ist es heraus. «

Noch immer spürte er in Gedanken ihre zarten Hände der gestrigen Vereinigung. Es war ein unvergleichlicher Genuss.

»Stabilisatoren greifen ein«, meldete der Gleiter monoton. »Sobald die Höchstgeschwindigkeit überschritten wird, setzt automatisch die Bremsverzögerung ein. «
Rattisch Tanlegra ließ es nicht so weit kommen. Langsam drosselte er das Triebwerk des Gleiters.

»Das war lustig«, lächelte er.
Seine Assistentin schaute ihn schräg von der Seite an.
»Auf so ein Risiko kann ich gerne verzichten«, sagte sie.
»Wir hätten umkommen können. «

Vor ihnen tauchte langsam die Residenz und der Palast der Sadhurls der hohen Perspektive auf.

»Wir sind gleich da«, bemerkte Rattisch Tanlegra.
Der Gleiter ratterte weiter den Berg hinauf, der Residenz entgegen. Rattisch verringerte erneut die Geschwindigkeit und parkte den Leiter auf dem großen Platz vor dem Palast. Weitere hochrangige Gleiter waren bereits eingetroffen. Viele Fahrzeuge wurden von Chauffeuren kutschiert. Der Handelsmogul und seine Sekretärin stiegen aus.

»Schau dich um«, sagte er. »Das hoheitliche Pack scheint schon eingetroffen zu sein. Man erkennt es an den Fahrzeugen, in denen in die Chauffeure warten. Ich bin gespannt, welche neuen Gesetze sie uns jetzt wieder zwischen unsere Beine werfen wollen.

***

Major Travis schaute auf das das CIC.

»Es scheint alles normal zu sein«, dachte er. » Nichts deutet auf fremde Rassen, Flotten-Bewegungen, oder auf eine Abnormität hin. Keine bewohnten Planeten sind sichtbar. «

Es schien, als ob nur die Sterne ihr Licht ins All strahlten. » Dieser Quadrant scheint völlig unbewohnt zu sein«, sagte Major Travis.

» Das geht bereits aus dem Kartenmaterial der Natrader hervor«, antwortete Commander Brenzby.

» Wie viele Hyperraum-Sprünge haben wir noch vor uns? «, fragte der Major.

»Exakt noch zwei Sprünge«, antwortete der Commander. » Dann haben wir die 20 Millionen Lichtjahre überwunden. «

»Kannst du etwas auffangen, Heinze? «, erkundigte Major Travis bei dem Ro.

Dieser schüttelte den Kopf.

»Nichts, rein gar nichts«, erwiderte er. »Ich empfange keine Wellen, keine Gedanken und keine Emotionen. Hier ist nichts. Ich glaube es lohnt sich nicht, länger hier zu verweilen. «

»Das sehe ich genauso«, sagte Major Travis. «

»Da sind ja meine Herren«, tönte es von dem Schott her.«
Sirin kam auf die Brücke.

»Sind das die Koordinaten, die man uns gegeben hat? «,
fragte sie.

Sie blickte auf den großen Panorama-Schirm.

»Ich habe euch bereits gesagt, dass ich nichts hiermit
anfangen kann«, sagte sie. »Es soll sich um eine geheime
Station des ehemaligen kaiserlichen Imperiums handeln?
Ich habe recherchiert, aber nichts herausbekommen. Das
Einzige, worauf ich verstoßen bin, sind die dauernden
Versorgungs- und Kontroll-Flüge von Angehörigen der
kaiserlichen Kaste, die anscheinend spezielle Aufgaben zu
erledigen hatten. «

»Es scheint sich um ein gut behütetes Geheimnis zu
handeln«, bemerkte Major Travis.

Sein Blick richtete sich auf Kommando Brenzby.

»Führen wir den nächsten Sprung durch und lassen wir
die noch ein wenig Spannung steigen«, sagte er.

»Der nächster Sprung wird eingeleitet«, bestätigte der
Commander.

***

Rattisch Tanlegra saß mit Saki an einem großen runden
Tisch. Die Sadhurls, oder auch die hohe Perspektive
genannt, beanspruchten die Macht auf dem Planeten für

sich selbst. Die zwölf Sadhurls hatten die großen Familien herbei beordert, um etwas zu besprechen. Unter den 18 Clans zählten die Tanlegrieden zu den Mächtigsten. Sie verfügten über viele hundert Handelsschiffe, die Hälfte hiervon mit bewaffneter Ausrüstung. Rattisch Tanlegra wusste nicht, was er hier sollte. Seine Geschäfte liefen, sein Personal arbeitete, die Abwicklung war weitgehend automatisiert. Langsam wurde er ungeduldig.

»Können wir nicht langsam anfangen, meine Zeit ist begrenzt«, sagte er.

Die Sadhurls schauten ihn verärgert an.
»Auch du wirst warten, bis wir die Sitzung eröffnet haben«, sagte der Vorsitzenden. »Wenn du weiterhin die Gespräche störst, wirst du nicht mehr eingeladen. «

Rattisch Tanlegra bemerkte, wie sein Blut in seinen Adern anfing zu kochen.
»Diese Brut von Tagelöhnern erlaubte sich tatsächlich, ihn zurechtzuweisen«, dachte er. »Sie waren nicht von seiner Rasse und erdreisteten sich Gesetze über ihn und seines Gleichen zu erlassen. Das alles nur, weil die Mehrheit der Bewohner dieses Planeten sie gewählt hatten. Das leidige Thema musste er im Rahmen des Handels-Rates besprechen. So konnte es auf Dauer nicht weitergehen. Rattisch Tanlegra lehnte sich verärgert zurück.

»Wir haben die Vertreter aller Clans zu uns gebeten, weil das große Auge Veränderungen prophezei hat«, eröffneten die zwölf Sadhurls die Sitzung. »Viele

Jahrtausende konnten wir in unserer Galaxis gut leben, Handel betreiben und dafür Sorge tragen, dass es unserem Volk gut ging. Das nicht zuletzt durch unsere weitreichende und gut organisierte Planung. Jetzt aber kommt die Vergangenheit wieder auf uns zurück. Wir sagen Worgass zu ihnen. Sie stammen nicht aus diesem Teil der Galaxis. Aber sie wollen alle Völker der Galaxien unterjochen. «

Ein Aufschrei ging durch die Menge der Clans.
»Ihr seid zu jung«, erklärte einer der Sadhurls. »Euch wurde die ganze Geschichte von den Vorfahren noch nicht erzählt. «

Er blickte die eingeladenen Gäste an.
Es ist an die 100.000 Jahre her, da herrschte ein furchtbarer Krieg in der Galaxis«, erklärte der Sprecher der Sadhurls. » Der Heimat-Planet unserer Vorväter wurde vernichtet. Admiral Tarin, der letzte legendäre Admiral unserer Heimat Flotte, stellte alle verfügbaren Schiffe zusammen und evakuierte die Überlebenden unseres Heimat-Planeten in eine neue Zukunft. Zu dieser Zeit nannten wir uns Natrader. Wir waren ein stolzes Volk und konnten auf eine lange Zeit der Evolution zurückschauen. Bis wir auf einen ebenbürtigen Gegner stießen. Wir möchten jetzt nicht die ganze Geschichte unseres ehemaligen Volkes aufzählen. Nur so viel, dass beide kriegsführenden Rassen ihre Heimat-Planeten verloren.

Die überlebenden Natrader brachen auf, um in einer entfernten Galaxis eine neue Heimat zu finden. In den vielen Jahren der Evakuierung auf der Suche nach einer neuen Heimat trafen sie auf die Ablonder. Es waren nur wenige, sie wurden vorher noch nie gesehen, aber sie waren unseren Vorfahren technisch weit überlegen. Ihr Raumschiff nannten sie eine Luft-Stadt. Es hatte die Maße von fast 25.000 Metern. Sie waren uns positiv gesonnen und hilfreich. Sie boten uns an, einen Teil unserer Rasse, durch einen sogenannten Dreiecks-Transmitter in Sicherheit zu bringen. Sie kannten einen Teil der Galaxis mit bewohnbaren Planeten. Diese waren ohne Leben, der ideale Ort für einen Neuanfang. Hier haben sich unsere Vorfahren niederlassen, ohne noch einmal die Ängste eines Krieges spüren zu müssen. Diese Enklave war von außen geschützt. Wie wir alle wissen, umgibt unser Sternen-System eine harte Materie-Wolke, die von Raumschiffen nicht zu durchdringen ist. Nur durch diesen Dreiecks-Transmitter, der seine Energien aus acht verschiedenen Sonnen bezog, konnten die damaligen Schiffe unserer Vorväter in unsere Enklave abgestrahlt werden. Ein Teil der Evakuierungs-Flotte von Admiral Tarin nahm das Angebot an. Es wurde uns geraten bei der Flotte zu bleiben, jedoch konnte ein Teil unserer Vorväter dem Angebot nicht widerstehen.

Zu sehr war die Angst vor einer Vernichtung in ihren Köpfen eingebrannt. Sie wollten nie mehr einem Krieg ausgesetzt sein. So kam es, dass die seinerzeit 197.500 Schiffen umfassende Evolutions-Flotte auf 1.890 Schiffe verzichten musste. Diese Schiffe trennten sich von der

Flotte und nahmen das Angebot der Ablonder an. Ein mutiges Unterfangen, da man die Rasse der Ablonder vorher nicht kannte. Trotzdem waren es humanoide Lebewesen. Im Nachhinein können wir sagen, sie meinten es ehrlich mit uns. Sie haben uns in Sicherheit gebracht. Leider konnten wir können nicht mehr aus unserer Galaxis heraus. Wir waren im sprichwörtlichen Sinne gefangen. Die natürliche Barriere der Materie-Wolke verhinderte ein weiteres Vordringen in den äußeren Weltraum.   «

»Woher wisst ihr das alles? «, erkundigte sich Rattisch.
» Wir waren dabei«, antwortete einer der Sadhurls.

» Wie ist das möglich, viele Jahrtausende sind vergangen? «, fragte Rattisch irritiert.
»Das alles ist 100.000 Jahre her«, entgegnete ein Sadhurl.

Ein Aufschrei ging durch die Menge.
»Es ist möglich, weil wir Roboter uns selbst degenerieren«, teilte der Sadhurl mit.

Der Tumult wurde lauter im Saal.
»Ruhe bitte, Ruhe bitte«, forderte einer der Sadhurls die Menge auf.

»Wir lassen uns nicht von Robotern Befehlen geben«, sagte einer der Clan-Chefs. »Es war in unserer Vergangenheit so und es wird auch in der Zukunft zu sein.«

»Das ist nicht richtig«, antwortete der Sprecher der Sadhurls. » Wir haben immer dafür gesorgt, dass unsere Befehle euer Volk schützen konnte. Wir konnten die Weichen für die Zukunft stellen. «

Die Roboter standen auf.
»So wird es auch zukünftig sein«, antworteten die zwölf Sadhurls synchron. » Nur durch eine vorgegebene Ordnung, ist ein Fortbestand unserer Kolonie möglich. «

»Eine Kolonie«, sagte einer der Clan-Chefs. »Etwas anders sind wir nicht. Wir haben weitergelebt, uns aber nicht weiterentwickelt. Wir sind auf unserer technischen Entwicklung stehen geblieben. Das kann bedeuteten, das andere Rassen im Universum uns zwischenzeitlich weit überlegen sind. «

Die Sadhurls nickten.
»Alles diente der Sicherheit unserer Kolonie«, antwortete der Sprecher. »Wir haben fremde Funkwellen aufgefangen. Leider wissen wir nicht, wie alt sie sind. Aus diesen Informationen geht hervor, dass in der kleinen Magellanschen Wolke eine Rebellion stattgefunden hat. Alle Worgass wurden vernichtet. Sie werden sich jetzt neue Wirkungskreise suchen. Die Worgass sind wie Heuschrecken. Sie expandieren und planen gezielt humanoide Völker zu vernichten. Das ist in ihren Genen verankert. Sie hassen alle humanoiden Lebensformen. «

Ein Aufschrei schwappte von der Menge herüber.

»Wer sind die Worgass, wir kennen keine Worgass?«, sagte Rattisch.

»Das sind Lebewesen, die viele fremde Rassen unterjochen möchten«, antwortete ein Sadhurls. » Sie streben die uneingeschränkte Herrschaft im Universum an. Ihr Aktionsradius ist derzeit auf Andromeda und andere uns nicht bekannte Sterneninseln beschränkt. Wir wissen jedoch nicht, ob sie einen Schlüssel haben, der den Dreiecks-Transmitter in unsere Wolke aktivieren kann. Die alte Technik ist nur von der Außenseite zu öffnen. Von hier aus haben wir nie einen Schlüssel gefunden, um ihn zu aktivieren. Woher haben wir diese Information. Wir verfügen über das allwissende Auge, das uns weit in die Galaxis sehen lässt. Es ist eine alte Technik, die uns die Ablonder seinerzeit gegeben haben. Wir haben viele Informationen aus anderen Teilen der Galaxis. Wie diese Technik funktioniert, ist nicht erklärbar. Sie funktioniert einfach. Ihr würdet die Technik sowieso nicht verstehen. Eure Entwicklungsstufe liegt weiter unter dem technischen Verständnis der Ablonder. «

Wieder ging ein Raunen durch die anwesenden Personen. »Warum sind wir hier, was können wir tun? «, fragte Rattisch.

»Ihr seid hier, um euch vorzubereiten«, sagte einer der Sadhurls. »Das allwissende Auge hat uns mitgeteilt, dass in Kürze der Dreiecks-Transmitter aktiviert wird. Es konnte uns nicht sagen, wer hindurch kommt und wer uns besuchen wird. Ferner sollten wir bei dieser Gelegenheit überlegen, ob wir nicht jemanden nach außerhalb schicken sollten, der für eine kontinuierliche Öffnung des Transmitters sorgen könnte. Wir brauchen einen Fährmann, der für die Öffnung des Tors zuständig ist. «

»Nichts leichter als das«, sagte einer der Zuhörer.

»Seid mal nicht so euphorisch«, antwortete einer der Roboter. » Es geht auch darum, ob man uns auf der anderen Seite des Universums noch haben will. Die dort lebenden Rassen haben sich weiterentwickelt. Sie eben seit vielen Jahrtausenden in Frieden. Jetzt kommen wir. Man kennt uns nicht, man traut uns nicht? Wieso sollte man uns die Türen öffnen? «

Betretenes Schweigen herrschte im großen Saal.
»Wir werden Vertrauen aufbauen und uns neue Handelspartner suchen müssen«, bemerkte Rattisch. »Genau wie wir das in der Vergangenheit hier in diesem Sonnen-System gemacht haben. Wir sollten mit den Nadoo wieder Kontakt aufnehmen. Sie verwalten die restlichen Planeten dieser Enklave. Wir allein sind zu wenige. «

»Obwohl wir eigentlich den gleichen Stammbaum entstammen, haben sich die Nadoo von uns entfernt«, bemerkte ein Sadhurl.
Beifall durchzog den Raum.

»Sie haben uns immer vor den Nadoo gewarnt«, sagte einer der Handelspartner. »Sie erklärten uns mit, dass die

Rasse künstlich gezüchtet wurde und nicht unseren Wertstellungen entspräche. Bislang hieß es immer, wir könnten ihnen nicht trauen. Warum sollen wir jetzt, nach so vielen Jahren, wieder Gespräche mit ihnen aufnehmen? «

»Weil wir zu wenige sind, um uns effektiv verteidigen zu können«, entgegnete einer der Sadhurls. »Nur gemeinschaftlich sehen wir eine Chance für die Zukunft. Leider habt ihr verlernt, für Nachwuchs zu sorgen. Die Rasse der Tanlegrieden wird aussterben. Wir haben die Hoffnung an die weitere Existenz eures Stammes aufgegeben. Die Unfruchtbarkeit lässt sich nicht mehr rückgängig machen. «

Betretenes Schweigen herrschte einige Minuten im Saal. »Wann wird der Zeitpunkt der Eröffnung kommen? «, fragte Rattisch.

»Das konnte das allwissende Auge nicht sagen«, erwiderte der Sadhurls. » Er liegt aber nicht in allzu langer Zeit. «
»Was ist, wenn das Unheil durch das Tor kommt? «, fragte einer der Clan-Chefs.

»Hierfür müssen wir gewappnet sein«, erwiderte ein Sadhurl. »Zieht alle bewaffneten Schiffsflotten zusammen. Sie werden unser Abwehrschild sein. In der Zwischenzeit versuchen wir, unseren Planeten durch starke Abwehranlagen zu sichern. Diese Aufgabe hätten wir viel früher durchführen müssen. Uns weiter ins

Universum hinauszuwagen, heißt auch auf andere Rassen zu stoßen und sich mit anderen Ideologien vertraut machen zu müssen. «

Eine kurze Pause verging. Die Abgesandten der Clans überlegten.

»Genug der Diskussionen«, teilten die zwölf Sadhurls mit. »Wir fahren die Duplikatoren hoch und produzieren Abwehr-Geschütze. Diese Bauzeichnungen haben wir in unseren Speichern. «

Einige Sadhurls standen auf und verließen den Saal. Langsam löste sich die Versammlung auf. Rattisch Tanlegra blieb mit seiner Assistentin sitzen. Verächtlich schaute er auf die verbliebenen 3 Sadhurls.

»Ich wusste schon immer, dass mit euch etwas nicht in Ordnung ist«, bemerkte er. »Kommt mir nicht in die Quere, ansonsten verschrotte ich euch. «

Die 3 Sadhurls schauten ihn lächelnd an. Einer von ihnen zog einen Strahler und legte ihn auf Rattisch an. Ein gelber Strahl schoss aus der Waffe und ließ Rattisch straucheln. Ein zweiter Strahl erfasste seine Assistentin, die ebenfalls getroffen wurde und auf den Rücken viel. Beiden Personen wurde sofort schwarz vor ihren Augen.

***

Die Termar 1 und ihre 12 Begleit-Schiffe verharrten im Normal-Raum, vor dem letzten Hyper-Sprung.

»Öffnen sie bitte einen Kanal«, befahl Major Travis seinem Funk-Offizier zu.

Dieser nickte beiläufig.
»Sie können sprechen, Herr Major«, antwortete er.

»Hier spricht Major Travis, Erbfolgeberechtigter Oberbefehlshaber der vereinigten Streitkräfte von Natrid & Tarid«, meldet sich der Major. »Erhobener im Gefüge der Kaiserkaste mit Rang 1. Bestätigt und eingesetzt durch Noel von Natrid, im Rahmen der Nachfolge-Programmierung von Admiral Tarin. Wir werden jetzt unseren letzten Hyper-Sprung durchführen und wissen nicht, wie es an unserem Bestimmungsort aussieht. Alle Schiffe schalten den Tarn-Modus ein. Wir werden erst einmal getarnt das System und die Situation sondieren. Alle Schiffe führen Scans durch und halten nach allem ungewöhnlichen Dingen Ausschau. Da es sich um eine geheime Forschungs-Station der kaiserlichen Kaste handeln muss, wissen wir nicht, was uns erwartet. Deswegen ist äußerste Vorsicht angemessen. Bei den geringsten Vorkommnissen sind die Schutz-Schirme zu aktivieren und die Waffen-Türme auszufahren. Bitte treffen sie keine übereilten eigenständigen Entscheidungen. Waren sie neue Anweisungen ab. «

»Die Bestätigungen erreichen uns Schiff«, meldete Sergeant Farmer.

Major Travis nickte ihm zu.

»Commander Brenzby, koordinieren sie den Sprung unserer Schiffe. «

Dieser gab den Befehl an die kleine Flotte weiter, die sofort im Hyperraum verschwand. Wenige Minuten später fielen die Schiffe wieder in den normalen Raum zurück.

»Ortungen? «, fragte Major Travis.

»Alle Infos kommen auf das CIC«, teilte Sergeant Dore Dantow mit.

Major Travis, Commander Brenzby, Sirin und Heinze beobachteten die Aktualisierungen auf dem CIC.

»Das ist aber ein eigenwilliges Sternen-System«, erkannte Commander Brenzby.

Sirin nickte begeistert.

»Ja es besteht aus drei Planeten, die in einer Dreiecksform zentriert sind, umgeben von acht kleineren Sonnen. «

Major Travis hob seinen Kopf und schaute dem Gefährten in die Augen.

»Ich vermute, die Konstellation ist nicht natürlichen Ursprungs? «, sagte er. «

Alle schauten ihn jetzt an.

»Wie kann das sein? «, stutzte Commander Brenzby. «
»Ich vermute, dass die Sonnen und die Planeten künstlich hierher versetzt wurden«, erklärte Major Travis.

»Das war für die natradische Wissenschaft nicht möglich«, monierte Sirin.

»Weiß ich«, antwortete der Major. » Ich vermute, dass wir gerade hier auf Artefakte eines anderen großen Volkes gestoßen sind. «

»Wer soll das denn gewesen sein? «, fragte Heinze. «

»Ich habe die Ablonder in Verdacht«, erwiderte Major Travis. »Keiner weiß so richtig, wann sie gelebt haben, wo sie gelebt haben und wohin sie entschwunden sind. Überall hinterlassen sie Spuren und Hinweise, jedoch ohne vollständige Koordinaten. «

»Die Abfrage unserer Hypertronic-KI hat bestätigt, dass die Natrader zumindest einmal auf die Ablonder gestoßen sind«, sagte Sirin. » Mehr ist aber zu diesem Thema nicht herauszubekommen. «

»Wir werden unsere eigenen Informationen sammeln und das Rätsel lösen«, antwortete Major Travis.

» Wie immer ist das eine Aufgabe für uns Terraner«, ergänzte Commander Brenzby.

Der Major schaute auf seinen Steuermann Hausmann.

»Nehmen sie langsame Fahrt auf«, befahl er. »Die Flotte soll folgen. Alle Einheiten bleiben bis auf Widerruf noch im Tarnmodus. «

Langsam setzte sich die kleine Flotte des neuen Imperiums in Bewegung. Das besondere Sternsystem rückte näher.

»Welchen Planeten fliegen wir an? «, fragte Commander Brenzby.

Bevor Major Travis antworten konnte, teilte Sergeant Dantow eine Info mit.

»Energieortung auf Planet 2«, teilte er mit. »Dort scheinen mächtige Energie-Generatoren anzulaufen. «

»Commander, stoppen sie bitte den Anflug«, befahl Major Travis. » Alle Schiffe sollen in den Wartemodus wechseln. Schauen wir uns an, ob etwas passiert. «

»Wir werden gescannt«, erklärte Sergeant Dantow. » Uns hat ein mächtiger Strahl erfasst. «

»Eingehender Funkspruch«, ergänzte Sergeant Farmer. »Öffnen sie die Leitung«, entschied Major Travis.

»Hier spricht NT-KI 355«, tönte es aus den Lautsprechern. »Sie wurden geortet. Senden sie unverzüglich ihre Identifizierung. Ich wiederhole, senden sie unverzüglich ihre Identifizierung, ansonsten werden sie vernichtet«.

Das Gesicht von Commander Brenzby war bleich geworden.

»Eine Planeten-KI erdreistet sich erneut Herr über Leben und Tod zu spielen«, bemerkte er.

Major Travis schaute in die verdutzten Gesichter seiner Kollegen.

»Alle Schiffe enttarnen«, sagte Major Travis. » Bitte die Schiffs-IDs übersenden. «

Commander Brenzby kümmerte sich sofort um die Weitergabe des Befehls an die anderen Begleitschiffe. Urplötzlich wurde die kleine Flotte im dunklen All sichtbar.

»Schiffs-Kennungen werden gesendet«, teilte Commander Brenzby mit. «

Es dauerte eine Weile dann kam die Antwort der KI. »Identifizierung wird anerkannt«, sagte sie. » Schiffe der Heimat-Flotte werden als Freund-Schiffe eingestuft. Teilen sie mir den Grund ihres Besuches mit? «

Major Travis schaute Sirin an. »Die unendliche Geschichte geht weiter«, sagte er. »Auch hier wurden wieder Planeten-KIs eingesetzt, die sich über die vielen Jahre selbstständig weiterentwickelt haben.

Nirgendwo wird eine sofortige Akzeptanz der Befehle Folge geleistet. «

Major Travis griff nach dem Communicator.
»Hier spricht Major Travis, Erbfolgeberechtigter Oberbefehlshaber der vereinigten Streitkräfte von Natrid & Tarid. Erhobener im Gefüge der Kaiserkaste mit Rang 1. Bestätigt und eingesetzt durch Noel von Natrid, im Rahmen der Nachfolge-Programmierung von Admiral Tarin. Ich fordere Unterwerfung und Akzeptanz des neuen Befehlsgebers. «

Major Travis drückte zur Unterstützung auf den Knopf seines Neolriths. Die höchsten Befehle der kaiserlichen Befehlsebene wurden an die Hypertronic-KI übermittelt.

Die Antwort ließ auf sich warten. Man spürte förmlich die Zerrissenheit, die in der KI vorging. Sie musste eindeutig besondere Befehle vorliegen haben, die sie jetzt zaudern ließ. Es knisterte in den Lautsprechern. Endlich schien die Antwort zu kommen.

»Ich begrüße Major Travis, als erbfolgeberechtigten Nachfolger der natradischen Hinterlassenschaften. Die Berechtigung des Gefüges der Klasse 1 ist hinterlegt. Leider kollidiert der aktuelle Befehl mit einer Befehlsvergabe früheren Datums. «

»Wie heißt dieser Befehl? «, fragte Major Travis.
»Die Offenlegung der Geheimnisse der Forschungs-Station kann nur durch einen Befehl der Klasse 1 erfolgen,

unterstützt durch einen lebenden Befehlsgeber der kaiserlichen Kaste. Ferner befinde ich mich durch den Befehl von Admiral Tarin in der Deaktivierungs-Phase. Nach den Informationen, die ich aufgefangen habe, existiert das natradische kaiserliche Imperium nicht mehr.«

»Das ist nicht ganz richtig«, entgegnete Major Travis. » Es war in einem Ruhezustand versetzt, so wie du auch. Wir sind jetzt hier, um diesen Zustand zu beenden. Auch du wirst, wie alle weiteren Imperium-KIs, wieder unverzüglich aktiviert. Hier kommt der Befehl an dich.

Der Major aktivierte seinen Neolrith und drückte den zweiten Knopf auf dem Dreieck. Per Hyperfunk verließ der Befehl die Termar 1.

»Der Aktivierungsbefehl wurde empfangen und akzeptiert«, informierte die Hypertronic-KI 355. »Alle Anlagen werden hochgefahren, Wartungs-Arbeiten laufen an. Die komplette autarke Versorgung kann wieder hergestellt werden. «

»Termar 1 bittet um Landegenehmigung«, sagte der Major.

» Der Wunsch wird untersagt«, antwortete KI 355. »Die Befehlsakzeptanz für eine Landung und eine Inspektion des Stützpunktes ist nicht gegeben. «

»Achtung«, meldete Sergeant Dantow. »Auf allen drei Planeten werden unzählige Laser-Abwehrtürme ausgefahren. Die KI hat uns anvisiert. Ich zähle insgesamt 360 Bollwerke. «

Major Travis winkte Sirin heran.
»Die KI ist äußerst hartnäckig«, sagte er. » Ich gebe dir den Communicator. Unterstütze bitte die aktuelle Befehle von mir und von Noel. «

Sirin nickte bereitwillig.
»Hier spricht San Sirin, Kusine des Kaisers von Natrid und Angehörige der hohen Kaste, sowie Inhaber der Befehlsklasse Nr. 1«, sprach sie in den Communicator. »Ich unterstütze den Befehl von Major Travis und bitte um Landegenehmigung und um Öffnung deiner Basis. Autorisierung erfolgt durch eine Stimmenidentifizierung. Die entsprechende Datenbank liegt dir vor. Der Code zur Abfrage lautet, Sirin 454 Te Rak Lagar. Ende des Befehls. «
Es vergingen wieder einige Minuten, bis die Antwort eintraf.

»Der Status wird akzeptiert«, teilte die KI 355 blechern mit. »Die Richtigkeit der Angaben wurden überprüft. Ich erteilte ihnen Landegenehmigung. Schutzschirm und Abwehranlagen werden deaktiviert. Landen sie das Naada-Schiff gemäß meinem Leitstrahl in dem markierten Bereich. KI-355, Ende der Mitteilung.«

»Ich empfange den Pfeilstrahl«, sagte Sergeant Dantow.

»Folgen sie und nehmen sie langsam Fahrt auf«, befahl Major Travis. » Die restlichen Schiffe verbleiben hier in einer Warteposition. «

Langsam folgte die Termar 1 dem Leitstrahl und ging in den Landeanflug über. Von weitem wurde eine leuchtende kreisrunde Position sichtbar, die den Landeplatz markierte.

»Eingehender Funkspruch von der KI 355«, meldete Sergeant Farmer.

»Bitte auf die Lautsprecher legen«, befahl Major Travis.

»Bleiben sie nach der Landung noch in ihrem Raumschiff«, teilte die KI mit. » Der Boden wird abgesenkt. Der eigentliche Raumschiffs-Hangar wurde unterirdisch angelegt. «

»Bestätigen sie bitte den Empfang«, sagte der Major. «

Ein leichter Ruck erfasste das Schiff.
»Landung abgeschlossen«, erklärte Sergeant Hausmann, der Steuermann der Termar 1. «

»So weit, so gut«, sagte Major Travis. » Beobachten wir einmal, wie es weitergeht. «

Langsam senkte sich die leuchtende Bodengruppe abwärts. Die Wände bestanden zwischenzeitlich nur noch aus dunklen Metallwänden. Die Lande-Plattform fuhr immer weiter in die Tiefe.

»Meine Analyse zeigen mir, dass wir fast 3.000 Meter in das Innere des Planeten abgesenkt wurden«, sagte Commander Brenzby.

Die Antwort der KI ließ auf sich warten. Die Brücken-Crew der Termar 1 spürte förmlich die Zerrissenheit der KI.

»Sie muss besondere Befehle programmiert bekommen haben«, sagte Major Travis. »Sie zaudert immer noch, uns weitere Informationen zu geben. «

Endlich knisterte es in den Lautsprechern.
Ich begrüße Major Travis, als Erbfolgeberechtigen Verwalter der natradischen Hinterlassenschaften. Die Berechtigung der Klasse 1 ist hinterlegt, bestätigt durch eine lebende Person der Kaiser-Kaste. «

Es ruckte kurz, dann hatte die Landeplattform den Boden erreicht.

»Major Travis und die Besatzung des Naada-Schiffes können aussteigen«, teilte die KI mit. »Ich sende ihnen eine Eskorte. Sie werden in meine Schaltzentrale geführt. «
 »Sie scheint die Befehle verarbeitet zu haben«, bemerkte Sirin.
»Gehen wir«, entschied Major Travis. »Hören wir, was sie uns zu sagen hat. «

Commander Brenzby hatte bereits Sergeant Hardin informiert. Die Monitore zeigten, wie im Hangar die Lampen aufflammten.

»Das Begrüßungs-Komitee kommt«, erkannte Major Travis. » Machen wir uns auf den Weg. Commander Brenzby, Sirin, Heinze, Sergeant Hardin und 6 seiner Marines begleiten mich. «

Tart 1 und Tart 2 folgten automatisch. Das Schott der Termar 1 öffnete sich. Die Energiebrücke aktivierte sich automatisch. Hierüber konnten die Insassen problemlos das Raumschiff verlassen. Sergeant Hardin und seine sechs Marines waren vorausgegangen und hatten am Boden Stellung bezogen. Die Besucher kamen die Energie-Brücke hinunter und blieben kurz vor der eingetroffenen Eskorte stehen. Es waren ausschließlich Protokoll-Roboter, mechanische Einheiten, die der letzten Entwicklungsstufe von Natrid entsprachen.

Diese Roboter waren für den Empfang von Besuchern vorgesehen. Sie wurden gerne als Schriftführer für Protokolle und für die Kommunikation mit anderen Rassen eingesetzt. Trotzdem konnten sie aber bei Bedarf zu tödlichen Waffen werden. Einer der Roboter trat vor. Er unterschied sich allein nur durch das Abzeichen auf seiner Uniform. Er trug das goldene Siegel der kaiserlichen Familie auf seiner Brust. Das bedeutete, dass er allein die Interessen des Kaisers vertrat. Seiner

Autorität hatten sich alle Personen des Personals, aber auch die untergeordneten Roboter, zu unterwerfen.

Er schaute die Gäste fast schon analytisch an.
»Ich bin KI-355 Robot-Verwalter für den Sonder-Forschungsbereich des kaiserlichen Imperators«, stellte er sich vor. »Ich begrüße sie als Gäste dieses Stützpunktes. Folgen sie mir bitte in den Verwaltungsbereich dieser Station. «

» Mein Name ist Major Travis, Erbfolgeberechtigter Oberbefehlshaber der vereinigten Streitkräfte von Natrid & Tarid. Erhobener im Gefüge der Kaiserkaste mit Rang 1. Bestätigt und eingesetzt durch Noel von Natrid im Rahmen der Nachfolge-Programmierung von Admiral Tarin. Ich danke für die Landegenehmigung und würde gerne mit dir einige Details besprechen. «

»Das denke ich mir«, erwiderte der Roboter und hob seine Hand.

» Bevor wir weitersprechen, bitte ich sie mir zu folgen. Hier in dem Lande-Port ist es etwas ungemütlich für grundsätzliche Gespräche. «

Sirin schaute völlig entgeistert den Roboter an.
»Ich wusste nicht, dass Robot-Verwalter mit so weit reichenden Befehlen ausgestattet worden sind«, sagte sie.

»Ich bin ein Roboter mit Sonder-Legitimationen und wurde ausschließlich dem Kaiser unterstellt«, antwortete der Roboter, ohne eine Gefühls-Regung. »So wie ich informiert bin, gehörten sie nicht unbedingt zu dem engen Umfeld des Kaisers. Es ist für mich daher sehr irritierend, dass sie noch mit einer Befehlsstufe von Rang 1 ausgestattet sind? «

Sirin blickte den Roboter an. Man merkte ihr an, dass sie langsam die Geduld mit dem Roboter verlor.

»Hören wir uns seine Geschichte an«, beruhigte der Major Sirin.

KI-355 hob den Arm und winkte ein Fahrzeug herbei. Es sah aus wie ein schnittiger Transport-Gleiter, jedoch in dieser Station wurde das Fahrzeug lediglich als Gefährt mit Anti-Grav-Polstern benutzt.

»Nehmen sie Platz«, sagte der KI-355 Roboter. »Ich möchte mit ihnen schnell an unserem Ziel ankommen. «

Tart 1 und Tart 2 wichen nicht von Seite des Majors. Roboter KI-355 musterte neugierig die Personenschutz-Roboter. Er vermied aber weitere Kommentare.

Das Gefährt setzte sich in Bewegung und durcheilte weitläufige Hallen, große Verbindungsgänge, Kuppelbauten und Montagehallen. Wo die Besucher hinschauten, verrichten Maschinen ihren Dienst. Wartungs-Roboter bei einem Teil der Maschinen

Reparaturen durch. Überall versuchten Arbeits- und Wartungs-Roboter die Maschinen, nach der langen Zeit der Abschaltung wiederzubeleben. Hässlich bremste das Transport-Gefährt ab. Vor ihnen war ein runder Kuppelbau zu sehen.

»Das ist eine riesige unterirdische Anlage«, sagte Major Travis zu Commander Brenzby. »Ich möchte gerne einmal wissen, wie lange der Bau gedauert hat? «

Selbst Sirin war beeindruckt. Sie kannte bereits solche unterirdischen Anlagen, die für alle möglichen wissenschaftlichen Bereiche gebaut worden waren. Diese hier war aber noch zusätzlich als geheim eingestuft worden und die KI nur dem ehemaligen Kaiser auskunftspflichtig.

»Das ist das Zentrum meines Stützpunktes«, teilte KI-355 mit. »Hier laufen alle Informationen zusammen«.

Major Travis und seine Begleiter folgten dem Roboter, der vor einem Tor aus Natrid-Stahl stehen blieb. Es war 4 Meter hoch, mit zahlreichen natradischen Verzierungen versehen.

»Das ist der Zugang zu meiner Verwaltung«, bemerkte der Roboter.
Er ging einen Schritt vor und steckte seine Hand in eine kreisrunde Öffnung. Fluoreszierendes Licht drang aus der Öffnung hervor. Knirschend öffnete sich das große Tor und gab den Blick in das Innere des kugelförmigen

Gebäudes frei, das als zentrale Steuereinheit fungiert. Der Robot machte eine einladende Bewegung mit seinem Arm.

»Treten Sie ein«, sagte er merkbar freundlicher.
Aus dem Nichts materialisierten in der Mitte des Raumes Tische und Stühle für alle anwesenden Personen. Service-Roboter brachten Erfrischungen und etwas Gebäck. Vermutlich war alles künstlich hergestellt worden.

»Was ist das hier für eine Anlage? «, fragte Major Travis. « »Das darf ich leider nicht mitteilen«, entgegnete der Robot. »Ich bin gebunden an das Wort des Kaisers und nur ihm unterstellt. «

»Der Kaiser lebt schon lange nicht mehr«, erwiderte Major Travis. »Er ist im großen Krieg gefallen. Die ganze Administration wurde Admiral Tarin übergeben. Dem letzten großen strategischen Genie der natradischen Rasse.«

»Das ist nicht möglich«, erwiderte KI-355. »Hierüber habe ich keine Informationen erhalten. «
»Du warst abgeschaltet«, entgegnete Major Travis. » Über 100.000 Jahre sind vergangen. Die ganzen Details wurden erst nach dem Krieg der Öffentlichkeit bekanntgegeben. Der große Krieg ist beendet. Die Heimat der Natrader wurde verwüstet und war lange nicht mehr bewohnbar. Die Rigo-Sauroiden hatten eine radioaktiv verseuchte Wüste hinterlassen. Nur in der unterirdischen Stadt Tattarr, die bekanntlich autark arbeitete, könnte die

letzten Überlebenden Schutz finden. Admiral Tarin hat alle Überlebenden seines Volkes in eine Evakuierungs-Flotte verfrachtet. Dann ist mit ihnen zu einem neuen Ziel aufgebrochen, dass wir noch nicht kennen. «

KI-355 schwieg einen Augenblick.
»Ich habe in meiner Datenbank recherchiert, kann aber keine entsprechenden Daten finden«, teilte er mit «

»Darf ich dir die neuen Informationen übermitteln? «, fragte Major Travis.

»Das können falsche Informationen sein, um mich zu täuschen«, antwortete der Robot.

»Die Informationen wurden mit dem kaiserlichen Siegel von Natrid erstellt«, erwiderte Major Travis. » Diese kannst du gerne prüfen, bevor du sie in deinen Speicher integrierst. «

Die Crew der Termar 1 erkannte, die der Robot seine KI anfragte.

»Wir sind einverstanden«, antwortete er. »Ich bitte um Übertragung.«

Major Travis informierte Sergeant Farmer auf der Termar 1. »Sergeant Farmer, senden sie bitte die verschlüsselten Geschichtsdaten von Noel direkt an die KI-355. «

»Ich habe verstanden«, antwortete der Funk-Offizier. »Ich rufe die Daten auf. Es dauert ein Augenblick. «

Major Travis und sein Team in der Zentrale der KI-355, mussten sich einige Sekunden gedulden. Dann kam die Antwort von Sergeant Farmer durch.

»Die Daten sind jetzt komplett, «, meldete er. »Ich übertrage sie jetzt. «

Sirin bemerkte, wie der Roboter KI-355 den Kopf schräg hielt und die Informationen verarbeitete. Es dauerte genau 4 Minuten, bis die fehlenden Daten des ehemaligen, natradischen Kaiserreichs übermittelt worden waren.

»Das ist die vollständige Geschichtsschreibung, nach der Zeit der automatischen Übermittlungen«, bemerkte Mayor Travis.

KI 355 hob ihren Kopf wieder an.
»Ich verstehe die Zusammenhänge«, sagte er. « Es ist mir jetzt verständlich, dass sie aufgrund der letzten Befehle von Admiral Tarin den Oberbefehl über die Nachfolge der natradischen Hinterlassenschaften übernommen haben. Alles ist legitim. Ich unterwerfe mich diesen Befehlen und möchte in das neue System integriert werden. Diese Anlage steht ihnen und dem neuen Imperium zu Verfügung. Entschuldigen sie meine intensive Prüfung. «

Major Travis lächelte Sirin und seine Begleiter an.

»Vielen Dank«, antwortete er.

Er zeigte auf Sirin.
»In deinem Speicher kannst du auch sehen, wie Sirin tapfer und bis zum letzten Raumschiff gegen die Feinde des kaiserlichen Imperiums gekämpft hat. Nur dank des geglückten Kälte-Schlaf-Programmes kann sie heute neben mir stehen, als letzte Prinzessin des kaiserlichen Imperiums und an dem Wiederaufbau des Imperiums helfen. «

KI-355 verbeugte sich tief vor ihr.
»Gepriesen sei das Geschlecht der kaiserlichen Familie«, antwortete er.

»Diese Begrüßung habe ich lange nicht mehr gehört«, erwiderte Sirin stolz. » Sie ist auch nicht mehr angebracht. Das kaiserliche Geschlecht existiert nicht mehr. Es wurde von den Rigo-Sauroiden ausgelöscht. Ich bin die letzte Person, in der kaiserliches Blut fließt. Aber auch ich habe mich den neuen Gegebenheiten anpasst und versuche jetzt nach unserem Volk zu suchen. Das hat sich unter der Führung von Admiral Tarin aufgemacht, um eine neue Heimat zu finden. Wir folgen lediglich den Spuren, die sie hinterlassen haben. Was ist das hier für eine Station? «

Der KI-355 Robot, blickte Sirin und die Gäste an.

» Ich danke ihnen Hoheit und auch Major Travis für das Überspielen fehlender Daten«, begann Robot KI-355. » Diese Einrichtung ist eine experimentelle Station. Sie haben sicherlich bereits bemerkt, dass ich die Station leite. Ich lege mich zu gewisser Zeit in meine Synchron-Mulde und übergebe die gewonnen Daten an die KI-Basis. Wenn sie so wollen, dann sind wir zwei autarke Einheiten. Sollte einer von uns ausfallen, dann kann der andere Teil immer noch die Geschicke der Station lenken. «

»Es gibt nicht viele deinesgleichen«, bemerkte Sirin. » Eine solche Vorgehensweise war ursprünglich als reine Sicherheitsmaßnahme gedacht und wurde nur äußerst wichtigen Stationen zuteil. «

»Ich teilte bereits mit, dass ich nur dem Kaiser Auskunft geben durfte«, fuhr KI-355 fort. » Warum diese Variante der Steuerung gewählt wurde, entzieht sich meiner Kenntnis. Ich bin der mobile Teil der Hypertronic-KI. Wenn es recht ist, fahre ich jetzt mit meinen Auskünften fort. «

Die Gäste nickten zustimmend.
»Ich war zuerst eine Versuchsstation«, erzählte KI-355. »Es wurden hier auf dem Planeten Artefakte gefunden, eines längst ausgestorbenen, oder verschollenen Volkes. Sie haben sich sicherlich im Weltraum bereits die Frage gestellt, wieso drei Planeten in einer Dreiecks-Form angeordnet wurden. Diese werden umgeben von acht Sonnen, mittlerer Größe und Energiestärke. Eine von ihnen würde ausreichen, um die drei Planeten zu bestrahlen und sie zu einer habitablen Zone zu machen.

Die drei Planeten sind künstlich auf ihren Positionen angeordnet worden. Nicht von unserem Volk, sondern von dem Volk, das wir nicht finden konnten. Vermutlich haben sie lange vor der Entdeckung dieses Sektors durch. natradische Forscher, ihre Forschungsgebiete verlassen. «

»Warum? «, fragte Major Travis. » Welchen Sinn ergibt das? «

»Wir haben lange gebraucht, um den Sinn zu verstehen«, antwortete der Robot. »irgendwann stießen wir in diesen Höhlen auf eine alte Steuerungs-Anlage. Es hat nochmals lange gedauert, bis wir die Maschinen bedienen konnten. Bei dieser Anlage handelt es sich um ein Gerät, das im Weltraum einen riesigen Dreiecks-Transmitter öffnet. Die umliegenden acht Sonnen dienen als Energie-Versorgung. Durch einen Zapfstrahl wird den Maschinen, im Inneren dieses Planeten, großen Mengen von Energie zugeteilt. Von hier wird eine Energie-Leitung aufgebaut. Diese gibt komprimierte Laserstrahlen an die weiteren zwei Planeten weiter. Dort stehen Relais-Stationen. Wenn diese Relais-Umformer genug Energie aufgenommen haben, baut sich innerhalb dieser 3 Planeten ein dreieckiges Transmitter-Tor auf. Groß genug, um ganze Flotten von Schiffen aufzunehmen. Es ist gigantisch und führt zu der anderen Seite des Universums. Es führt zu einer Galaxie, die wir nicht kennen. Es sind keine Anhaltspunkte erkennbar, wo sich der Ausgang befindet. Er ist weit, weit entfernt von unserer Position in der Milchstraße. «

»Wozu dient der Durchgang? «, fragte Commander Brenzby.

»Er hat dazu gedient, eine neue Zivilisation aufzubauen«, antwortete der Robot. »Der Kaiser hat freiwillige Wissenschaftler, Forscher, Abenteurer und andere Personen des natradischen Imperiums hindurch geschickt. Alle Personen, die an diesem Projekt teilhaben wollten, durften mitgehen. Sie hatten die Aufgabe, auf der anderen Seite des Universums eine neue natradische Kolonie aufzubauen. «

Sirin Gesichtsausdruck wurde freudiger.
»Hat das Projekt funktioniert? «, fragte sie. «
»Ich weiß es nicht«, antwortete KI-355. » Es war absolutes Stillschweigen über diese Unternehmung vereinbart. Nach dem Durchflug der Wissenschaftler und Kolonisten wurde das Tor wieder abgeschaltet. Ich durfte es laut der kaiserlichen Anordnung nicht mehr öffnen. So blieb es, bis sie mir heute neue Befehle erteilten. Jetzt weiß ich, dass der große Krieg eine erneute Öffnung verhindert hat. Nichts sollte als Hinweis für die angreifenden Rigo ersichtlich werden. Der Kaiser wollte vermutlich das Überleben der natradischen Rasse in einer neuen Galaxie gewährleisten. Vermutlich sollte die andere Seite eine so genannte Fluchtbasis darstellen. Dann kam der Deaktivierungs-Befehl von Admiral Tarin und der Abzug sämtlicher Schiffe, die diesen Sektor bewachten. Ich war auf mich allein gestellt, folgte aber den Anweisungen und deaktivierte sämtliche Anlagen. Wie ich ihren Updates

entnehmen konnte, sind seitdem 100.000 Jahre vergangen. «

Sirins Gesichtsausdruck wirkte enttäuscht.
»Der Kaiser hat die Kolonisten sich selbst überlassen? «, fragte sie. » Wir wissen also nicht, ob sie überhaupt noch leben, oder ob ihre Kolonie noch existiert. Vielleicht sind sie auch angegriffen und vernichtet worden. «

»Das ist richtig«, antwortete KI-355. »Dieser Umstand war bereits im Vorfeld eingeplant worden. Ein Fehlschlag wurde bewusst kalkuliert. «

Commander Brenzby wiederholte es kurz.
»Wir haben sie so verstanden, dass sie keine Nachrichten von der natradischen Kolonie mehr erhielten«, sagte er. »Das Tor konnte von der anderen Seite nicht mehr geöffnet werden? «

Der Robot nickte.
»Es kann natürlich auch sein, dass auf der anderen Seite kein Mechanismus zur Öffnung des Dreiecks-Transmitters vorhanden war«, ergänzte er.
»Dann wäre unser Einflug eine Reise ohne Wiederkehr«, entgegnete Major Travis. »Wurde das Tor von dieser Seite nochmals geöffnet? «

»Dazu kam es nicht mehr«, teilte KI-355 mit. » Die Befehle des Kaisers waren eindeutig. «

»Wir wissen also nicht, ob Schiffe in unsere Richtung fliegen können, wenn von dieser Seite das Tor geöffnet wird«, ergänzte Commander Brenzby.

»Wie ich schon mitteilte, der Kaiser ließ die Anlagen herunterfahren, um den Angreifern keine Möglichkeit zu geben diese gewaltigen Energie-Emissionen anzumessen«, antwortete Robot-KI-355. »Ferner verstehen wir die uns bekannte Transmitter-Technik so, dass man ein Tor nur in eine Richtung öffnen kann. So soll vermieden werden, dass es ungewollte Verschmelzungen gibt. «

»Wir werden einige Tests durchführen müssen«, entschied Major Travis. »Wir reden hier von einem Volk, das Sonnen als Energiequellen anzapft und Planeten verschieben kann. Sie hätten bestimmt auch eine Lösung für das zweigleisige Reisen durch einen Transmitter finden können. «

»Ich möchte zur Entlastung noch etwas sagen«, betonte KI-355.

Die Crew der Termar 1 blickte ihn fragend an.
»Während meiner bereits mehrmonatigen Abschaltung, waren nur noch einige Sensoren und Taster in Funktion«, erklärte er. »Ich hatte mich direkt an den Befehl des Kaisers gehalten. Während dieser Zeit registrierte ich eine nicht legitimierte Öffnung des Dreiecks-Transmitters. Ein großes Raumschiff schwebte im Orbit, es sah aus wie eine große Stadt. Den Durchmesser registrierte ich mit 25.000

Metern. Ohne die Inanspruchnahme meiner Anlage gelang es ihnen den Durchgang zu öffnen. 1.890 natradische Schiffe flogen hindurch. Dann verschloss sich das Tor wieder. Die Schiffe sind nicht mehr zurückgekommen.«

»Es wurde von einer fremden Rasse geöffnet?«, stutzte Major Travis.

»Ja«, antwortete KI-355. »Die Signatur des großen Schiffes war mir unbekannt.«

»Hier kommen so nicht weiter«, bemerkte der Major. »Wir werden eine Drohne entsenden. Sie kann uns Bilder übermitteln. Alles andere wären Spekulationen.«

Er blickte KI-355 an.
»Bist du so weit, dass wir wieder Energie auf das Tor geben können?«, fragte er.

»Natürlich«, antwortete KI-355. »Diese spezielle Technik war uns viele Jahrhunderte fremd. Es dauert etwas, die Anlage hochzufahren. Ich muss Service-Roboter einsetzen. Die Artefakte werden alle synchron per Knopf bedient. Ich sehe hier auf meinen Monitoren nur die Energie-Verteilung.«

»Ich möchte diesen Versuch starten«, sagte Major Travis. »Aktiviere bitte den Dreiecks-Transmitter. Wir schicken eine unbemannte Drohne im Tarnmodus durch und schießen das Tor sofort wieder. Die Drohne scannt den

Sektor. Nach 5 Minuten öffnen wir das Tor erneut und rufen die Drohne zurück. Falls diese Aktion gelingt, dann können wir von hier aus die Öffnung des Dreiecks-Transmitters steuern. Wir werden einen Aktivierungsplan aufstellen, aus dem hervorgeht, zu welchen Zeiten eine Öffnung für Transport- oder Passagierschiffe erfolgen kann. Der Dreiecks-Transmitter wäre somit für Handelspartner in beide Richtungen nutzbar. «

Dieser Versuch wurde von mir noch nicht gestartet«, sagte KI-355.

»Testen wir es einmal«, entgegnete Major Travis.
» Verfügt dieser Einrichtung über eine Transmitter-Halle?«

»Nein«, antwortete KI-355. »Hierauf haben meine Konstrukteure aufgrund der besonderen kaiserlichen Sicherheits-Bestimmungen verzichtet. «

»Das habe ich mir bereits gedacht«, antwortete Major Travis. » Wie kann ich meine Flotte erreichen? «

»Kommen sie kurz mit«, sagte KI-355.
Major Travis stand auf, gefolgt von den Tarts. Sie schritten hinter Robot KI-355 auf einen Terminal zu. Der Robot drückte einige Knöpfe und zeigte dann auf die Sprech-Muschel.

»Die Verbindung steht, sie können sprechen, Herr Major«, teilte er mit.

»Hier spricht Major Travis«, sprach der Oberbefehlshaber in die Sprechmuschel. »Ich rufe die natradische Begleitflotte. Kommando-Schiff 2.151 bitte melden. «

»KÖ-KI-2151 hört und erwartet Anweisungen«, drang die Stimme monoton zurück.

»Wir werden einen Transmitter-Durchgang öffnen«, teilte Major Travis mit. »Dieser liegt exakt zwischen den drei Planeten in diesem System. Schleuse bitte eine Aufklärungs-Drohne aus. Ihr Befehl lautet, in das Transmitter-Portal zu fliegen und die komplette Umgebung zu scannen. Sie möchte Daten von Planeten und alle Details aufzuzeichnen. Nach 5 Minuten soll sie sich auf den Rückflug begeben und wieder durch das geöffnete Transmitter-Tor zurückfliegen. Die gescannten Daten erbitte ich direkt an die Zentral-Station KI-355 zu senden. «

»Befehl verstanden, der Einsatz wird vorbereitet«, bestätigte die Schiffs-KI-2051.
Das Hyperkomm-Funkgespräch wurde beendet.

»Das Transmitter-Feld wird aufgebaut«, teilte KI-355 mit.

Links an der Wand der Zentrale flammten riesige Bildschirme auf. Es sah aus, wie ein Fenster nach außen. Nur diese Monitore zeigten den Weltraum, mit der Sicht auf das dreieckige Transmitter-Tor. Der Blick fiel auf die drei Planeten, die von den acht Sonnen mit einem massiven Energie-Zapfstrahl versorgt wurden. Wie eine gewaltige Auffang-Schüssel zogen riesige Reflektoren die Energie an, um sie kurz danach gleichmäßig an alle Planeten weiterzugeben. Dann entstand plötzlich in der Mitte der drei Planeten, ein gewaltiges Energietor. Die drei Energie-Lanzen vereinigten sich zu einem gleichschenkeligen Dreieck. Aus dem Weltall sah das ganze System wie verkettet aus. Dank der aktivierten Energie-Strahlen flimmerte jetzt deutlich sichtbar inmitten dieses Dreiecks das bläuliche Licht des Ereignishorizontes.

»Der Durchgang ist stabil«, teilte KI-355. «

»Die Drohne wird ausgeschleust«, sagte Commander Brenzby.

Die Gäste sahen, wie sich die Drohne dem Dreiecks-Transmitter näherte. Schnell hatte sie das Ziel erreicht. Sie drosselte die Geschwindigkeit. Vorsicht flog die Drohne in die Energie-Barriere hinein und entschwand den Blicken der Beobachter.

KI-355 schalte die Energieversorgung ab. Der Durchgang löste sich auf.

Die anschließenden 5 Minuten waren für Major Travis und sein Team die längsten ihres Lebens. Ungeduldig warteten sie auf den Ablauf des Zeitfensters.

»Das Transmitter-Tor wird erneut initiiert«, teilte KI-355 mit. »Der Durchgang ist stabil. «

»Die Drohne kommt nicht zurück«, sagte Commander Brenzby ungeduldig. «

»Die Zeit ist noch nicht ganz um«, entgegnete Major Travis.

Auch Sirin schaute gespannt auf den Bildschirm. Nur Heinze saß relativ entspannt in seinem Stuhl.

»Der Weg ist nur in eine Richtung flugfähig «, entgegnete Major Travis »Das sieht tatsächlich so aus. Die Zeit ist bereits um 30 Sekunden überschritten. Betrachten wir den Versuch als gescheitert. «

»Ich habe es befürchtet«, antwortete KI-355. »Ich schalte jetzt den Transmitter wieder ab. «

»Warte noch«, sagte Sirin. » Ich habe so ein Gefühl. Vielleicht muss die Drohne größere Entfernungen überbrücken? «

Kaum hatte sie den Satz ausgesprochen, da durchbohrte die Vorderseite der Drohne die Energie-Barriere. Das wendige Fluggerät kam von der unbekannten gegenüberliegenden Seite des Universums zurück. Jubel brach bei den Gästen aus.

»Eingehender Hyper-Funkspruch der Drohne«, teilte KI-355 mit.

»Danke, stell bitte laut«, entgegnete Major Travis.«

»Der Auftrag wurde erfolgreich ausgeführt«, übermittelte die Drohne. »Ich übersende jetzt die gescannten Daten an die natradische Station KI-355. «

Major Travis wartete geduldig ab und schaute KI-355 an. »Bitte die gescannten Daten sofort abspielen, befahl er. Der mobile Arm der künstlichen Intelligenz nickte.

»Das ist auch eine Reaktion, die sie sich bei ihren Besuchern abgeschaut hatte«, dachte Major Travis.

Ein großer Bildschirm senkte sich in der Mitte der Halle von der Decke langsam zu Boden. Der Schirm zeigte das All, aber von einer anderen Seite der Galaxis.

»Kennen wir irgendwelche Sternen-Konstellationen? « fragte Major Travis.

»Nein«, antwortete die KI-355. » Wir sehen hier völlig unbekanntes Terrain. Meine Auswertungen liegen bereits vor. Kein bekanntes Schiff hat jemals diesen Quadranten oder diese Sterneninsel erreicht. «

Das Bild zoomte einige Planeten heran. Ein freudiger Aufschrei war zu hören. Hier konnte man eindeutig

Verkehr sehen. Raumschiffe flogen zwischen den Planeten hin und her.

»Sehr reger Schiffsverkehr«, bemerkte Commander Brenzby.

Major Travis schaute sich die Aufzeichnungen weiter an. »Ihr Versuchsprojekt scheint überlebt und sich entwickelt zu haben«, sagte er. »Ich denke, das Forschungsteam hat sich eine neue Heimat ausgebaut, als sie keinen Weg mehr zurückfanden. Sie haben sich auf den Planeten eingerichtet. «

»Wie viele Planeten können wir zählen? «, fragte Sirin.

»Ich registriere 23 Planeten und 2 Sonnen in diesem System«, erwiderte die KI. «

»Eine kleine autarke Enklave, mit einer Kolonie Natrader«, ergänzte Commander Brenzby.

» Wir fliegen hinein«, entschied Major Travis. » Anders werden wir keinen intensiven Kontakt aufnehmen können. Vermutlich rechnen nicht mit Besuch. Sie werden eine lange Zeit versucht haben, das Tor von ihrer Seite aus zu aktivieren, jedoch ohne Erfolg. Bestehen irgendwelche Einwände? «

Die anwesenden Personen schüttelten den Kopf.
»In welchen Abständen kannst du das Tor aktivieren? «, fragte Major Travis die KI.

»In jedem Abstand innerhalb kürzester Zeit«, antwortete KI-355. Meine 8 Sonnen geben genug Energie für einen Dauerbetrieb. «

»Gut, verbleiben wir so, dass du das Tor jeden Tag um 9:00 Uhr, um 12:00 und um 15:00 Uhr öffnest«, ordnete er an.

»Befehl erhalten «, bestätigte KI-355.

»Bist du damit einverstanden, dass wieder Personal in deiner Anlage stationiert wird?«, fragte Major Travis. »Ich meine hiermit, menschliches Personal aus dem neuen Imperium. Nenne sie Forschungsteams, Hilfsteams oder Unterstützungs-Teams. Sie sollen dir helfen, weiter zu versuchen die Geheimnisse dieser alten Rasse zu entschlüsseln. «

»Es bestehen keine Bedenken«, antwortete die KI-355. »Die Personal-Unterkünfte sind alle noch vorhanden. Sie müssen lediglich wieder aktiviert werden. Ich kümmere mich sofort hierum. «

Aufgrund deines geringen Abstandes zu unserem Heimat-System, wird Noel es sich nicht nehmen lassen dich persönlich zu begutachten und vermutlich wird er auch eine Transmitter-Station in deinen Hallen einrichten wollen«, bemerkte Major Travis.

»Das soll mir recht sein«, sagte der KI-Robot. »Dann kann ich öfter einmal schnell ins Heimat-System springen, um persönlich neue Befehle entgegenzunehmen. «

»Man wird dich auch wieder von einer Wach-Flotte beschützen lassen«, sagte Major Travis. »Ich denke, das ist eine Frage der Selbstverständlichkeit. Auch wir möchten wichtige Anlagen nicht ungeschützt Piraten oder Feinden überlassen. Ich werde lediglich sechs Schiffe durch das Dreiecks-Transmitter-Tor mitnehmen. Die gleiche Anzahl bleibt hier zu deinem Schutz zurück. Wir sehen dich als neues Mitglied in unserem Imperium an und als wertvolle Bereicherung einer autarken Basis. In den nächsten Tagen kommen Techniker, Wissenschaftler und neues Arbeitspersonal. Sie werden deine Station wieder bevölkern. Wir erwarten von dir Mitarbeit und die Bekanntgabe aller kaiserlichen Geheimnisse. «
KI-355 bestätigte den Befehl.

Major Travis hatte Noel per Hyperfunk über den Erfolg und den Einsatz des Dreiecks-Transmitters informiert. Die Zahnräder des neuen Imperiums begannen sich zu drehen. Noel informierte sofort General Poison. Gemeinsam rüsteten sie eine Schutz-Flotte aus. Entsprechendes geschultes Personal für die Stationierung in der Station wurde ausgewählt. Experten, die von sich behaupteten, das Geheimnis der Dreiecks-Transmitter klären zu können, waren für diese Aufgabe prädestiniert. In wenigen Tagen würde die Flotte sich auf den Weg machen, um das Geheimnis des Sonnen-Transmitters weiter zu ergründen. Nach den vereinbarten Signalzeiten, aktivierte KI-355 den Dreiecks-Transmitter. In langsamer Schleichfahrt durchbrach die Termar 1 mit ihren sechs Begleitschiffen den künstlichen Ereignishorizont.

Das Amulett

Der Planet Garadan schimmerte in den herrlichen Farben Gelb, Grün und Violett. Er war ein Juwel unter den bewohnbaren Planeten des Carlosse-Systems. Wie lange hatte Barenseigs hierauf gewartet, wieder diesen Planeten erreichen zu können. Hier stand sein Schiff auf dem großen Raumhafen von Randur. Er war ein Außen-Agent und in geheimer Mission unterwegs. Das silberfarbene Amulett, das er trug, war sein eigentlicher Reichtum und der Grund seiner Mission. Der Einfachheitshalber hatte er ein Ticket mit dem normalen Linienverkehr gebucht, welche die 7 Planeten des Systems miteinander verbanden. Er suchte auf den verschiedenen Planeten nach Hinweisen, jedoch bisher leider ohne Erfolg.

Barenseigs schaute auf das geheimnisvolle Amulett. Mit zwei Fingerspitzen hielt er es fest. Er drückte fester zu. Dabei schloss er seine Augen. Je fester er das Amulett drückte, umso mehr Gedanken gingen ihm durch den Kopf. Das Amulett war von Schwingungen erfüllt, die Emotionen in seinem Kopf erzeugten. Er hörte Töne, fremde Sprachen und Geräusche, die er nicht zuordnen konnte.

»Es gibt keine Zweifel mehr, es muss sich um ein Amulett der Aller Ersten handeln«, dachte er. »Viele haben bereits hiernach gesucht, aber vergebens. Die Aller Ersten waren humanoide Lebewesen. Eine Rasse von hochintelligenten Wesen, die das bekannte Universum schon längst wieder verlassen hatten. Man wusste nicht, wohin sie gegangen waren, oder ob sie in eine andere Ebene aufgestiegen

waren. Hatten sie möglicherweise einen Ausgang aus dem bekannten Universum gefunden? «
Barenseigs wusste es nicht.

Der Agent erinnerte sich.
»Eine verkleidete Gestalt, ein Fremder, oder vielleicht auch ein Mischwesen, hat mir dieses Amulett verkauft und zur Aufbewahrung gegeben«, erinnerte er sich.

Barenseigs hatte die Gestalt nicht exakt erkennen können. Sie war vermummt gewesen.

»Vielleicht würde er es irgendwann zurückkaufen«, sagte der Unbekannte. »Die Last wäre zu groß für ihn geworden. «

Er bat Barenseigs es an sich nehmen. Der Fremde teilte dem Agenten mit, dass er ihm zu gegebener Zeit mitteilen würde, wofür das Amulett gemacht worden war. «

Barenseigs erinnerte sich an die merkwürdige Nervosität, die das Wesen an den Tag gelegt hatte. Er hatte ununterbrochen sein Kopf gedreht und nach etwas Ausschau gehalten. Selbst ein kleines Knacken ließ ihn erregt aufspringen. Barenseigs hoffte, dass es bei der Landung keine Probleme mit den Behörden dieses Handels-Planeten gab. Alte Artefakte und Wert-Gegenstände durften nicht ohne Weiteres eingeführt oder verkauft werden. Es mussten Nachweise vorgelegt werden. Hier musste alles seine Richtigkeit haben.

Der Agent saß an der Bar des Personen-Transport-Schiffes. Dieses beförderte Personen zu dem Planeten Garadan. Er stierte in sein viertes Glas Sadegh. Der Schnaps war äußerst bekömmlich, jedoch vernebelte er die Sinne.

»Das allein ist schon ein Grund, auf dem Planeten zu landen«, sagte ein langer hagerer Kerl neben Barenseigs. »Dieser Schnaps wird nur auf diesem Handels-Planeten vertrieben«, erklärte er. »Keiner weiß, wo er herkommt, oder aus welchen Zutaten er gemacht wird. Trotzdem ist er einfach köstlich. «

Barenseigs murmelte etwas vor sich hin. Der Fremde schaute auf sein Amulett.

»Was ist das für ein Amulett? «, fragte er plötzlich.
» Das ist etwas Besonderes«, antwortete Barenseigs. »Es ist ein Abschieds-Geschenk meiner Familie. Es ist bei uns Tradition und zeigt die Zugehörigkeit zu unserem Clan an. «

»Wird er mit dieser Antwort zufrieden zu sein? «, dachte Barenseigs kurz.

Der Fremde beachtete ihn nicht weiter. Barenseigs bemerkte, dass er genug getrunken hatte. Er winkte dem Kellner und bezahlte seine Zeche. Dann machte er sich auf den Weg zu seiner Kabine.

»Es dauert nicht mehr lange, dann werden wir landen«, erkannte er.

Zwischenzeitlich waren 2 Stunden vergangen.
Barenseigs hatte sich in seiner Kabine sichtbar erholt. Es klopfte an seiner Tür. Er erhob sich und öffnete sie. Es war der Fremde vom letzten Planeten, der ihm dieses Amulett verkauft hatte.

»Was wollen sie? «, fragte Barenseigs.
Seine rechte Hand umklammerte das Amulett.
»Das fragen sie noch? «, antwortete der Fremde grob. » Geben sie mir das Amulett zurück. «

»Ich denke nicht daran«, erwiderte Barenseigs.
»Gekauft ist gekauft. Das Geschäft ist rechtsgültig. «

Der Fremde schien Probleme haben mit dieser Äußerung zu haben. Er überlegte kurz.

»Das Amulett durfte gar nicht verkauft werden«, sagte er. »Es war gestohlen. «

»Du hast es mir verkauft, damit du unauffällig einreisen konntest. Du wolltest Probleme mit den Behörden vermeiden «, entgegnete Barenseigs.

» Gib mir endlich das Amulett zurück«, forderte der Fremde erneut.

»Warum sollte ich das? «, erwiderte Barenseigs. » Du bekommst es nur über meine Leiche. «

Das Wesen reagierte blitzartig. Es fuhr spitze Krallen aus seinen Händen aus und schlug auf Barenseigs ein. Dieser hatte damit gerechnet und schlug einen rückwärtigen Salto. Sofort nahm eine Abwehrstellung ein. Ein schneller Schritt nach vorne, zwei gezielte Handkantenschläge gegen den Hals des Fremden, ließen den Gegner zu Boden sacken. Barenseigs benutzte die Kampf-Griffe, die er in seiner Ausbildung gelernt hatte. Unter Schmerzen richtete sich das fremde Wesen auf.

»Verschwinde, oder ich lasse dich abführen«, sagte Barenseigs verärgert.

Das Wesen dachte nicht hieran. In einer nicht für möglich gehaltenen Schnelligkeit sprang das Insekten-Wesen auf, stieß einen quietschenden Laut aus und richtete seinen starken Stachel auf Barenseigs. Dieser zog ein Messer aus seinem Rückenholster. Gerade noch rechtzeitig, der Stachelschwanz peitschte auf ihn zu. Barenseigs drehte sich geschickt und schnitt den Stachel mit der Hälfte des Schwanzes ab. Lautes Schmerzgeschrei hallte durch seine Kabine. Wie von Sinnen warf sich das Insekten-Wesen Barenseigs entgegen.

Dieser hielt das Messer in die Richtung des Angreifers. Das Insekten-Wesen konnte nicht mehr stoppen und lief direkt in das Messer hinein. Es knirschte fürchterlich. Das insektoide Wesen kreischte erbärmlich, als es sich abstieß und den Bodenhalt verlor.

Der Insekten-Körper stürzte schließlich zwischen Sessel und Tisch. Die Wucht des schweren Körpers ließ alles zu Bruch gehen. Fassungslos schaute Barenseigs auf den Insektoiden. Es ging ein elektrischer Schlag durch seinen Körper. Aus einer Wunde am Magen des Insektoiden floss klebrige gelbe Flüssigkeit aus und sickerte auf dem Fußboden. Das Wesen war tot. Barenseigs machte einen Bogen um den Eindringling und trat zu dem Funkkonsole.

»Hier spricht Barenseigs«, sprach er in das Gerät. »Ich bin in meiner Kabine überfallen worden. Es war ein Insektoid. Kümmern sie sich bitte um das Problem. «

Die Leitung knackte.
»Es dauert etwas, wir kommen gleich«, antwortete der Sicherheits-Dienst. »Gedulden sie sich bitte einen Augenblick und bleiben sie in ihrer Kabine. «

Barenseigs wartete nicht, bis der Sicherheitsdienst kam. Er floh hinaus in den Korridor, des riesigen Transport-Schiffes.

Viele Gleiter unterschiedlicher Art kreuzten die Routen am Himmel. Vom Raum-Flughafen bewegte sich eine große Kolonne von Fahrzeugen in Richtung der Stadt. Diese zeigte sich vom Weiten bereits durch wuchtige Speicher-Bauten und Depots.

»Randur ist die größte Stadt des Planeten. Sie ist aber gleichzeitig die Hauptstadt und der Regierungssitz«, verkündete eine Stimme im Rücken von Barenseigs.

Ein dunkel bekleidetes Wesen, mit einem kahlen Kopf und einer Schweins-Nase kam näher. Das Wesen bewegte sich auf acht kräftigen stämmigen Beinen vorwärts. Zwei Arme und ein Schwanz sorgten für die Balance des Wesens. Es war kein Zweifel möglich, dieses Wesen musste Lottersano sein, der Anführer der einheimischen Wesen, die sich Warrants nannten. Sie alle müssten ihrem Anführer gehorchen. Sie organisierten sich in Kasten und führten wiederum Gewinne an die Unterorganisation ihres Gebietes ab. Dafür konnte jeder Neuankömmling auf ihren Welten in geheimen Stützpunkten und Verstecken leben.

»Hast du eine Identitätskarte? «, sprach Lottersano den Außenagent an.

Barenseigs nickte.
»Alles in Ordnung, ich habe die Karte erst kürzlich erneuert«, sagte er und zeigte dem Kontrolleur seine ID-Karte.

Der Warrant holte ein Kontrollgerät hervor.
»Kontrollen ändern sich«, sagte er und steckte die Karte in das Gerät. Sofort leuchtete ein grünes Zeichen als Bestätigung auf.

»Es stimmt«, sagte der Kontrolleur. »Ihre Karte ist gültig. Sie können sich weiterhin auf unserem Stützpunkt frei bewegen. Viel Freude und Spaß. «

Der Agent schaute unauffällig zum Himmel empor. Auch zu dieser Tageszeit leuchtete der Himmel in einem feinen Orange. Barenseigs widmete seine Aufmerksamkeit wieder zum hinteren Teil des Raum-Flughafens. Dort standen kunterbunt zusammengewürfelte Schiffe, die gewartet wurden. Keines der Schiffe glich einem anderen. Eine Gemeinsamkeit hatten sie jedoch. Alle wiesen ohne Ausnahme Spuren von Auseinandersetzungen auf. Teilweise hatten Energie-Strahlen wesentliche Teile der Oberfläche beschädigt, oder von den Außen-Sektionen Teile weggeschnitten. Der Außen-Agent schaute sich interessiert um. Fast alle Schiffe hatten Kämpfe hinter sich. Darauf deuteten die Beschädigungen hin.

»Welche Routen fliegen sie? «, überlegte er. » In welchen Raum-Quadranten ist es derzeit so gefährlich?«

Barenseigs würde es herausbekommen. Er war ein Außenagent der Gildoren. Diese Personen waren niemanden auskunftspflichtig. Sie unterstanden ausschließlich der obersten Admiralität. Er kam aus der Kunst-Galaxis Santaron. Dieses kleine, aber künstlich geschaffene System, besaß 5 Sonnen und 13 Planeten. Von diesen waren 7 als Wohnwelten ausgelegt. Die restlichen 6 fungierten als Industrie-Planeten. Drei der Sonnen wurden für ein gewaltiges Tarn-Schutz-

Schirmfeld angezapft, um das künstliche System vor den Blicken neugieriger Gäste zu verbergen.

Durch die unterschiedliche Positionierung der Kunstsonnen war es auf allen Planeten möglich, einen Lebensraum zur Verfügung zu stellen. Das Leben hatte sich hier seit vielen Jahrtausenden weiterentwickelt. Barenseigs war Agent für Spezial-Aufgaben. Er war einer von Hunderten seinesgleichen. Sie sorgten für Informationen, korrigierten Fehlentwicklungen des Universums und sie griffen im Notfall ein, wenn es notwendig war. Ihre Enklave war autark. Sie ließen niemanden hinein. Sie konnten dank ihrer ausgereiften Technik, ihr ganzes Sternensystem tarnen. Ferner noch, falls es erforderlich wurde, konnten sie Santaron beschleunigen und ihr Sternensystem in den Hyperraum versetzen, um nicht kontrollierbaren Gefahren ausgesetzt zu sein. Dies erforderte jedoch eine ungeheure Menge an Energie. Alle aktiven und schlafenden Reaktoren mussten hierfür verbunden werden.

Die hieraus gewonnene Energie wurde komprimiert und als Triebwerk eingesetzt. Barenseigs war kein Techniker, aber so hatte man es ihm erklärt. Dieses Verfahren wurde jedoch bisher noch niemals angewendet.«

Barenseigs gehörte zu den Gildoren. Er kannte die Geschichte seines Volkes zur Genüge. Sie war ihm implantiert worden. Die Gildoren standen über der Legislative. Sie nahmen Befehle nur von ihrer Admiralität an. Vor vielen Jahrtausenden hatten die letzten ihrer

Vorfahren auf das Kaisertum verzichtet und die Admiralität als gesetzgebende Regierung etabliert.

»Aber das ist ewig her«, dachte Barenseigs. »Ich muss das Geheimnis des Amuletts ergründen. «

Barenseigs dachte an die Heimat. Das künstliche Planeten-System war den Bedürfnissen seiner Rasse angepasst worden. Es wurde vor langer Zeit in der Nähe eines Stern-Haufens in dem Sombrero-Nebel, einem Sternbild der Jungfrau, installiert. Dort lag die Zentral-Verwaltung der Admiralität. Die Santaraner lebten in Abgeschiedenheit und suchten keinen Anschluss mehr zu den jungen Rassen der Galaxis. Aber sie wollten trotzdem eine gewisse Ordnung aufrechterhalten. Zu diesem Zweck gab es die Gildoren und die Außen-Agenten. Sie erfassten alle Auswüchse in der näheren Umgebung ihres Heimat-Systems und sorgen für die Balance. Bahnsteigs wusste, dass der Standort ihres Heimat-Systems nicht der ursprüngliche Plan der Schöpfung gewesen war. Sie waren eingereist, von weit hergekommen. Ein großer Krieg hatte sich über die ganze, alte Galaxis erstreckt und sie veranlasst auszuwandern.

Barenseigs gestand sich ein, dass seine Informationen zu diesem Teil der Geschichte lückenhaft waren. Er bemühte sich, nicht weiter hieran zu denken. Es spielte keine Rolle mehr. Dieser Teil der Vergangenheit seines Volkes war bereits Geschichte. Barenseigs drehte sich wieder dem Raum-Flughafen zu.

»Waren die beschädigten Schiffe in einer Schlacht gewesen, die ich nicht kenne? «, fragte er sich. » Wo kommen diese Beschädigungen her. Tobt irgendwo ein Krieg, über den wir Gildoren nicht informiert sind? «

Er wollte und musste der Frage auf den Grund gehen. »Hat die große Schlacht in der kleinen Magellansche Wolke stattgefunden? «, fragte er sich. » Haben die dort lebenden Rassen ihre Drohungen wahrgemacht und die Worgass vertrieben? «

Barenseigs wusste es nicht. Die Informationen waren bislang nicht zu ihm vorgedrungen. Auch über den möglichen Ausgang der Schlacht, lagen ihm keine Informationen vor. Barenseigs war zu weit von den Geschehnissen entfernt. Gab es eine Chance für die jungen Rassen, sich von dem Übel zu befreien. Er kannte die Worgass zu Genüge. Ein desolates Volk von Heuschrecken, das versuchte in jeder Galaxie die Vorherrschaft zu erringen. Sie kamen vor vielen Jahrtausenden in die kleineren Galaxien und fingen an, die Völker mit Gewalt zu unterdrücken. Irgendein nicht definierter Hass gegen alles, was humanoide Lebensformen betraf, wurde von ihnen verbreitet.

Barenseigs wusste, dass in den Galaxien, in denen die Worgass die Herrschaft an sich reißen konnten, keine humanoiden Lebensformen mehr existierten. Auch das Rätsel der Worgass konnte bisher noch nicht entschlüsselt werden. Er würde dem großen Auditorium dieses Thema noch einmal vortragen und versuchen diese

Angelegenheit zu klären. Barenseigs hatte Informationen erhalten, dass er hier auf Garadan den Anführer eines Ordens treffen könnte, der ihm nähere Informationen über das Amulett geben würde. Man empfahl ihm, diese Ordens-Vertreter zu kontaktieren. Ferner erinnerte er sich daran, dass die Glaubens-Führer sehr gefährlich waren und nur ungern Informationen preisgeben würden.

Trotz diesen Widersprüchlichkeiten drehte er sich wieder dem Flughafen entgegen. Eine Gruppe von Raumfahrern wurde von einem großen Raumschiff ausgeschleust.

»Das ist eine Art Träger-Schiff«, dachte Barenseigs. »Träger-Schiffe können kleinere Raumschiffe transportieren, umso größere Entfernungen zu überbrücken. Diese Transport-Schiffe sind mit Sternen-Feuer-Geschützen ausgestattet. Diese Geschütze sind für diese Region der Galaxie, bereits überaus hoch entwickelt und sehr leistungsfähig. Wie kommen diese Transport-Schiffe an solche Geschütze? «

Die ausgeschleusten Raumfahrer kamen näher.
»Entschuldigen sie bitte, meine Herren«, fragte Barenseigs. »Ich habe gesehen, dass ihr Raumschiff immense Beschädigungen aufweist. Haben sie in einer Schlacht gekämpft? «

Die angesprochenen Raumfahrer schauten Barenseigs in die Augen.

»Haben sie es denn nichts gehört? «, fragte einer von ihnen. » Wir gehörten zu einer Hilfs-Flotte der Rebellen in der kleinen Magellanschen Wolke. Wir feiern einen großen Sieg. Wir haben dank starker Unterstützung aus der Milchstraße die kleine Magellansche Wolke gereinigt. Alle Worgass wurden vernichtet. Ihre Werften und ihre Garnison-Planeten konnten dem Erdboden gleichgemacht werden. Unsere Freunde dort sind frei von jeglicher Knechtschaft. Es ist uns ein Sieg gelungen, der seinesgleichen sucht. Es war ein schwerer Kampf, aber am Ende hat die Gerechtigkeit gesiegt. «

Barenseigs beglückwünschte die Raumfahrer.
»Nein«, sagte er. »Das habe es nicht gehört. Bis hierhin sind die Informationen noch nicht durchgedrungen. «

Barenseigs besaß noch weitere Fragen an den Raumfahrer, doch dieser drehte sich aber abrupt um und ging mit seiner Gruppe weiter dem Ausgang entgegen.

»Ich hatte es vermutet«, dachte er. » Die Schiffe, die auf diesem Raum-Flughafen stehen, haben gegen die Worgass gekämpft. Die Gruppe der Raumfahrer gehörte den Rebellen an, der Rasse der Parhlevi, die schon seit Jahrzehnten einen großen Widerstand gegen die Worgass praktizieren. «

Schon allein aus diesem Grund hatte Barenseigs mehrere Fragen an den Anführer der Raumfahrer gehabt, die aus dem Träger-Schiff gekommen waren. Er schien sich hier in der Gegend auszukennen. Vielleicht wusste er auch mehr, über das Amulett der aller Ersten, dass Barenseigs mit sich trug. Er entschied den Raumfahrern zu folgen.

»Vermutlich werden sie in die nächste Bar einkehren, um ihren Staub von der Zunge spülen«, dachte er.
Barenseigs kannte die Raumfahrt zur Genüge.
»Es ist nicht ungewöhnlich, dass sie sich nach getaner Arbeit volllaufen lassen«, dachte er.

Am Ende des Raum-Flughafens kamen mehrere diffuse Bars in Sicht. Die Raumfahrer kehrten in der Ersten ein. Bahnsteigs ließ einige Minuten verstreichen, erst dann folgte er ihnen. Er ging durch die Tür und blickte sich um. Dämmriges Licht, glitzernde Sterne an der Decke, schienen den Raumfahrer-Alltag wiederzugeben. Nebel lag in der Luft, der vermutlich von Rauchwaren stammte, vermischte sich mit den Ausdünstungen der unterschiedlichen einzelnen Wesen. Die Bar war gut besucht. Er sah die Raumfahrer an dem Tresen sitzen und bereits Getränke zu sich nehmen. Barenseigs verschaffte sich Platz durch die Menge und näherte sich ebenfalls den Tresen. Neben dem Raumfahrer, den er vorhin gesprochen hatte, lehnte er sich an die Theke.

Der Raumfahrer der Parhlevi blickte ihn kurz an.
»Sie schon wieder«, sagte er. » Wenn sie einige Drinks ausgeben, beantworte ich gerne noch einige ihrer Fragen. Wir sind sehr durstig. «

»Das ist ein Wort«, erwiderte Barenseigs und bestellte für die 7 Raumfahrer ein Getränk. Schnell hatte der Wirt die Bestellung serviert.

»Wie sieht es in der kleinen Magellanschen Wolke aus? Ist das ihre Heimat«, fragte er.

Der Raumfahrer blickte kurz in sein Gesicht, hob seinen Becher und nahm einen Schluck von dem alkoholhaltigen Getränk.

»Aram existiert nicht mehr«, sagte er. »Das war unser Heimat-Planet. Der schönste Planet im Universum. Die Worgass haben ihn vernichtet, aus dem All gesprengt. Der ganze Planet existiert nur noch als ein Asteroiden-Feld. Irgendjemand hat den Worgass die Koordinaten verraten. Obwohl wir sehr darauf bedacht gewesen waren, unsere zentrale Basis geheim zu halten. Dann aber griff unverhofft eine starke Kampfflotte der Worgass-Vandalen an.

Ich vermute, es waren ihre Hilfsvölker, unter der Leitung der Damyrer. Ein 2.500 Meter-Schiff der Worgass unterstützte sie. Dieses kampfstarke Schiff hat innerhalb weniger Minuten unsere ganzen Flottenbasen, die um unseren Heimat-Planeten verteilt lagen, eliminiert. Wir waren nicht vorbereitet gewesen. Nach der Zerstörung der Stützpunkte nahmen sie sich den Planeten vor. Die massive Gewalt hat dann nach und auch unsere planetarischen Abwehr-Batterien zerstört. Hiernach war unsere Welt wehrlos. Sie schickten keine Bodentruppen, sie legten direkt einen Atombrand im Kern unseres Planeten. Sie wussten, dass dies eine Kettenreaktion auslösen würde. Als dieser dann glutflüssig war, schickten sie noch ihre Spezialbomben, die ihm den Rest gaben. Die Planetenmasse wurde förmlich auseinandergerissen. Uns gelang es noch die Zivilbevölkerung evakuieren und uns einen neuen Planeten als Basis einrichten. Unsere Heimat-Flotte hatte ihr Bestes getan und viele Schiffe der Worgass-Hilfsvölker vernichtet, jedoch um welchen Preis. «

Der Raumfahrer lehrte seinen Becher in einem Zug und knallte ihn auf die Theke. Barenseigs winkte dem Wirt und bestellte nochmals das Gleiche.

Das Gesicht des Raumfahrers nahm einen freundlichen Ausdruck an, als er den Becher wieder randvoll gefüllt vor sich stehen sah.

»Wir mussten uns neu formieren und hatten eigentlich die Pläne bereits aufgegeben, die Worgass kurzfristig verjagen zu können«, ergänzte der Raumfahrer. »Zu viele Verluste hatte unser Volk in letzter Zeit hinnehmen müssen. Es vergingen zwei Wochen, dann bekamen wir unerwartet Hilfe. Die Damyrer, ein großes, kampferprobtes Volk, mit einer starken Flotte wendete sich von den Worgass ab. Auch sie wollten sich endlich der Unterjochung durch die Worgass entziehen. Diese Rasse galt sehr lange als eines der stärksten Hilfsvölker der Worgass und hatte für sie die Drecksarbeit erledigt. An dem Untergang unseres Planeten waren sie noch maßgeblich beteiligt gewesen.

Dann aber muss etwas passiert sein. Die Worgass scheinen den Bogen überspannt zu haben. Jedenfalls von einem Tag auf den anderen kehrten die Damyrer den Worgass den Rücken und unterstützen unsere Rebellion gegen die Tyrannei. Wir entschlossen uns zu einem gemeinsamen Angriff gegen die Flotten, Werft- und Garnisons-Planeten der Herrschafts-Rasse. Allen kleineren Rassen in der Magellanschen Wolke wurde eine Bitte zu Unterstützung übermittelt. Auch uns, die wir seit geraumer Zeit in dieser Galaxis leben. «

Der Parhlevi nahm wieder einen Schluck aus seinem Becher.

»Sie müssen verstehen, dass wir nur einen Zweig der Parhlevi-Rasse repräsentieren. Unsere Flotte von 1.500 Schiffen wurde sofort in Bewegung gesetzt, um unsere Brüder zu unterstützen. Die meisten Species der Wolke haben sich mit ihren Schiffen beteiligt. Die Angriffs-Flotte, die wir gegen die Worgass aufboten, bestand aus 25.000 Schiffen. Das Kommando wurde zweigeteilt. Das Hauptkontingent griff die größte und stärkste Flottenbasis der Worgass an. Dieses Kommando übernahm ein fähiger Admiral der Damyrer. Die restliche Flotte wurde von unserem Flotten-Kommissar Kahlewa befehligt. Auch er verfügt über langjährige Kampfpraxis und ist ein Stratege in der Planung.

Wir haben uns der Haupt-Flotte unterstellt und halfen mit, den großen Flotten-Stützpunkt zu eliminieren. Anfangs lief alles nach unserer Planung. Wir konnten die riesigen Schiffe der Worgass bereits im Startvorgang vernichten. Die Konstruktionshallen, die Werfen und die Docks wurden von uns zerstört. Sehr viele von den großen Worgass-Schiffen wurden von uns noch am Boden vernichtet. Leider konnten sich Schiffe von dem Raumport 43 Schiffe der Worgass, durch einen Transit in den Hyperraum der Vernichtung entziehen. Diese Schiffe forderten Verstärkung an.

Wenig später materialisierte eine Flotte von 400 Schiffen der 2.500 Meter-Klasse, mit unzähligen kleineren Schiffen ihrer Hilfsvölker in dem Kampfgebiet. Unsere Flotte wurde von dieser Verstärkung überrascht. Alle Geschwader kämpften tapfer, jedoch wir verloren immer mehr Schiffe. Das Glück hatte sich den Stärkeren zugewendet. «

Barenseigs hörte gespannt zu und unterbrach den Raumfahrer nicht. Für ihn waren dies alles neue Informationen, da er bereits sehr lange unterwegs war.

»Wir waren der Verzweiflung schon sehr nahe, als wir unerwartet Hilfe bekamen«, ergänzte der Raumfahrer. » Kurz vor dem Kampfgebiet öffnete sich plötzlich ein Wurmloch. Wir dachten zunächst an eine weitere Unterstützung für die Worgass. Dann stellten wir jedoch fest, dass es Hilfe aus der Milchstraße war. Insgesamt 6.501 Kampf-Schiffe traten aus. Es handelte sich um schwere Zerstörer natradischen Ursprungs, der ehemaligen Herren der kleinen Magellanschen Wolke.

Sie wurden von 500 Schiffen einer Echsenrasse unterstützt, die sich Green-Lizards nannten, wie wir später herausgefunden haben. Jedenfalls die natradischen Schiffe selbst waren Schlachtschiffe einer 2.000 Meter-Klasse. Ihnen zur Seite flogen natradische Schiffe einer 1.500 Meter-Klasse. Sie alle konnten schon als kleine Kampfstationen angesehen werden. Das Hilfsvolk der Echsen setzte Angriffskreuzern einer 500 Meter-Klasse ein. Sie stürzten sich in Geschwadern von fünf Schiffen auf den Feind. Dank ihrer immensen Feuerkraft, konnte die Schiffe der Worgass innerhalb kürzester Zeit niedergekämpft werden. Die natradischen Zerstörer feuerten den Worgass im Rhythmus von Sekunden Teppiche von Raketen und Bomben entgegen. Die ersten Salven ließen die Schutzschirme der Worgass-Schiffe kollabieren. Die anschließenden Wellen durchbrachen die Bordwände der Schiffe. Die Formationen der Worgass-Verbände brachen auseinander. Zahlreiche Worgass-Schiffe fingen an zu trudeln und kollidierten mit einem anderen Schiffen der der Angriffsformation. «

»Wieso bekamen sie so unerwartet Hilfe? «, fragte Barenseigs erstaunt.

»Wir sind nur einfache Raumfahrer«, antwortete der Parhlevi. »Ich vermute, das wurde von unserer Kommandoebene eingefädelt. Die Unterstützung kam zur rechten Zeit. Wir sind nicht in die Verhandlungen involviert und gehören lediglich zur aktiven Angriffs-Flotte. «

»Sind sie sicher, dass es sich um natradische Kampf-Einheiten handelte?«, fragte Barenseigs. »Nach meinen Informationen sollten keine Natrader mehr in der Milchstraße leben? «.

»Es waren eindeutig natradische Schiffe neuerer Bauart«, erwiderte der Raumfahrer. »Nicht die groben, schwerfälligen Schiffe, die wir von früheren Aufzeichnungen her kennen. Es waren moderne, kampfstarke Einheiten, die alle mit einem außergewöhnlichen leistungsstarken Schutzschirmen ausgestattet waren. Nicht ein einziger Laserstrahl der Worgass-Zerstörer konnte ihnen etwas anhaben. Sie kamen von dem Neuen-Imperium von Natrid und Tarid. Ihr Oberbefehlshaber hieß Major Travis. Sie waren auffallend agil, nicht so schwerfällig in ihren Entscheidungen, wie die früheren Natrader, die wir kannten. «

Der Parhlevi beendete seine Erzählungen schlagartig und widmete sich wieder seinem alkoholhaltigen Getränk.

Barenseigs schluckte kurz und schaute über die Anzahl der Raumfahrer in der Bar.

»Es kommen immer mehr Raumfahrer in diese Bar«, erkannte er. »Es müssen während des Gespräches weitere Personen eingetroffen sein. «

Seine Sinne waren aufs höchste angespannt. Alarmiert stellte er fest, dass einige Raumfahrer ein Stück näher gerückt waren und jede seiner Bewegungen beobachteten. Die Augen der Raumfahrer lagen auf dem geheimnisvollen Amulett. Barenseigs trug es offen an einer Kette, um seinen Hals hängend.

»Das Interesse ist in meinem Sinne«, überlegte er. »Ich suche Informationen über dieses Amulett. Das ist meine Aufgabe, deswegen bin ich hier in dieser Galaxie. «

»Wo haben sie das Amulett her?«, erkundigte sich ein Raumfahrer plötzlich. »Es ist eine schöne Arbeit. «

»Es ist ein Familien-Erbstück«, antwortete Barenseigs. »Wissen sie, wer mir alte Sagen und Legenden über die Arbeit mitteilen kann? «

»Eigentlich können ihnen nur die Weisen der Zitadelle weiterhelfen«, teilte der Raumfahrer mit. »Ihr Lebensinhalt besteht in dem Studieren alter Schriften. Darf ich das Amulett einmal anfassen? «

»Sicher«, entgegnete Barenseigs.
Der Raumfahrer griff hiernach, schrie aber kurze Zeit später auf. Die Finger seiner rechten Hand dampften. Das Amulett hatte sich als Kontur in seine Hand gebrannt. Er

beschimpfte Barenseigs in einer Sprache, die er nicht kannte. Plötzlich sprang der Raumfahrer auf, sein Barhocker kippte nach hinten. Er griff nach seiner Waffe.

Barenseigs hatte bereits mit Ärger gerechnet. Er hatte seine Waffe bereits gezogen unter seinem Oberkörper versteckt. Er schoss unter seinem linken Arm hindurch direkt in den, Körper des Raumfahrers.

Langsam kippte dieser nach hinten. Es roch nach verbranntem Fleisch. In der Bar war es still geworden. Barenseigs warf dem Wirt einige Münzen zu.

»Verzeihen sie die Schweinerei«, sagte er. Der Gildor dreht sich um und verließ mit schnellen Schritten die Bar. und verließ die Bar.

***

»Unser Hyper-Funkspruch hat die Zentrale erreicht«, meldete der Funkoffizier der Taurus. »Er ist bereits bestätigt worden. Wir dürfen unseren Kontrollflug nicht in das Mohalin-System ausdehnen. Die Admiralität möchte nicht, dass wir in Kämpfe mit den Zanaits verwickelt werden. Wir wurden instruiert weiter den Spuren von Barenseigs zu folgen, der im Besitz des Amulettes befindet und bereits neue Informationen durchgegeben hat. «

Cartero ließ sich in seinen Kommando-Sessel fallen. Der Admiral der Gildoren-Flotte schaute auf die großen

Monitore, die eine Vergrößerung des Schlachtfeldes wiedergaben. Die kleine Flotte der Methan-Atmer hatte die 350 Schiffe der Kelsins besiegt. Es war ein leichtes für die schlagkräftigen Schiffe der Methaner gewesen, die leichten Raumschiffe der Tiermenschen zu vernichten, oder sie so stark zu beschädigen, dass sie nicht mehr navigieren konnten.

Nur wenige Schiffe der Kelsins konnten flüchten. Die Kommandeure der Schiffe waren in eine Falle getappt. Die Röhren-Schiffe der Methaner hatten sie als leichte Beute angesehen. Es gelang ihnen ein Schiff der Tiermenschen abzufangen und antriebslos zu schießen. Dann zogen sich die Methaner in eine Wartestellung zurück. Die angeforderte Hilfe von 350 kleinen Schiffen der Tiermenschen, konnte nichts gegen die waffenstarrenden Röhren-Schiffe der Methaner ausrichten.

Admiral Cartero kannte den immensen Hass zwischen den beiden Rassen. Die Gildoren sorgten für eine ausgeglichene Evolution.

»Heute werden die Kelsins nicht untergehen«, dachte er. »Dezimiert die Flotte der Methaner um die Hälfte«, befahl er. »Teilt den Methan-Atmern mit, dass sie sich unverzüglich zurückziehen sollen, ansonsten werden sie vernichtet. «

»Wir sollten uns doch nicht einmischen«, sagte der 1. Offizier. »Darf ich sie an die Mitteilung unserer Zentrale erinnern. «

»Wir werden unserem Grundsatz heute nicht untreu werden«, entschied Cartero. »Ich verbitte mir weitere Kommentare. «

Er schaute zu der Waffen-Leitstelle des Schiffes. Der Offizier blickte ihn an

»Feuer frei«, bestätigte der Admiral seinen Befehl.

Aus allen 600 Schiffen der Gildoren-Flotte peitschten rote Laser-Lanzen den Schiffen der Methaner entgegen. Die Schutzschirme der Röhrenschiffe brachen sofort zusammen. Die nachfolgenden Lasersalven ließen die Schiffe in einem grellen, lodernden Höllenfeuer explodieren. Schiff um Schiff erging es gleichermaßen.

»Das Debakel würden sie nicht so schnell vergessen«, dachte Cartero.

Die Methaner erkannten ihre Niederlage und flüchteten mit allen flugfähigen Schiffen in den Hyperraum.

»Sie haben tatsächlich noch versucht, ein Schiff der Gildoren anzugreifen«, staunte der 1. Offizier. »Das ist einer Blasphemie ebenbürtig. «

Der Admiral blickte ihn an.

»Ich kann nur hoffen, dass wir nicht auch irgendwann unseren Meister finden werden«, bemerkte er. »Schauen sie sich unsere Geschichte. Wir haben schon einmal richtig bluten müssen. «

»Die Kelsins bedanken sich für die Hilfe«, teilte der Funk-Offizier mit. »Was sollen wir antworten? «

»Übermitteln sie die Grüße von den Gildoren«, antwortete Admiral Cartero. »Sie sollen das nächste Mal vorsichtiger sein. Teilen sie ihnen mit, dass sie schnell ihre Schiffe und Verletzten bergen sollen, wir müssen weiter. «
Cartero musste schmunzeln.
Die Kelsins wussten natürlich nicht, mit wen sie sich eingelassen hatten. Cartero wusste, dass die Tiermenschen noch nicht lange die Raumfahrt beherrschten.

»Sie müssen noch viel lernen«, dachte er. »Aber sie sollen zumindest eine Chance bekommen, es zu erlernen. «

Die Gildoren vermieden häufigen Kontakt mit unterentwickelten Rassen. Sie unterstützten den Zusammenhalt der Rassen. Nur hierdurch war ein funktionierendes Miteinander möglich. Dieser Aufgabe hatten sich verschrieben. Keine Rasse wusste offiziell, dass es die Gildoren gab. Ihre hochentwickelte Technik würde sonst Zivilisationen anderer Rassen in Angst und Schrecken versetzen.

Cartero dachte an seine Mission.

»Ich muss mit der Flotte weiterziehen«, dachte er. »Wir haben eine andere Aufgabe erhalten, die vollendet werden muss. Wir suchen nach Informationen über das Amulett, dass in den Geschichten älterer Rassen als Licht der Hoffnung beschrieben wird. Es kann uns den einfachen Durchgang zu anderen Galaxien öffnen. Ein Portal in ein besseres Universum öffnen. «

Admiral Cartero erinnerte sich an alte Hinweise. «

»Dieser Weg wurde bereits von einer alten Rassen beschritten«, erinnerte sich Cartero. » Zumindest wird das in den Legenden immer wieder berichtet. Alle Recherchen, die von den Gildoren-Teams geleitet wurden, führten in diese Richtung. Wenn das Sternenlicht alle Wesen aufnehmen kann, ohne eine Aussortierung nach Gut oder Schlecht vorzunehmen, dann wird es an Bedeutung verlieren. «

Der 1. Offizier betrat die Brücke. Er salutierte mit dem alten natradischen Gruß.

»Welche Befehle haben sie für uns, Admiral? «, fragte er. «

Cartero schaute ihn an.

»Hier sind wir fertig«, antwortete er. » Bereiten sie die Synchronisation den nächsten Hypersprunges mit allen Schiffen vor. Wir ziehen weiter nach Jedopine. Auf dieser heißen Welt werden wir weitere Informationen über das Amulett und die Rasse der Aller Ersten erhalten. «

»Sind die Information sicher, dass wir dort etwas finden«, erkundigte sich der Offizier.

»Was ist schon sicher? «, erwiderte der Admiral. » Wie bei unseren vorigen Missionen, liegt die Wahrscheinlichkeit eines Erfolges bei 50 Prozent. Unser Verhöre waren aufschlussreich. Der Gefangene hat gestanden. «

Woher kann der Gefangene diese Informationen erhalten haben? «, fragte Utero, der 1. Offizier.

Cartero schaute ihn an.

»Er wird geheime Unterlagen gefunden und diese versucht haben auszuwerten «, antwortete er.

»Ich bin sehr skeptisch, dass Wesen einer minderwertigen Rasse die Hinterlassenschaften der Aller Ersten auswerten können«, erwiderte Utero. «

»Genug geredet, senden sie einen Funkspruch an die Flotte«, entgegnete Cartero unwirsch. »Wir wechseln in den Hyperraum und fliegen die Koordinaten an. Dann wissen wir mehr. «

»Befehl verstanden, Admiral«, antwortete der 1. Offizier und veranlasste alles Notwendige. Die Flotte der Gildoren tarnte sich und sprang in den Hyperraum.

***

Barenseigs saß in der Verbindungsbahn, die ihn von dem Raum-Flughafen in die große Stadt brachte.

»Hier werde ich die Weisen der Zitadelle sprechen, die alle alten Schriften des Vermächtnisses verwalteten«, dachte er.

Barenseigs schaute aus dem großen Fenster. Eine vielfarbige Vegetation erfreute ihn. Ein Großteil der Pflanzen wuchs auf kräftigen Stämmen in den Himmel des Planeten. Ihre Blätter waren mit Dornen bestückt und schützten sich so vor tierischen Angriffen. Der Agent blickte zum Himmel. Immer wieder waren laute Geräusche zu hören, die auf landende, beschädigte Raumschiffe zurückzuführen waren. Bereits in den Schichten der Atmosphäre, trat aus den landenden Raumschiffen Qualm und kondensierter Wasserdampf aus. Rauchschwaden bildeten sich um die Schiffe herum, die nur langsam in Richtung es Himmels abzogen.

»Die Schiffe sind fast alle beschädigt«, dachte Barenseigs. »Mit Sicherheit funktionieren zahlreiche elektronische Anlagen nicht mehr richtig. Die Schiffe kehren vermutlich alle aus der gleichen Schlacht zurück. «

Barenseigs kannte jetzt die Geschichte.
»Es scheint ein wirklich harter Kampf gewesen zu sein«, erkannte er. » Die Rebellen haben ihr Ziel erreicht und die Worgass aus dem Gebiet der kleinen Magellanschen Wolke verdrängt. «

Barenseigs freute sich für sie. Er senkte seinen Blick und schaute an der Vegetation vorbei in Richtung der Stadt, die immer näherkam. Mit einem höllischen Tempo raste der Zug der Metropole entgegen.

»Vielleicht können mir die Weisen der Zitadelle mehr über die Funktion des Amulettes sagen«, dachte er.

Ein neuer Passagier kam durch den Gang setzte sich direkt Barenseigs gegenüber. Es war ein Insektoid. Lange blickte er ihn an. Nach einer Weile war der Agent des Wartens überdrüssig und sprach ihn an.

»Was wollen sie? «, erkundigte sich Barenseigs.

Der Insektoid zeigte keine Regung. Nach wenigen Minuten antwortete er in kurzen natradischen Sätzen. »Warum haben sie ihn getötet? «, fragte er.

Barenseigs wusste sofort, wovon das Insekten-Wesen sprach.

»Woher wissen sie das? «, erkundigte sich Barenseigs. » Es war ein Unfall. Er hatte mich angegriffen und trachtete mir nach dem Leben. Ich habe mich nur verteidigt. Vermutlich wollte er das von mir erworbene Amulett stehlen. «

Der Insektoid nickte.
»Das entspricht auch den Informationen, die mir zugänglich gemacht wurden«, sagte er. » Ich erkenne, dass sie die Wahrheit sagen. «

»Dann ist ja alles in Ordnung«, sagte Barenseigs.

»Nein«, antwortete der Insektoid. » Ich werde sie zu den Weisen der Zitadelle bringen. Sie sind informiert, dass sie in dem Besitz eines Amulettes sind. «

»Wie viele gibt es denn hiervon? «, fragte Barenseigs.
» Das ist nicht bekannt«, entgegnete der Insektoid.

Der Agent nahm sich vor, die restliche Fahrt wachsam zu bleiben. Endlich bremste der Verbindungszug ab und die Passagiere stiegen aus. In den Straßen der großen Stadt wimmelte es nur so von unterschiedlichen Lebewesen. Viele von ihnen waren Raumfahrer. Sie hofften auf eine Abwechslung. Dank der günstigen Position dieses Planeten wurde er sehr gerne als Zwischenstation und Rastplatz, bei Flügen durch die Galaxis genutzt. Es war mittlerweile bekannt, dass dieser ursprüngliche Planet gerne Gäste bewirtete. Die Mannschaften der meisten Schiffe vertrieben sich nur die Zeit, während Robot-Trupps Wartungen an den Schiffen durchführten. Barenseigs legte die Kapuze seines Mantels über seinen Kopf. So sah er aus, wie viele andere Wesen, die durch die engen Gassen der Stadt liefen. Gleichzeitig aktivierte er seinen Individual-Schirm.

»Gehen sie vor«, sagte Barenseigs zu dem Insektoiden.

»Kommen sie«, antwortete dieser. »Ich warte nicht ewig.«

Vom Raumhafen führten die Straßen sternförmig in alle Richtungen und mündeten in der Regel auf dem großen Marktplatz, vor der Regierungs-Residenz. Barenseigs hoffte inständig, von den Weisen der Zitadelle neue Informationen zu erhalten. Niemand belästigte ihn und den Insektoiden.

»Wer soll mich auch hier kennen«, dachte Barenseigs. »Oft bin ich auf dieser Welt noch nicht gewesen. «

Die Agenten der Gildoren arbeiteten in absoluter Verschwiegenheit. Endlich kamen sie auf dem Marktplatz an. Sie schritten auf die Residenz vor. Schräg dahinter lag die Zitadelle der Weisen.

»Wir sind da«, bemerkte der Insektoid. «
Er stapfte die Treppe zu der großen Eingangstüre hinauf. Barenseigs folgte ihm vorsichtig. Die zwei Wachen richteten ihre Strahler auf die Besucher.

»Was wollt ihr? «, fragte der vermutliche Befehlshaber der Gruppe. » Verschwindet, heute ist keine Besuchszeit. Hier kommt ihr nicht rein. «

»Wir haben eine Audienz bei Lothoros«, sagte das Insekten-Wesen. » Hier ist mein Sonder-Ausweis. «

Die Wachen prüften den Ausweis sehr genau. Sie schauten auf die beiden Besucher herab.

»Die Papiere scheinen in Ordnung zu sein«, sagte einer. »Sie können passieren. Humanoide sind hier nicht allzu gerne gesehen. «

»Das ist nicht mein Problem«, erwiderte Barenseigs und schritt vorbei. Beide gingen durch die Tür. Ein Bediensteter kam ihnen entgegen und führte sie durch diverse Korridore in ein Audienz-Zimmer.

»Nehmen sie hier Platz«, sagte einer der drei Weisen. Sie warteten bereits auf die Besucher.

Barenseigs und der Insektoid setzten sich auf die angebotenen Stühle, vor einem großen Tisch. Dieser war mit Schriftrollen bedeckt. Der ganze Saal war mit Fresken ausgestattet, die Ecken und ein Teil der freien Stellen waren mit Blattgold verziert. Barenseigs vermutete, dass die Weisen der Zitadelle eine wichtige Rolle auf dem Planeten spielen mussten. Er wollte gerade den Insektoid etwas fragen, da kam ein Diener in den Raum und servierte Getränke. Nachdem dieser gegangen war, setzten sich die drei Weisen ebenfalls an den Tisch, direkt Barenseigs gegenüber.

Barenseigs musterte die Wesen. Sie trugen Kutten, wie es ansonsten nur bei Mönchen üblich war. Er konnte ihre Gesichter nicht richtig erkennen. Es schienen Mischwesen zu ein, einer Rasse zugehörig, die Barenseigs nicht kannte. Sie wirkten alt und zerbrechlich.

»Normalerweise geben wir nicht so einfach eine Audienz «, sagte der Mittlere der drei Weisen. » Wir haben jedoch hierfür einen übergeordneten Befehl erhalten und folgen diesem Wunsch unserer Regierung. «

Barenseigs zog sein rechtes Augenlid in die Höhe.
»Woher wussten sie, dass ich Fragen an sie habe? «, entgegnete er.

»Wir wussten es einfach«, sagte der Sprecher der Weisen. » Zanregan ist allwissend und immer dar. Er beschützt uns und informiert uns über die Zukunft. Die Geschichte ist ein Kreislauf und wiederholt sich immer wieder. Zeigen sie uns ihr Amulett, unsere Zeit ist begrenzt. «

Barenseigs wollte etwas sagen, doch er vermied es im Moment eine Äußerung von sich zu geben. Er nahm das Amulett ab und schob es über den Tisch dem Weisen zu. Dieser legte eine flache Hand auf das große Amulett schloss die Augen. Er versuchte etwas zu spüren.

»Ja«, sagte der Weise. »Es ist ein Original. Das ist ein Amulett der Aller Ersten. So etwas habe ich lange nicht mehr gefühlt. Es ist ein Heiligtum. Wo haben sie es her? «

»Ich habe es von einem anderen Lebewesen erworben«, erklärte Barenseigs. »Für diese Person war es zu einer großen Last geworden. Er hat es mir kurz vor seinem Tode anvertraut. «

»Das Amulett akzeptiert nicht jeden Träger«, erklärte der

Weise. »Es kann nicht berechtigte Träger in den Tod treiben. Seihen sie daher vorsichtig. Man bemerkt es erst, wenn es fast schon zu spät ist. «

»Der letzte Träger informierte mich, dass es ein großes Geheimnis in sich birgt? «, sagte Barenseigs. » Das möchte ich gerne entschlüsseln. «

Der Weise nickte.
»Ja, das ist richtig«, teilte er mit. » Alle großen Hinterlassenschaften der Aller Ersten werden in der Regel von einem Geheimnis bewahrt. Nur wenn man dieses Rätsel entschlüsselt, ist man berechtigt die weiteren Funktionen zu nutzen. Dieses Amulett wird von der Energie des Zwischenraums gespeist. Wir können nicht erklären, wie das funktioniert, dazu fehlen uns die Informationen. Dieses Amulett ist jedoch sehr alt und stammt aus den Anfängen des Universums. Selbst das Material lässt sich auch in der heutigen Zeit nicht mehr spezifizieren. Wir wissen nicht, wie es hergestellt wurde. Es scheint ewig haltbar zu sein. «

Der Weise schaute auf das Amulett.
»Die Symbole sind die Steuervorrichtung, das wissen wir mittlerweile«, teilte er mit.

Er drückte auf eines der fremdartigen eingeprägten Symbole. Daraufhin veränderte sich die Oberflächen-Struktur des Amulettes und ein Tastaturfeld wurde sichtbar, das sich rings um den Rand des Amulettes zog. Ein gelbliches fluoreszierendes Licht umgab das Artefakt.

»Wenn man es nicht mehr berührt, verwandelt es sich in seinen Urzustand zurück«, ergänzte der Weise.

Kaum ausgesprochen, erlosch das fluoreszierende Licht und das Amulett verwandelte sich zurück in seinen ursprünglichen Zustand.

Der Zweite der Weisen griff nach einer Schriftrolle.
»Vor langer Zeit wurden einige Amulette in dem Berg Hivron, auf dem Planeten Allrachham, drei Lichtjahre von hier entfernt gefunden«, erklärte er. » Die Träger waren auch bei uns und haben nach Informationen über das Amulett gefragt. Wir konnten ihnen nur das Gleiche sagen, was wir dir mitgeteilt haben. Leider haben wir diese Forscher nie mehr wieder gesehen. «

Barenseigs überlegt kurz.
»Wer waren diese Forscher? «, fragte er.
Die drei Weisen sahen sich an.

»Es waren Worgass«, antwortete der Erste der Weisen erneut. »Begebe dich zu dem Berg Hivron, dann wirst du möglicherweise einen Schlüssel für dieses Amulett finden. Erweist du dich als würdig, dann wird dich das Amulett zu weiteren Informationen führen. «

Barenseigs nahm das Amulett wieder an sich und hing es sich um den Hals.

»Wie kann ich euch danken? «, fragte er.

»Indem du uns neue Inforationen mitteilst, wenn du welche finden solltest«, antwortete der Weise.

Barenseigs schaute die Personen an.
»Ich bedanke mich bei euch«, verabschiedete er sich.

Er vermied es, weitere Fragen zu stellen. Einer der Weisen trat vor.

»Es gibt viele Suchende auf dem Planeten, die dir nach dem Leben trachten und dieses Amulett an sich bringen wollen«, teilte er mit einem traurigen Gesicht mit.
»Behüte es gut. Nehme dich vor den Wächtern in Acht. Nicht alle Wesen können mit diesem Geheimnis umgehen. «

Barenseigs stand auf.
»Falls ich neue Informationen erhalte, lasse ich euch diese zukommen«, sagte er.

Er verbeugte sich tief vor den Weisen. Dann wandte er sich dem Ausgang zu. Der Insektoid blickte ihm nach, drehte sich dem mittelgroßen Weisen zu. Der machte eine kurze Bewegung mit dem Kopf in Richtung des Ausganges. Der Insektoid stand auf und folgte Barenseigs.

Dieser war ins Grübeln gekommen.
»Woher wissen die Mischwesen von meinen Belangen«, dachte er. »Warum gaben sie so schnell Auskunft. Geheimnisse sollten doch bewahrt werden. Das scheint hier nicht der Fall zu sein. «

Er stellte seinen Individual-Schutzschirm zwei Stufen höher ein. Der Knopf an seinem Gürtel leuchte grün. Der ansonsten so karge Schmuckstein zeigte die Aktivität des Schirmes an. Zwischenzeitlich hatte sein insektoider Begleiter aufgeholt und schritt an seiner Seite. Die Korridore und Hallen waren schnell durchquert.

»Da ist die Pforte«, sagte Barenseigs und zeigte nach links. « Die Türe wurde ihnen von einer der Wache freundlicherweise aufgehalten.
»Ist die Audienz schon zu Ende? «, fragte er. «

Barenseigs nickte.
»So schnell kann es gehen, wenn man weiß, was man will«, antwortete er.

Er wandte sich ab und schritt die Stufen der Zitadelle hinab. Aus den Augenwinkeln bemerkte er mehrere Bewegungen in seinem Rücken. Er drehte seinen Kopf und sah, wie die Wachen ihre Strahler in Anschlag brachten.

»Er schrie laut auf.
»Vorsicht«, warnte er und schubste mit einem Schulterschlag den Insektoiden zur Seite. Gleichzeitig brachte er sich durch eine Körperrolle in eine bessere Stellung. Wie von selbst lag der mächtige Laserstrahler in seiner Hand. Ohne weiter nachzudenken, feuerte er auf die Torwachen. Die zielten noch auf ihn. Mit lautem Fauchen verließ der vernichtende Strahl seine Waffe. An

der Eingangspforte brach einer der Wachen getroffen zusammen.

Nicht so viel Glück hatte der Insektoid. Er wurde von mehreren Strahlenschüssen der Wachen niedergestreckt. Barenseigs feuerte pausenlos weiter, bis die letzte Torwache von ihren Beinen gefegt wurde. Schnell halfterte er seine Waffe und lief zu dem Insektoiden. Das Wesen hatte drei Treffer erhalten. Gelbliches Blut quoll aus seinen Wunden. Barenseigs erkannte sofort, dass nichts mehr zu machen war. Er beugte sich zu dem am Boden liegenden Insekten-Wesen herunter und legte sein Ohr an dessen Mund. Der Insektoid redete bereits gebrochen.

»Verrat, sie wollen uns denunzieren«, hauchte er. »Es sind die Wächter des Amuletts. Sie haben die Wachen bestochen. Überall haben sie ihre Fäden gesponnen. Hüte dich vor den Wächtern. Sie verbreiten Schmerz und Unheil und wollen die Artefakte für sich allein. «

Dann zuckte der Insektoid auf, krümmte sich nochmals und verstarb.

Barenseigs biss die Zähne aufeinander. Er schaute sich um, doch es waren keine neuen Angreifer gekommen. Der Gildor richtete sich auf und lief in Richtung der engen Gassen davon.

»Ich muss mich beeilen«, dachte er. »Bestimmt werden gleich Sicherheitskräfte auftauchen und unangenehme

Fragen stellen. Ich habe keine Erklärung für die Geschehnisse. Der Anschlag kam ohne eine vorherige Ankündigung. Es war ein Angriff auf mein Leben und das Leben des Insektoiden. Wir müssen jemand aufgefallen sein. Dieser weiß bestimmt mehr. «

Er nahm sich vor, nach den Wächtern des Amuletts zu fragen.

***

Admiral Cartero materialisierte mit seinen Schiffen im Normalraum. Seine Flotte blieb getarnt und scannte die nähere Umgebung.

»Es sind keine größeren Schiffs-Bewegungen erkennbar«, teilte sein 1. Offizier mit. »Alles ist ruhig. «

»Wir laden die Konverter auf und springen sofort weiter, in die Nähe von Barenseigs, um ihn gegeben falls aufzunehmen«, befahl der Admiral. »Ich habe Information vorliegen, dass er das Amulett gefunden hat.«

Der 1. Offizier nickte.
»Verstanden«, antwortete er.

»Wie weit ist es noch bis Garadan? «, erkundigte sich der Admiral der Gildoren.

»Maximal drei Sprünge«, antwortete der Navigations-Offizier. » Dann werden wir das Gebiet erreicht haben. Vorausgesetzt es kommt uns nichts anderes mehr in die Quere. «

»Gut«, antwortete Cartero. » Bereiten sie alles für den nächsten Sprung vor und informieren sie unsere Begleit-Schiffe. «

***

Barenseigs fühlte sich verfolgt. Er verlangsamte seinen Schritt, drehte sich um und schaute in die entgegengesetzte Richtung. Seine Sinne waren angespannt. Er konnte niemanden sehen der ihn verfolgte, oder in seine Richtung schaute. Dennoch wurde er das Gefühl nicht los beobachtet zu werden. Er lief um die nächste Ecke und versteckte sich in einen Hauseingang. Es dauerte nicht lange, bis eine bewaffnete und uniformierte Gruppe um die Ecke bog. Sie liefen an dem Türspalt vorbei, hinter der er sich verborgen hatte.

»Wo ist er hin«, hörte er die Gruppe sprechen. »Er kann sich doch nicht in Luft aufgelöst haben. Er muss doch irgendwo sein. Die Wächter werden nicht zufrieden sein, wenn wir ihn nicht aufspüren. «

»Ohne Unterstützung finden wir ihn nicht«, entgegnete ein anderer. »Sperrt den ganzen Bezirk ab. Es darf niemand rein oder raus. Wir müssen ihn finden. «

Barenseigs bemerkte, wie die Tür hinter ihm nachgab und er in einen Raum gezogen wurde.

»Hier entlang«, sagte eine leise Stimme.

Er drehte sich um. Die Stimme gehörte einer humanoiden weiblichen Person. Sie war sanft und hatte einen klaren Klang.

»Wer bist du und warum hilfst du mir? «, fragte Barenseigs.

»Ich bin eine Houtscho«, antwortete sie. » Wir beschützen den Träger des Amulettes der Aller Ersten. «

»Was kannst du mir hierüber sagen? «, fragte er.

»Gar nichts«, sagte sie. » Wir dürfen es nicht. Bei einem getragenen Amulett ist eine Hilfestellung nicht gestattet.«

»Was ist das Amulett? «, fragte Bahnsteigs nach

»Es ist der Schlüssel zu allem in der Galaxis«, antwortete die Houtscho.

»Was ist ein Houtscho? «, fragte.

»Wir sind ein alter Geheimbund«, antwortete die Frau. »Wir beschützen die Amulett-Träger. Früher waren wir viele, doch in der heutigen Zeit gibt es nur noch wenige von uns. Es gibt nicht mehr sehr viele Amulett-Träger. Es gibt Gruppierungen, die Jagd auf die Amulette machen und die Träger töten. Sie wollen die Nutzung der Artefakte unterbinden. «

»Wie kannst du immer wissen, wo sich ein Amulett-Träger aufhält?«, fragte Barenseigs.

»Wir sind ein ehemaliges Hilfsvolk der Aller Ersten«, erklärte sie bereitwillig. »Sie gaben uns die Fähigkeit, allein durch unsere Gedanken die Ausstrahlung des Amulettes zu orten. Vielleicht ist es eine Laune der Natur, oder eine besondere Begabung, die uns die Energie des Zwischenraumes spüren lässt. Jedenfalls erkannten die Aller Ersten unsere Gabe und setzten uns als Beschützer ihres Artefaktes ein. «

»Was ist das Amulett noch? «, fragte Barenseigs.
»Das Amulett ist ein technisches Meisterwerk unserer alten Meister«, antwortete sie. »Es ist eine Hyper-Tastatur. Es baut dreieckige Transmitter-Tore auf, ähnlich einem Wurmloch, mit denen man zu weit entfernten Orten des Universums gelangt. Entgegen den großen Wurmloch-Stationen für Raumschiffe, die an dem Eingangs- und Ausgangspunkt einen Wurmloch-Stabilisator benötigen, genügt hier für die Öffnung eines Wurmloch-Tunnels das Amulett. Es hält den Durchgang stabil. Fast wie eine Luftblase, die sich durch das Wasser fortbewegt. Es verteilt seine Energien sorgfältig über die gesamte Länge des Durchganges und sorgt für Stabilität. Das sind alles geheime Analysen. Wir wissen es nicht genau, da wir erst am Anfang der mystischen Entschlüsselung der Technik der Aller Ersten stehen. Ihr technisches Verständnis gibt uns viele Rätsel auf. Obwohl die Artefakte Jahrtausende alt sind, liegt die Entwicklung

unserem technischen Verständnis weit voraus. Vielleicht werden wir die Rätsel auch nie lösen. «

Sie kamen in dem Kellergewölbe des alten Hauses an. Die Houtscho öffnete eine versteckte Tür zu einem angrenzenden, vorher nicht sichtbaren Raum. In der Mitte des Raumes stand eine Transmitter-Plattform. Sie legte einen Hebel um. Der Transmitter baute sein Energiefeld auf.

»Gehe hierdurch«, sagte die Frau. »Du kommst zu dem Raumschiffshafen von Randur, wo du dein Schiff findest. Fliege sofort los, verwische deine Spuren und gebe den Wächtern keine Gelegenheit dich zu finden. «

»Wie kommt mein Schiff dorthin? «, erkundigte sich der Gildor.

»Frage nicht«, forderte die Frau ihn auf. »Wir habe es für dich dorthin gebracht. Nutze es für deine Reise. Es ist der sicherste Weg. «

»Wie kann ich dir danken? «, fragte Barenseigs. « »Gar nicht«, erwiderte sie. » Das ist unsere Aufgabe. Vor dir sind schon viele andere gekommen. Die meisten von ihnen sind gescheitert und haben alles verloren. Viel Glück, die Zeit drängt. «

Barenseigs hatte Vertrauen zu der Frau gefasst. Ihre Erläuterungen waren realistisch. Vorsichtig ging er in das aufgebaute Energiefeld des Transmitter-Tores. Sekunden später materialisierte er in einer dunklen Wartungshalle des großen Raum-Flughafens. Sie war unbenutzt und leer. Vorsichtig schritt er zu der Türe, öffnete sie und blickte nach rechts und nach links.

»Keine Sicherheits-Kräfte zu sehen«, erkannte er. Schnell lief er zu seinem Raumschiff hinüber, stieg ein und verschloss das Schott. Barenseigs startete den Antrieb und hob ab. Die warnenden Funksprüche der Flugüberwachung ignorierte er. Er beschleunigte sein Schiff und war sichtbar froh, bereits die Atmosphäre des Planeten durchqueren zu können.

»Eingehender Funkspruch«, teilte die Hypertronic-KI mit. » Auf die Lautsprecher legen«, antwortete er.

Die Stimme der Flughafen-Kontrolle ertönte aufgeregt. »Sie besitzen keine Start-Genehmigung«, klang es aus den Lautsprechern. »Kehren sie sofort um und erledigen sie die Formalitäten. Wir haben noch einige Fragen an sie. Schalten sie ihren Antrieb aus. Sie haben keine Start-Genehmigung. «

Barenseigs kümmerte sich nicht mehr hierum. Er aktivierte seine Schilde, beschleunigte sein Raumschiff und schoss der Stratosphäre entgegen. Er hatte bereits die Koordinaten des nächsten Sonnensystems eingegeben und wollte in den Hyperraum springen, als ihn ein weiterer Funkspruch erreichte.

»Hier spricht die Flotte der Gildoren«, klang es aus den Lautsprechern. »Drosseln sie ihren Antrieb und docken sie an unserem Flaggschiff an. Admiral Cartero möchte gerne mit ihnen sprechen. «

Barenseigs wusste, dass er diesen Wunsch nicht ablehnen konnte. Der Gildor drosselte seine Geschwindigkeit und schaltete auf langsame Fahrt um. Dann steuerte er sein Schiff in Richtung des Flaggschiffes der Gildoren-Flotte. Vorsichtig dockte er sein Schiff an eine freie Landebucht an. Nachdem er den Druckausgleich hergestellt war, öffnete Barenseigs das Schott und stieg aus. Er wurde von zwei Sicherheits-Offizieren abgeholt und direkt zu Admiral Cartero geführt.

»Hallo, Gildor Barenseigs«, sagte Admiral Cartero freudig. »Schön sie zu sehen. Wie geht es ihnen? «

»Gut«, lächelte Barenseigs. »Ich kann nicht klagen. Warum haben sie mich rufen lassen? «

»Es ist zu uns vorgedrungen, dass sie ein Amulett gefunden haben«, antwortete der Admiral.

»Ja«, erwiderte Barenseigs kurz. » Das habe ich. Wie können sie das bereits wissen? «
»Das bleibt unser Geheimnis«, entgegnete der Admiral.
Barenseigs zog das Amulett unter seinem Kampfanzug hervor und legte es auf die Konsole, vor dem Admiral. Diese blickte interessiert das Artefakt an.

»Interessant, sagte er. Das ist eine beeindruckende Arbeit. Was wissen sie denn bereits alles über das Amulett? «

Barenseigs blickte seinen Vorgesetzten an.
»Es scheint von einer geheimen Energiequelle der Aller Ersten gespeist zu werden«, antwortete er. » Es ist ein Meisterwerk technischer Hochkultur. Es soll sich um ein Steuerungsmodul handeln, das einen Dreiecks-Transmitter aufbaut. Dieser kann einen Durchgang zu der anderen Seite unserer Galaxis aufbauen, oder in andere Dimensionen des Alls. Das Modul bezieht seine Energie angeblich aus dem Zwischenraum und ist sofort einsetzbar, wo sich gerade auch sein Träger befindet. Ich habe mir von sogenannten Weisen erklären lassen, dass dieses Amulett eine Art Energieblase bildet, mit denen man durch gekrümmte Schichten des Universums reisen kann. «

Barenseigs schob Admiral Cartero das Amulett näher zu. Der schaute immer noch fasziniert darauf.

»Allein durch das Amulett kann ein Wurmloch geöffnet und stabil gehalten werden? «, fragte er. »Das ist beeindruckend. Können sie es bedienen? «

»Noch nicht«, erwiderte Barenseigs. » Derzeit lerne ich dazu. Die Informationen kommen stückchenweise an, lassen aber mein Gesamtverständnis über die Funktionsweise des Amulettes wachsen. «

»Wie weiß man denn, wo der Durchgang endet? «, erkundigte sich der Admiral.

» Ich denke, das wird aus der Eingabe der Zielkoordinate ersichtlich «, teilte Barenseigs mit.

»Dann braucht man eine Karte, auf der alle verfügbaren Zielorte eingetragen sind«, vermutete der Admiral.

»Das ist durchaus möglich«, erwiderte der Gildor. »Doch diese Karte besitzt keine der Personen, mit denen ich gesprochen habe. «

Barenseigs setzte seine Kapuze ab. Dann legte er seine Hand auf das Amulett. Er drückte einen fremdartigen Buchstaben. Sofort veränderte sich die Oberfläche des Amuletts und eine Tastatur wurde sichtbar. Cartero schaute interessiert zu. Da Barenseigs keinen weiteren Eingaben vornahm, verwandelte sich das Amulett zurück in seinen ursprünglichen Zustand. Barenseigs hielt es Cartero entgegen. Dieser nahm es an sich und schaute es sich von allen Seiten an.

»Es sieht aus, wie ein altes Artefakt«, bemerkte er. »Gibt es noch mehr von diesen Steuerungen in der Galaxie? «

»Ich konnte mit einer weiblichen Houtscho sprechen«, antwortete Barenseigs. »Das ist ein Geheimbund. Ihre Mitglieder schützen die Amulett-Träger vor äußeren Eingriffen. Diese Personen erforschen auch die Technik des Amulettes. Die Frau hat mir erklärt, dass es nur noch eine kleine Gruppe von Amulett-Trägern gibt. Sie ist der Meinung, immer noch genügend Amulette zu finden sind, die von den Aller Ersten versteckt wurden. «

Cartero tippte auf eine fremdartige Ziffer, doch das Amulett veränderte sich nicht.
»Warum passiert bei mir nichts? «, fragte er.

»Das Amulett adoptiert seinen Träger«, antwortete Barenseigs. »Wird ein Besitzer abgelehnt, dann kann er das Amulett nicht bedienen. «

Cartero gab Barenseigs das Amulett zurück.
»Führe deinen Auftrag fort«, entgegnete er. » Melde dich, wenn du in Not bist, wir kommen dann sofort zu Hilfe. Gib uns zwischendurch deine Koordinaten durch, damit wir folgen können. Wir mussten uns bereits mit einer Flotte der Methan-Atmer aufhalten, die deinen Funkspruch abgefangen haben und sich uns in den Weg stellten. Verschlüssele bitte zukünftig deine Funksprüche. «

Cartero hob das Amulett vom Tisch auf und wollte es Barenseigs geben. Dabei drückten seine Finger versehentlich drei Symbole auf dem Amulett. Dieses vibrierten und fingen an zu leuchten. Auf dem zentralen Bildschirm sahen sie, wie sich vor dem Flaggschiff ein großes dreieckiges Transmitter-Energiefeld aufbaute.

»Was hast du gemacht? «, fragte Barenseigs erstaunt.
Der Admiral schüttelte seinen Kopf.
»Ich weiß es nicht«, antwortete Cartero schnell.

»Nicht bewegen«, warnte Barenseigs. »Lass die Finger bitte da, wo sie sind. «

Langsam kam er näher und schaute auf die Ziffern, die Cartero gedrückt hatte. Sie leuchteten.

»Ich habe mir die drei Symbole notiert«, teilte Barenseigs mit. »Lege es ab und nehme die Finger von dem Amulett. «
Cartero tat, wie von Barenseigs empfohlen. Nach wenigen Sekunden löste sich das Energiefeld vor dem Schiff auf fiel in sich zusammen. Das Leuchten der Symbole erlosch. Nichts deutete mehr auf einen künstlichen Durchgang hin.

Barenseigs nahm das Amulett schnell an sich.
»Ich verabschiede mich«, sagte er. »Wir bleiben in Kontakt. «

»Weiterhin viel Erfolg«, erwiderte Cartero.

»Ich habe noch eine Idee«, bemerkte Barenseigs. »Es ist wäre gut für unsere weitere Forschung, wenn wir die Testdaten auswerten könnten. Ich fliege mit meinem Raumschiff vor die Flotte und öffne nochmals den Dreiecks-Transmitter. Bereite bitte eine Drohne vor. Diese schicken wir durch den Transmitter. Sie soll alles aufzeichnen und uns die Daten übermitteln. Vielleicht bekommen wir Bilder von der anderen Seite. «

»Eine gute Idee«, erwiderte Cartero. »Wir bereiten alles vor. Gehe in dein Schiff und aktiviere das Tor. «

Barenseigs verließ die Brücke des Flaggschiffes der Gildoren. Nach kurzer Zeit koppelte er sein Schiff ab und flog vor die wartende Flotte.

»Hyperkomm-Verbindung zum Flaggschiff aufbauen«, befahl er der Hypertronic-KI seines Schiffes.

»Die Verbindung steht«, bestätigte die künstliche Intelligenz.

»Hier ist Barenseigs«, sprach er in den Communicator. »Ich bin bereit. Schleust die Drohne aus. Es muss alles sehr schnell gehen, beeilt euch. «

Barenseigs griff nach dem Amulett und drückte die gleichen drei Symbole, die er sich soeben notiert hatte. Sofort aktivierte sich vor seinem Schiff der Dreiecks-Transmitters. Das Energiefeld des Durchgangs beruhigte sich schnell.

»Lasst die Drohne einfliegen«, wies Admiral Cartero seine Crew an. «

Die Techniker regierten schnell. Die Drohne änderte den Kurs und flog in das Energiefeld.

»Wo ist sie hin? «, fragte Cartero seinen Ortungs-Offizier. » Empfangen wir Daten? «

»Sie fliegt noch, und verlässt mit unvorstellbarer Geschwindigkeit unser Sonnensystem«, bemerkte die Ortung. »Sie sendet von einem unbekannten Ort unserer Galaxie. Die Daten kommen nur noch gebrochen an. Sie muss bereits sehr weit entfernt sein. Jetzt bewegt sie sich nicht mehr. Sie hat eine unvorstellbare Entfernung zurückgelegt und sendet erste Bilder und Daten. Sie scheint in einem unbekannten Sternensystem herausgekommen zu sein. Sie fliegt einen Planeten an. Anzeichen für eine Atmosphäre sind vorhanden. «

Dann brach die Verbindung ab. Der Dreiecks-Transmitter hatte sich geschlossen.

»Haben wir Daten erhalten? «, fragte Barenseigs per Hyper-Funkspruch an.

Der Admiral bestätigte.
»Komm auf unser Schiff«, teilte er mit. »Wir werten die Daten gemeinsam aus. Die Bilder zeigen ein fremdes Sternen-System. Eine Sonne, mit einem einzelnen Planeten, der von einem Mond umrundet wird. Auf dem Planeten sind eine grüne Fauna, Gräser, Sträucher, Bäume und blaue Luft zu erkennen. «

»Haben wir die Koordinaten? «, fragte Barenseigs.
Der Ortungsoffizier schüttelte den Kopf.

»Diese Position des Weltalls gibt es nicht in unseren Archiven «, antwortete er. » Wir haben keinen Eintrag über diesen Planeten, den Asteroiden, oder der Sonne abgleichen können. «

»Aber wir sehen es doch mit eigenen Augen«, bemerkte Admiral Cartero.

»Ich wiederhole es nochmals«, antwortete der Ortungs-Offizier. »Dieses Planeten-System kennen wir nicht. In unseren Kartenarchiven ist es nicht eingezeichnet. «

Der Gildor hatte genug gehört und brach die Verbindung ab.

Barenseigs hatte sein Schiff wieder an das Flaggschiff der Gildoren-Flotte angedockt. Sicherheits-Offiziere brachten ihn auf die Brücke.

Admiral Cartero blickte kurz auf.
»Haben wir etwas Neues? «, fragte der Außen-Agent.
»Nichts«, antwortete der Admiral. »Die Koordinaten sind nicht in unseren Kartenarchiven verzeichnet. Die Drohne kann sonst wo sein. «

»Sie ist am Ende des Universums«, bemerkte Barenseigs. Der Admiral blickte ihn an.

»Wir wissen doch alle, dass unser Weltraum unendlich ist«, erwiderte er. » Wo soll nach deiner Meinung das Ende des Weltraums liegen? «

Barenseigs wusste hierauf nichts zu sagen.

»Das ist eine Aussage von den Weisen, die ich gesprochen habe«, entgegnete er. »Es muss noch mehr geben, als wir kennen. «

»Schauen wir uns die Daten an, die unsere Drohne übermittelt hat«, schlug Admiral Cartero vor. »Vielleicht erhalten wir neue Erkenntnisse. «

Er blickte seinen Funk-Offizier an.
»Die Aufzeichnungen der Drohne auf den zentralen Bildschirm überspielen«, befahl der Admiral.

»Die Daten werden dechiffriert«, meldete der angesprochene Offizier. »Die Übertragung beginnt in wenigen Sekunden. «

Gespannt blickten Admiral Cartero und Barenseigs auf den großen Bildschirm.

Das Bild flammte auf und zeigte den Austritt der Drohne aus dem Dreiecks-Transmitter an. Sie war in einem fremden Sektor des Weltalls materialisiert. Sie näherte sich einem unbekannten Planeten, der von einem Mond umrundet wurde. Vorsichtig trat sie in die Umlaufbahn des Planeten ein und ging tiefer. Sie durchbrach die Wolkenschichten des Planeten. Die Aufnahmen der Drohne zeigten eine reichhaltige Vegetation. Bäume, Felder und Tiere wurden sichtbar. Die Drohne richtete ihre Sensoren nach vorne. Am Horizont wurde eine große, moderne Stadt sichtbar. Cartero und Barenseigs sahen noch, wie sich ein blauer Schutzschirm um die Stadt aufbaute. Gleichzeitig lösten sich von dort drei Laser-Lanzen, die direkt auf die Drohne zurasten. Ein greller Blitz zeigte die Überlastung des Schutzschirmes der Drohne an. Das Übertragungs-Signal erlosch.

»Unsere Drohne wurde abgeschossen«, bemerkte Bahnsteigs.

»Das haben wir auch gesehen«, erwiderte Cartero. » Diese moderne Drohne war mit unserem besten Schutzschirm ausgestattet. Mir gibt das zu denken. Die Bewohner dieses Planeten konnten unseren Schutzschirm innerhalb von Sekunden, nur mit ihren ersten drei Laser-Schüssen ausschalten. «

»Sie haben sich vermutlich bedroht gefühlt? «, antwortete Barenseigs.

»Darum geht es nicht«, antwortete Cartero. »Ihre Technik wird der unseren ebenbürtig sein, wenn nicht sogar überlegen. Das wäre äußerst schlecht. Es würde bedeuten, dass wir uns nicht zu diesem Ort begeben können. Unser Schutz wäre nicht gewährleistet. «

Barenseigs legte den Kopf schräg.
»Wir können uns schon recht gut schützen«, erwiderte er. » Vielleicht ist diese Aktion von den Bewohner auch nur als Flugabwehr zu verstehen. Sie können nicht gewusst haben, dass unsere Drohne nur eine Aufklärungsmission hatte. Vielleicht werden humanoide Wesen von ihnen

freundlicher begrüßt. Zusätzlich könnten wir uns noch tarnen. «

»Fragen über Fragen«, sagte Admiral Cartero. »Der Tatbestand ist aber, wir wissen nicht, wo sich dieser Ort befindet. Die Koordinaten sind nicht in unseren Datenbanken enthalten. Wir können dich also nicht unterstützen oder dir zu Hilfe senden. Wir wissen ebenfalls nicht, ob du jemals wieder diesen Ort verlassen kannst. Wir besitzen keine Informationen, wie sich die Gegenseite öffnen lässt. «

»Das ist mir egal«, antwortete Bahnsteigs. » Wir haben jetzt die Möglichkeit das Geheimnis zu lüften und hinter das Rätsel des Amuletts zu kommen. Ich möchte den Durchgang benutzen und die fremde Welt erkunden. Vielleicht ist es auch ein Durchgang zu einer anderen Dimension, oder zu einer anderen Zeitebene. Wer sagt uns denn, dass ihr ganzer Planet nicht getarnt wurde? «

»Dann wäre er auch für die Drohne getarnt gewesen«, antwortete der 1. Offizier des Flaggschiffes.
Barenseigs wusste, dass er Recht hatte.

»Mach, was du willst«, antwortete Cartero. »Wer kann schon eine ganze Welt tarnen, außer uns? «

»Warum sind wir Gildoren? «, fragte Barenseigs. » Wir haben uns vor vielen Jahrtausenden aus der Milchstraße zurückgezogen und uns eine neue Heimat und neue Aufgaben gesucht. Wir haben uns der reinen Forschung verschrieben. Die Gildoren haben die Aufgabe, wichtige Errungenschaften anderer Völker für unsere Rasse nutzbar zu machen. Bisher konnten wir nur wenige Geheimnisse des Universums zu lösen. Die Technik der Aller Ersten bleibt ein Rätsel für uns. Sucht nach weiteren Informationen der Amulett-Träger. Jedenfalls könnt ihr unter der notierten Adresse freiwillige Hilfstruppen nachsenden. Ich möchte erst einmal allein gehen und diesen Ort erkunden, eventuell auch mit den Lebewesen Kontakt aufnehmen. Mein Entschluss steht fest. Ich gehe durch dieses Tor. «

»Ich sehe, dass ich dich nicht umstimmen kann«, sagte Admiral Cartero.» Bevor du gehst, statte ich dich mit unseren neuesten Errungenschaften aus. Ich gebe dir einige Kampfroboter und genug Waffen und Munition für den Außeneinsatz mit. «

»Danke«, sagte Barenseigs.
Er warte noch ab, bis die Versorgungspakete in seinem Schiff verstaut waren, dann verabschiedete er sich und verließ die Brücke des Flaggschiffes. Das kleine Forschungs-Schiff von Barenseigs dockte ab und flog in die entgegengesetzte Richtung. In ausreichender Entfernung aktivierte der Außen-Agent das Amulett. Vor seinem Schiff baute sich ein bläulich schimmernder dreieckiger Transmitter-Durchgang auf. Barenseigs beschleunigte sein Schiff und flog in das Transmitter-Feld hinein. Wenige Minuten später deaktivierte es sich selbstständig. Der künstliche Horizont fiel in sich zusammen, wie eine Seifenblase.

Admiral Cartero und sein Brückenteam hatten das Vorhaben von Barenseigs auf den Monitoren verfolgt.

»Hoffen wir, dass er zu gegebener Zeit ein Signal an uns senden kann«, sagte Cartero leise.

Er blickte immer noch auf den großen Panorama-Schirm und versuchte mit seinen Augen dem Schiff von Barenseigs zu folgen. Doch der künstliche Durchgang war verschlossen. Der soeben noch funktionstüchtige Dreiecks-Transmitter blieb verschwunden.

Die Enklave der Nadoo

Die Termar 1 durchbrach mit ihren sechs Begleit-Schiffen die Energie-Barriere auf der Rückseite des Dreiecks-Transmitters. Gemäß der Anweisung flogen alle Schiffe im Tarn-Modus. Major Travis, Sirin, Commander Brenzby und Heinze standen am CIC.

»Erhalten wir Ortungen? «, fragte Major Travis. » Bekommen wir neue Daten? «

Alarmsirenen schrillten durch das Schiff. Die Sensoren erfassten fremde ID-Signaturen.

»Ich orte einen massiven Raumschiffs-Verkehr in diesem System«, meldete Sergeant Dantow. » Es sieht so aus, als ob einige Schiffe von uns das geöffnete Transmitter-Tor beobachtet haben. Sie scannen intensiv in unsere Richtung. «

»Können sie uns erkennen? «, fragte Major Travis.

» Es sieht nicht so aus«, antwortete der Ortungsoffizier. » Es scheint sich überwiegend um Raumschiffe mit alter natradischer Technik zu handeln, die aber nicht weiterentwickelt wurde. Es besteht keine Gefahr für uns. «
»Langsame Fahrt voraus«, befahl Major Travis.
»Ich leite neue Ortungsdaten auf das CIC«, teilte Sergeant Dantow, von der Ordnungs-Abteilung mit.

Commander Brenzby pfiff durch die Zähne.

»Ich erkenne dreiundzwanzig Planeten und drei große Sonnen«, sagte er. »Das ist ein schönes Sonnen-System. Das Zentrum bildet eine übergroße Sonne. Diese hält vermutlich mit ihrer Schwerkraft das System zusammen. Rechts und links unterhalb von ihr, entdecke ich zwei weitere kleinere Sonnen. Um diese kreisen elliptisch jeweils 6 Planeten, die andern 11 Planeten um die übergroße Sonne. «

»Meine Analyse ist abgeschlossen«, teilte die Hypertronic-KI der Termar 1 monoton mit. »Insgesamt befinden sich sechs der Planeten in einer habitablen Zone. Hierauf kann sich Leben entwickelt haben. Die anderen Planeten können als Versorgungs-Planeten, für wichtige Rohstoffe genutzt werden. Den Schwerpunkt bildet der fünfte Planet. Hier messe ich kontinuierliche Starts und Landungen von kleineren Raumschiffen. Ich empfange Hyperraum-Funksprüche und TV-Wellen. Eine Vielzahl von unterschiedlichen Signalen durchzieht das All und wird zu den Planeten geleitet. Sie sind alle natradischen Ursprungs. «

Sirin horchte auf.
»Dann sind es Überlebende meines Volkes«, staunte sie. » Wir haben mein Volk gefunden. «

»Nicht so voreilig«, stoppte der Major die Euphorie von Sirin. »Analysiere die bitte Gespräche«, befahl Major Travis der KI.

»Die Analyse läuft«, bestätigte die künstliche Intelligenz der Termar 1.

Gespannt warten die Offiziere der Brücke auf das Ergebnis der Schiffs-Hypertronic-KI.

»Meine Auswertung liegt vor«, meldete die Hypertonic-KI. »Es ist eine veränderte Variante des natradischer Sprachsatzes. Einige Schiffe haben die Öffnung des Dreiecks-Transmitters beobachtet und teilen ihr Erstaunen hierüber per Hyperfunk mit. Ein Teil der Schiffe wurde beauftragt, die Koordinaten-Position untersuchen. Wie den Berichten zu entnehmen ist, haben sie eine Öffnung seit vielen Jahrtausenden nicht mehr erlebt. Sie starten zwölf Raumschiffe aus ihrer Flotte zu Klärung der Öffnung. «

»Sie fragen sich, warum das Transmitter-Tor wieder erloschen ist? «, teilte Major Travis mit.
Die Crew beobachtete die ausgesandten Schiffe, die an der erloschenen Position des Dreiecks-Transmitters Messungen vornahmen. Nach wenigen Minuten verloren sie das Interesse hieran. Vermutlich konnten sie keine verwertbaren Daten ermitteln.

»Die 12 Schiffe drehen ab und fliegen zu der wartenden Flotte zurück«, bemerkte Commander Brenzby.

»Es sieht so aus, als ob sie den Transmitter von der Innenseite nicht öffnen können? «, wunderte sich Sirin.

»Sie sind sehr irritiert und verstehen nicht, warum der Transmitter sich wieder abgeschaltet hat«, teilte Heinze mit. »Ihre Gedanken liegen offen vor mir.«

»Scanne alle Schiffe nach Waffensystemen oder sonstigen Equipment«, befahl Major Travis der Hypertronic-KI. » Setze bitte unsere Zao-Strahlen ein. Wir benötigen alle Angaben über die Beschaffenheit der Schiffe. «

Die KI des Schiffes bestätigte.
Commander Brenzby schaute auf sein Display.
»Die Analysen kommen rein«, sagte er. «
Die KI gab die Daten zusätzlich mit ihrer Stimme aus.
»Es handelt sich um Raumschiffe in Kugelform«, teilte sie mit. »Sie sind nicht vergleichbar mit der natradischen Dreiecks-Form. Trotzdem finde ich viele natradische Baumuster. Die Außenhaut besteht aus einer normalen Stahlverbindung, mit der Möglichkeit einen Schutzschirm einzusetzen. Die Energieversorgung erfolgt über Atomreaktoren. Eine Aufnahme von Energie-Kristallen ist nicht erkennbar, daher wird eine nur minimale Leistungs-Effizienz errechnet. Torpedos- und Raketen-Lagerungen wurden gescannt. Ansonsten sind Laser-Geschütztürme zu erkennen. «

»Danke«, antwortete Major Travis. »Wir beobachten erst einmal die Schiffe und analysieren ihr Verhalten «

Major Travis und die Offizier der Brücke blickten auf den Monitor. Die Zeit verstrich.

»Wir warten noch etwas ab«, entschied der Major. »Später werden wir mit der Termar 1v enttarnen und Kontakt aufnehmen. Unsere Begleitschiffe halten ihre Tarnung aufrecht. «

»Ihre Gedanken sind verbissen«, sagte Heinze. »Sie können sich nicht erklären, warum der Transmitter funktioniert hat. Sie wissen aus alten Überlieferungen, dass so etwas existiert hat, jedoch konnten sie bisher nie das Transmitter-Dreieck von ihrer Hemisphäre aus aktivieren. «

»Das erklärt auch, warum sie hier ihre eigene Welt eingerichtet haben«, erwiderte Major Travis. » Sie konnten nicht mehr zurück. Außerhalb war durch den Befehl von Admiral Tarin alles deaktiviert worden. Die Wissenden sind gestorben und eine neue Generation von Nachkommen ist herangewachsen. Sie haben sich diese Enklave als Heimat aufgebaut. «

Die zwölf kugelförmigen Schiffe hatten sich weiter entfernt. Sie flogen zu ihren Verbänden zurück.

»Sie werden die Position des Dreiecks-Transmitters gespeichert haben«, sagte Major Travis. »Um nicht weitere Verwirrungen zu stiften, werden wir uns mit der Termar 1 enttarnen. Commander Brenzby, informiere die Begleitschiffe, dass sie bitte weiterhin getarnt bleiben sollen. Ich vermute, die hier lebenden Natrader haben nicht unsere technischen Möglichkeiten, um getarnte Schiffe zu orten. «

Sirin nickte.

»Das sehe ich auch so, ansonsten hätten sie uns bereits längst gescannt«, bemerkte sie. » Die Schiffe, welche die Koordinaten des Dreiecks-Transmitters geprüft haben, werden nur noch entfernt etwas mit natradischer Technik zu tun habe. Ich glaube, durch die langen Jahre der Abgeschiedenheit, mussten sie auch ihre Technik völlig neu konzipieren. Vieles wird in Vergessenheit geraten sein und sie konnten nicht mehr hierauf zurückgreifen. «

Ein Verband neuer Schiffe näherte sich.

»Wir können uns in ihr Hyperraum-Funknetz einschalten«, schlug Commander Brenzby vor.

Major Travis nickte.

»Das Schiff enttarnen und den Schutzschirm aktivieren «, befahl er.

Sergeant Hausmann bestätigte und nahm die entsprechenden Schaltungen vor. Von einem Moment zum anderen wurde der 500-Meter messende Naada-Kreuzer sichtbar. Ein leichtes bläuliches Flackern legte sich um die Termar 1, als der Super-Schutzschirm aktiviert wurde.

»Auf allen Frequenzen Grußbotschaften senden«, befahl Major Travis.

»Die Schiffe haben ihre Waffen scharfgemacht«, teilte Sergeant Dantow mit. »Sie reagieren nicht auf unsere Freund-Signaturen. «

»Wir warten ab«, erwiderte Major Travis. »Die Kugelraum-Schiffe der Enklave sind jetzt in Schussweite«, teilte der Ortungs-Offizier mit.

Eine knisternde Spannung war auf der Brücke zu fühlen. »Alle Bildschirme an«, befahl der Major.

»Ihre Gedanken sind uns nicht freundschaftlich gesonnen«, bemerkte Heinze. » Sie feuern in den nächsten Sekunden Raketen auf uns ab. «

»Commander Brenzby, versetzen sie das Schiff etwas nach links, bevor sie ihre Raketen auf uns abfeuern können«, befahl der Major.

Der Commander drückte einige Knöpfe und die Termar 1 machte einen Notsprung nach rechts.

Keine Sekunde zu früh, aus allen angreifenden Schiffen schossen Laserstrahlen auf die Position zu, an der das Schiff soeben noch gestanden hatte.

»Funkspruch an die fremden Schiffe«, befahl Major Travis.

»Die Leitung ist offen«, erwiderte Sergeant Farmer. »Sie können uns hören. «

»Hier spricht Major Travis«, meldete er sich. »Erbfolgeberechtigter Oberbefehlshaber der vereinigten Streitkräfte von Natrid und Tarid. Erhobener im Gefüge der Kaiserkaste mit Rang 1. Bestätigt und eingesetzt durch Noel von Natrid im Rahmen der Nachfolge-Programmierung durch Admiral Tarin. Ich fordere sie auf, die Waffen zu senken und den Beschuss sofort einzustellen. «

Eine kurze Antwort kam über die Hyper-Funk-Verbindung.

Sie sind eingedrungen und sie verletzen unsere Hemisphäre «, tönte es aus den Lautsprechern.

»Wir sind mit freundschaftlichen Absichten hier«, antwortete Major Travis. »Wir suchen sie und möchten mit ihnen sprechen. «

» Sie aktivieren erneut ihre Waffen«, teilte Heinze mit. » Wir haben 5 Sekunden bis zum Abschuss ihrer Laser-Strahlen. «

»Das Schiff nach rechts versetzen, gleiche Entfernung«, befahl Major Travis.

Sergeant Hausmann schlug den Schubhebel des Schiffes nach vorne und riss gleichzeitig den Steuerknauf nach rechts. Da Boden vibrierte, als die Maschinen ruckartig hochfuhren und das Schiff in Sekundenschnelle 1.500 Meter nach rechts versetzen.

Wieder konzentrierte sich der Beschluss der angreifenden Schiffe auf die vorige Position der Termar 1. Der Abschluss der Laserstrahlen ging erneut ins Leere.

»Stellen sie das Feuer ein, das ist unsere letzte Aufforderung«, wiederholte Major Travis seine Aufforderung an die Fremdschiffe. »Bei einem nochmaligen Angriff werden wir uns verteidigen. «

Es schien, als verhallte die Mitteilung ungehört.
»Sie bereiten einen dritten Abschluss vor«, sagte Heinze.

»Ausweichkurve fliegen«, befahl Major Travis. »Feuerbefehl für alle Waffentürme. Vernichten sie die vorderen angreifenden Schiffe. «

Der Angriff der vorgerückten Schiffe erfolgte planmäßig, wie von Heinze mitgeteilt. Die Termar 1 hatte ihre Position bereits verlassen und flog eine steile Kurve nach links, um dann die Waffentürme auf der Steuerbord-Seite in eine gute Schussposition zu bringen. Es vergingen nur Sekunden, da röhrten die 15 Zwillings-Geschütztürme auf. Ihre massiven Laserstrahlen griffen nach den vordersten Schiffen der Angreifer. Die Termar 1 war ein experimentelles Schiff. Sie wurde von Noel mit einigen speziellen Besonderheiten ausgestattet. Hierzu gehörten auch die insgesamt 30 ausfahrbaren Waffentürme, anstatt der ansonsten nur 20 installierten Türme auf den standardmäßigen Naada-Kreuzern. Die angreifenden Schiffe schienen nur über unzureichende Schutzschirme zu verfügen. Jeder abgeschlossene Laserstrahl der Termar 1 bohrte sich in durch die Schiffswände der fremden Schiffe. Explosionen wurden sichtbar, Teile der Schiffswände, der Aufbauten wurden abgerissen. Feuer brach auf den Schiffen aus, Luft strömte aus, Kondenswasser vernebelte den dunklen Raum und verursachte ein Höllen-Szenarium auf den angreifenden Schiffen.

Der Angriff der fremden Schiffe stoppte. Zum Glück wurden nicht die Reaktoren für den Antrieb getroffen. Trotzdem reichte das kurze Feuergefecht aus, um aus den angreifenden Schiffen, brennende und qualmende Schrotthaufen zu machen. Einige Schiffe trudelten steuerlos aus der Angriffsformation. Rettungsboote wurden ausgeschleust. Sie brachten die Besatzungen in Sicherheit.

»Es scheint so, als ob die Mannschaften die brennenden Schiffe aufgeben«, sagte Major Travis. »Den Beschuss einstellen. Wir warten ab. «

»Die Schiffe können nicht mehr zurückgeführt werden«, erkannte Sirin.

Heinze nickte.
»Sie wollen evakuieren«, teilte er mit. »Panik herrscht in den Schiffen. Alle Besatzungsmitglieder wollen noch

rechtzeitig aus den Schiffen heraus, bevor sie explodieren. «

»Wir haben die Schiffe schlimmer beschädigt, als vermutetet«, bemerkte Major Travis.

Commander Brenzby zeigte auf das CIC.
»Das Ausschleusen der Rettungsboote hat aufgehört«, bemerkte er.

»Die Energie-Emissionen verstärken sich in den Schiffen, sie stehen kurz vor dem Explodieren«, teilte Sergeant Dantow mit.

Die ganze Brücken-Crew starte gespannt auf das CIC. Es dauerte nur noch Minuten, da kündigten mehrere grelle Explosionen den Untergang der am schwersten, beschädigten Schiffe an.

Die Termar 1 flog zu ihrem Ausgangspunkt zurück. Sie hatte genügend Abstand zwischen sich und die beschädigten Kugelschiffen gebracht.

Die restlichen Schiffe rücken auf«, bemerkte Sergeant Dantow. » Sie aktivieren wieder ihre Waffen. «

Commander Brenzby schaltete sofort. Er ließ das Schiff 500 Meter unter seine bisherige Position versetzen. Keine Sekunde zu früh, denn an der bisherigen Position schlugen wieder die Laserstrahlen der Schiffe der natradischen Enklave ein.

»Sie ignorieren unsere Freundschafts-Signaturen«, sagte Major Travis. »Vielleicht können sie nichts mit den natradischen Schiffs-IDs anfangen? «

»Das vermute ich auch«, antwortete Sirin. » Diese Signaturen sind ihnen nicht mehr geläufig. Nach den vielen Jahrtausenden hat sich ihre Technik unabhängig von der natradischen Technik entwickelt. «

Major Travis griff nach dem Communicator.
»Unsere Geduld ist jetzt zu Ende«, sprach er hinein. »Stellen sie den Angriff ein, ansonsten vernichten wir ihre Schiffe. «

Die Crew wartete ab.
»Sie reagieren nicht auf unsere Funksprüche«, sagte Commander Brenzby. »Sie greifen uns weiter an, obwohl wir kaum Gegenwehr leisten. Sie werden uns wieder unter Beschuss nehmen. «

»Unsere Begleit-Flotte sollen sich enttarnen und ihre Waffentürme aktivieren«, befahl Major Travis.

Sergeant Farmer bestätigte sofort.
»Ihr Befehl wurde übermittelt«, meldete er.

Die sechs Schiffe der Königs-Klasse enttarnten sich. Ihre schweren Waffen-Türme schwenkten in die Richtung der näherkommenden Flotte. Röhrend entluden sich die Geschütze auf die angreifenden Schiffe. Die vordersten

Schiffe wurden mit einem Hagel gelblicher Energie-Strahlen eingedeckt. Erneut versagten die Schutzschirme. Antriebe und Steuerungen fielen aus. Erneut fingen die Schiffe an zu trudeln.

Schwer getroffen scherten sie aus den Angriffs-Formation aus und blieben zurück. Die nachrückenden Schiffe waren irritiert und geschockt. Sie stoppten ihren Flug. Mit noch mehr Schiffen hatten sie nicht gerechnet. Viele Schiffe der Enklave mussten bereits schwere Treffer einstecken und litten unter den Beschädigen der Treffer. Obwohl sechs der angreifenden Schiffe bereits vernichtet wurden, wollten die nachfolgenden Schiffe weiterkämpfen. Wieder explodierten 3 Schiffe im grellen Explosionen. Der Weltraum war übersät mit Trümmern und Metallstücken.

»Stellen sie bitte nochmals eine Funkverbindung zu den fremden Schiffen her«, sagte Major Travis.

»Die Verbindung steht«, bestätigte Sergeant Farmer.

»Wir wiederholen unsere Mitteilung«, sprach Major Travis in den Communicator. »Wir möchten keinen Konflikt mit ihnen. Durch ihre unnachsichtige Haltung sahen wir uns gezwungen, ihre Schiffe zu vernichten. Sie sehen, dass sie unterlegen sind. Ziehen sie ihre Schiffe zurück. Verzichten sie auf weitere Kampf-Maßnahmen, ansonsten lernen sie das vollständig Potenzial der Waffentürme unserer Schiffe kennen. Wenn wir wollen, reicht ein einziger Schuss aus einer unserer Hyper-Space-

Kanonen aus, um ihren Planeten zu zerstören. Wir erwarten eine sofortige Kontaktaufnahme von ihnen. «

»Das wird gesessen haben«, bemerkte Commander Brenzby. «

Er blickte der Major an.
»Ich wusste gar nicht, dass du so hart sein kannst. «

»Ich bitte um Entschuldigung«, erwiderte Major Travis. » Was sollen wir sonst noch versuchen. Die Nachkommen der Natrader sind trotz unseren guten Absichten nicht auf unsere Vorschläge eingegangen. «

Sirin nickte nur mit ihrem Kopf. Es schien für sie nicht verständlich zu sein, dass sich ein Zweig von Natradern, so entgegengesetzt entwickeln konnte.

»Sie bekämpfen die Schiffe von natradischen Nachkommen«, sagte Sirin.

»Sie erkennen ihre eigenen Schiffe nicht mehr«, beruhigte Heinze sie. »Dieser Stamm hat sich völlig neu entwickelt. Es sind in dem Sinne keine Natrader mehr. Sie werden vor 100.000 Jahren die Technik aus ihren Schiffen ausgebaut haben. Diese Technik diente dann als Vorlage für Neuentwicklungen. Wir dürfen nicht davon ausgehen, dass auf allen Schiffen Wissenschaftler und Techniker anwesend waren. Von den stolzen natradischen Evakuierungs-Schiffen wird sicherlich nicht mehr viel übriggeblieben sein. Diese wurden vermutlich als

Unterkünfte eingesetzt, bis man sich organisieren konnte. Dann war die Kolonie auf sich allein gestellt. Sie haben sämtliche Errungenschaften der Technik neu erfinden müssen. «

»Eingehender Funkspruch«, meldete Sergeant Farmer.

»Bitte auf die Lautsprecher legen«, bat Major Travis.

»Unbekanntes Schiff«, klang eine Stimme in gewohnten natradischen Worten über die Lautsprecher. »Wir kapitulieren. Ihren Waffen sind wir nicht gewachsen. Bitte stellen sie das Feuer ein. «

Der Funkspruch wiederholte sich kontinuierlich. Major Travis gab Funk-Offizier Farmer ein Zeichen.
»Bitte öffnen sie die Leitung «, befahl er.

Der Major nahm den Communicator an sich.
»Hier spricht Major Travis«, sprach er in das Gerät. »Ich bin der Oberbefehlshaber der vereinigten Flotten von Natrid und Tarid. Wir sind in freundlicher Absicht hier. Warum haben sie unseren Aufforderungen nicht direkt Folge geleistet. Ich erbitte ihre Antwort. «

»Hier spricht der Flottenführer der Naado-Schiffe«, tönte es aus den Lautsprechern. »Ich bedanke mich, dass sie den Beschuss eingestellt haben. Wir hatten unsere Befehle. Bitte folgen sie den übrig gebliebenen Schiffen unserer Verteidigungs-Flotte zu dem fünften Planeten des Systems. Das ist unser Regierungs- und

Verwaltungssitz. Wir möchten mit ihnen über unsere Kapitulation verhandeln. «

Major Travis schaute in die Runde seiner Offiziere.
» Sie glauben uns noch nicht«, sagte er. »Sie halten es nicht für nötig, unsere Fragen zu beantworten. Ich glaube, sie wollen uns in eine Falle locken. «

Major Travis blickte Heinze an.
»Ich kann ihren Gedanken entnehmen, dass sie einen Angriff mit Sturmtruppen wagen wollen«, bestätigte der Ro. »Sie haben über 100.000 Soldaten und die gleiche Anzahl an Kampfrobotern bereitgestellt. Sie greifen an, sobald wir gelandet sind. «

Sirin schüttelte den Kopf.
»Sie sind unverbesserlich«, sagte sie. »Noch schlimmer, als die Sauroiden seinerzeit waren.«

»Wir gehen auf das Spiel ein«, entschied Mayor Travis. »Wir landen mit der Termar 1 und den sechs Schiffen der Königs-Klasse. Die Schutzschirme bleiben aktiviert. Wir setzen flächendeckende Narkose-Strahlen ein. Hiermit bestreichen wir das ganze Gebiet. Dann schleusen wir unsere Kampfroboter aus und locken die fremden Einheiten aus ihrem Versteck. Sobald sie von unseren Zerstörern erfasst worden sind, werden sie vernichtet. Unsere Roboter erledigen den Rest. Das sollte sie zur Einsicht bringen. Bitte geben sie einen kodierten Befehl durch, Commander Brenzby. «

»Soll ich Marines und eine Garnison Kampfroboter als Bodenunterstützung anfordern?«, fragte der Commander nach. » Die werden wir zur Sicherung brauchen, wenn wir später aussteigen. «

»Machen sie das, Commander«, bestätigte Major Travis. »Bitten sie Sergeant Hardin das Kommando zu übernehmen. Er möchte zwölf kampferprobte Marines und vierundzwanzig Shy-Ha-Narde auswählen. Sie sollen die komplette Waffenausstattung laden. Wir wissen noch nicht, was auf uns zukommt. Alle Personen des Einsatz-Teams legen den neuen Individual-Schirm an. Die Einstellung erfolgt auf die höchste Leistungsstufe. «

»Die Anweisung ist raus «, meldete Commander Brenzby. »Sergeant Hardin bereitet sich vor. «

»Die Schiffe der Enklave nehmen Fahrt auf«, bemerkte Commander Brenzby.

»Wir folgen in einem geringen Abstand«, entschied Major Travis.
Auf dem großen Panorama-Schirm sah man, wie sich die Schiffe in Bewegung setzten. Das Ziel war der fünfte Planet, der Regierungs- und Verwaltungsplanet der Enklave. Die Termar 1 und die 6 Begleitschiffe der Königs-Klasse flogen auf den Planeten zu.

»Funkspruch vom Planeten«, sagte Sergeant Farmer.

»Stellen sie laut«, antwortete Major Travis.

»Hier ist die Flugkontrolle von Nardt«, teilte eine freundliche Stimme mit. » Wir senden ihnen einen Leitstrahl. Landen sie auf dem zentralen Raumhafen vor dem Regierungsviertel. Sie werden bereits erwartet. «

»Danke«, antwortete Sergeant Farmer. » Wir folgen dem Leitstrahl. «

»Der Leitstrahl wurde eingeklinkt«, bestätigte Sergeant Dantow.

Major Travis schmunzelte.
»Wir wissen bereits, dass wir erwartet werden«, sagte er.
»Die Überraschung wird auf unserer Seite nicht mehr so groß sein. «

»Langsam tauchten die sieben Schiffe des neuen Imperiums in die Atmosphäre des fünften Planeten ein. Die Geschwindigkeit wurde gedrosselt, die Anti-Grav-Servos liefen an. Vorsichtig setzten die Schiffe auf dem Boden auf.

»Sie nennen sich Naado«, teilte Heinze mit. »Vermutlich können sie mit den alten natradischen Begriffen nichts mehr anfangen. «

»Wie können ihnen helfen?«, fragte Major Travis. »Wenn wir sie in das neue Imperium integrieren und sie sich auf die Beine helfen lassen wollen, können sie langfristig ein verlässlicher Partner des neuen Imperium werden. Sie brauchen lediglich eine kleine Hilfestellung. Wir müssen ihnen zeigen, wie sie die Türe zu unserem Universum öffnen können. «

»Wir können ihnen nur helfen, wenn sie das auch wollen«, bemerkte Sirin. » Sie sollten gesprächsbereit sein und keine eigenen Interessen verfolgen. Ich hoffe, sie wollen sich auch helfen lassen. «

»Heinze, welche Gedanken empfängst du? «, fragte der Major seinen pelzigen Gehilfen.

Der kleine Mutant legte den Kopf in den Nacken und suchte nach aktuellen Gedanken-Wellen. Es dauerte nicht lange, da hob Heinze seinen Kopf.
»Sie können ihre Niederlage nicht einschätzen«, sagte er.
»Die militärische Führung ist völlig verunsichert. So etwas haben sie noch nie erlebt. Ich erfasse auch Angst bei den Bodentruppen. Sie warten auf ihren Einsatzbefehl, sobald wir aussteigen. «

»Die Boden-Abwehrgeschütze werden aktiviert«, meldete Sergeant Dantow. » Gleich knallt es gewaltig. «

Die Crew blickte auf die Monitore. Dreißig Lasersalven wurden von der Stadt abgefeuert und schlugen in die Schutzschirme der Schiffe ein.

Commander Brenzby schaute auf seine Anzeigen.

»Es wird eine minimale Belastung von 5 Prozent angezeigt«, teilte er mit. »Es besteht keine Gefahr für unsere Schiffe. «

Die Schiffe des neuen Imperiums lagen unter dem Dauerbeschuss der Bodenabwehr. Die Energiestrahlen konnten den Schutzschirmen nichts anhaben.

»Langsam wird es langweilig«, sagte Sirin.

Major Travis nickte.
»Geben sie Befehl an unsere Begleitschiffe, befahl er. »Sie sollen per Raketenbeschuss die bodengebundenen Abwehranlagen ausschalten. «

»Der Befehl ist eingeloggt«, antwortete Commander Brenzby.

In kurzen Intervallen verließen modernste terranische Raketen die Abschussschächte der Schiffe und flogen mit extremer Geschwindigkeit den Zielen entgegen.

»Die erste Abwehrstellung wurde vernichtet«, teilte Commander Brenzby mit.

Kurz vor der Stadt stieg ein Feuerpilz in den Himmel auf, der sich in den oberen Schichten der Atmosphäre in Rauch umwandelte.

»Wie vielen Abwehrstellungen haben wir erfasst?«, fragte Major Travis.

Das CIC zeigt insgesamt 13 Stellungen an«, antwortete Commander Brenzby. »Vier Stellungen wurden bereits von uns vernichtet.«

Wieder sah die Brücken-Crew drei unterschiedliche Feuer-Pilze in den Himmel schnellen. Die Raketen der Schiffe der Kaiser-Klasse schlugen weiterhin zielgenau ein.

»Wir haben jetzt neun Abschussstellungen ausgeschaltet«, ergänzte der Commander.

Der intensive Beschuss von Laserstrahlen auf die Schiffe wurde sichtbar weniger. Erneut vibrierte Boden, als Raketen der natradischen Schiffe Abschuss-Stellungen zerstörten. Vier Feuer- und Rauchpilze kringelten sich in die Luft des Planeten. Metallreste und Staub rieselten zu Boden.

»Alle feindlichen Abwehrstellungen wurden komplett ausgeschaltet«, teilte der Commander mit. »Ihr Befehl wurde erfolgreich umgesetzt. «

»Was passiert jetzt? «, fragte Sirin.
»Wir warten ab«, entschied Major Travis. » Sie werden uns sicherlich bald das Empfangskomitee schicken.«

***

»Die Zeit verändert das Leben in einem einzigen Augenblick«, dachte Itarus. Die Vergangenheit wird von der Zukunft eingeholt. Alle Zweifel in der Geschichte werden mit dem Erkennen der Wahrheit ausgeräumt. «

Der weise Nadoo war der Vorsitzende des Regierungsrates.

Itarus schaute aus dem Regierungsgebäude von Nardt auf den großen Raumhafen. Die Schiffe der Fremden waren gelandet. Er drehte sich um und trat zurück an den großen Tisch, an dem alle wichtigen Regierungs-Mitglieder saßen. Eine Krisensitzung war einberufen worden.

Itarus wandte sich den Mitgliedern der Regierung zu.
»Von unserer stolzen Abwehrflotte ist nicht viel übriggeblieben«, sagte er und blickte in die Runde. »Wir waren uns so sicher, dass wir keinen Gegner zu fürchten hatten. «

»Das dachten wir alle«, teilte Orus mit.
Er war ein weiterer Naado des Rates.

»Es kommen die Tage, da wird man eines Besseren belehrt«, entgegnete die Frau, die Litrin genannt wurde.«

»Diese Aussagen helfen uns aber jetzt nicht weiter«, bemerkte Itarus. »Wir werden kapitulieren müssen. Das gab es noch nie in unserer Geschichte. Überheblichkeit hat uns blind für die Realität werden lassen. Die Wirksamkeit unserer Waffen war für uns gut genug. Für die Fremden ist es nur ein Mückenstich. Unsere bodengebundenen Abwehr-Anlagen wurden vollständig vernichtet. Wir haben den Fremden nichts mehr entgegensetzen. «

»Wenn die Fremden aussteigen, überwältigen wir sie mit unseren Bodentruppen und unseren Roboter-Garnisonen«, erklärte Orus. » Diese haben noch nie versagt. «

»Warum verhandeln wir nicht mit ihnen und hören uns an, was sie wollen? «, fragte Itarus. » Sind wir zu stolz hierfür geworden? Ärgern wir sie lieber weiter, bis sie uns keinen Spielraum mehr für Verhandlungen lassen. Ist das in eurem Sinn? «

»Du warst immer der Gemäßigte von uns«, bemerkte Orus abwertend. »Wenn es nach dir gehen würde, dann gäbe es überhaupt keine Waffen. «

Einen Moment lang herrschte betretenes Schweigen im Sitzungssaal.

»Warum kommen die Fremden jetzt zu uns? «, fragte Itarus. » Woher stammen sie? Wie war es möglich, dass wir so überrascht werden konnten. Niemanden ist es bisher gelungen, das Tor zu öffnen. Wir alle wissen, dass es nur von außen geöffnet werden kann. Diese Worte der Gelehrten unseres Volkes gehen mir nicht mehr aus dem Sinn.«

»Der Widerspruch zwischen Wissen und Erkenntnis ist logischerweise die Realität, « lächelte Litrin. »Die Lehren unseres Regenten waren nicht falsch. Sie war die einzig mögliche Entscheidung, uns nach der Flucht der Vorfahren in diese sichere in Enklave zu bringen. Er war mit der Geschichte umfassend vertraut. «

Er wusste, warum sie hier waren.
Der Vorsitzende des Referates erhob sich. Er schaute in die Runde.

»Ihr habt mich gewählt und mich unterstützt«, erklärte Itarus. »Ich wurde in dieses Amt gewählt, um euch zu führen. Ich bin der Vorsitzende des Regierungsrates von Nardt. Der einzige Allwissende, der die komplette Geschichte unserer Vorfahren kennt.«

Er hob einen Finger und zeigte auf die Ratsmitglieder.
»Ihr alle kennt nur Fragmente unserer Geschichte«, ergänzte er. »Die Flucht unserer Rasse in diese Enklave war eine Sicherungs-Maßnahme unserer Urahnen. Sie wollten die Spuren unserer Herkunft verwischen. «

Der Vorsitzende stand auf und ging mit leichtem Schritt zu dem großen Panorama-Fenster und blickte hinaus. Vor wenigen Minuten war die Wolkendecke über der staubigen Industriewelt aufgebrochen. Vor ihm lag der große Raumhafen mit den Zerstörern der Fremden. Sie waren umgeben von immensen Fabrikanlagen, Industriekomplexen und Anlagen, die er nicht genau erkennen konnte.

Er schüttelte den Kopf.

»Was nützen die ganzen aufwändigen Industrie- und Fabrikanlagen, wenn unsere Raumschiffe nicht einmal den Erstkontakt von Fremden abwehren können«, fragte er. »Wenn unsere Technik beispiellos versagt, uns nur das Kapitulieren bleibt, dann sind wir nichts anderes als Verlierer. Jetzt stehen wir als Bittsteller vor den Feinden. Kennen wir sie, sind sie uns wirklich freundlich gesonnen? «

»Sie kommen von außerhalb und konnten das Tor öffnen«, antwortete Itarus. »Sie sind gerade erst gelandet. Wir werden Kontakt aufnehmen müssen. «

»Lasst wir sie nicht zu lange warten, bevor sie ungeduldig werden«, erwiderte der Vorsitzende. » Sie sind die Sieger und wir die Verlierer. Sie können sich das Recht vorbehalten, als Despoten aufzutreten. «

»Ich habe mir erlaubt 100.000 Kampfroboter zu aktivieren«, erklärte Urugun.
Er war der Militärexperte des Rates.

»Was wollen wir mit ihnen bezwecken? «, fragte der Vorsitzende.

» Wir könnten die Fremden auf diesem Wege in die Knie zwingen«, erwiderte Urugun. » Was unsere Raumschiffe nicht geschafft haben, das werden unsere Soldaten und unsere Roboter mit ihren Handfeuerwaffen schaffen. «

»Du bist Urugun, aus dem Hause der Goldins«, sprach Itarus ihn direkt an. » Deine Familie hat uns immer sehr gute Dienste geleistet und große Teile unseres Volk beschützt. Du hast jedoch das Sprachrecht in deiner Familie nicht übernommen. «

Urugun nickte.
»Der älteste Sohn meines Vaters hat es bekommen«, antwortete er.

»Das war vermutlich eine sehr gute Entscheidung«, ergänzte der Vorsitzende. »Leider hast du dann auch nicht den Verstand übernommen. Eine Entscheidung hätten wir im Weltraum erzwingen müssen. Jetzt ist es zu spät. Falls sie ihre Kanonen hätten sprechen lassen wollen, dann wäre vermutlich unser ganzer Planet verwüstet worden. Unzählige Lebewesen wären gestorben. Können wir das verantworten? «

»Streitigkeiten bringen von Fall zu Fall auch Opfer mit sich«, sagte Urugun. » Wir müssen das akzeptieren. «

»Ich will das nicht akzeptieren«, entgegnete der Vorsitzende. »Deine Entscheidungen sind falsch. Wir werden zu unserer Kapitulation stehen und uns anhören, was die Fremden wollen. Sind euch in den vielen Jahren der Abgeschiedenheit so schlechte Manieren erwachsen. Ihr solltet euch schämen. «

Der Vorsitzende blickte in der Runde der Ratsmitglieder. »Kanusu, du bist ruhig und überlegen«, sagte Itarus. »Was ist deine Meinung? «

»Ich stimme ihnen zu, Vorsitzender«, antwortete der Gefragte. » Immer mehr Gewalt erfordert immer größere Opfer. Wir sollten uns anhören, was die Fremden zu sagen haben. «

»So sehe ich das auch«, erwiderte der Vorsitzende. »Ich nehme einen Trupp Soldaten mit und bringe die Gesprächs-Delegation zu uns. Ich vermute, dass sie ihre Schiffe kampfbereit halten und nur spezielle Verhandlungspartner schicken werden. «

Urugun sprang auf.
»Dafür ist es jetzt zu spät«, sagte er. »Ich habe alle Regimente an Bodentruppen und die gleiche Anzahl Kampfroboter in Bewegung gesetzt. Ich kann sie nicht mehr aufhalten, weil ein striktes Funkverbot befohlen ist. Die Truppen handeln nach eigenem Ermessen. «

»Wie kommen sie dazu, so etwas ohne Absprache zu veranlassen«, fragte Itarus aufgebracht. » Das wird Konsequenzen für sie haben. «

Er blickte ihn abstoßend an und schüttelte seinen Kopf. »Ihre Unfähigkeit treibt unsere Truppen in den Untergang«, sagte der Vorsitzende »Sie sind als Militär-Minister mit sofortiger Wirkung entlassen«, entschied der Vorsitzende.

Er drückte einen Knopf an seinem Tisch. Sofort stürmten sechs uniformierte Wachen in den Raum.

»Sicherheitsdienst, nehmen sie Urugun in Haft und arretieren sie ihn«, befahl er. »Er hat seine Aufgabe als Militär-Minister verspielt. «

Kanusu blickte die Diener an.
»Bringen sie mir eine Hyperkomm-Funkanlage«, befahl er. »Ich werde versuchen, unsere Soldaten zu erreichen. Sie müssen umkehren. «

Urugun wurde abgeführt.
»Alles für das Volk«, rief er schrill den restlichen Ratsmitgliedern zu.

»Hoffentlich können wir noch etwas geradebiegen«, bemerkte der Vorsitzende mit gesenktem Kopf. «

***

»Alles ist ruhig«, sagte Commander Brenzby. » Sie werden warten, bis wir aussteigen. «

»Erweitern sie unseren Schutz-Schirm bis auf 100 Meter um unser Schiff«, befahl Major Travis. »Wir steigen aus, bleiben aber innerhalb des Schutzschirmes. Lasst uns gehen. «

Major Travis und sein Team fuhren mit dem Turbo-Lift zu der untersten Etage. Schnell hatte sich die Energiebrücke aufgebaut. Sergeant Hardin erwartete Major Travis bereits.

»Die Kampf-Roboter sind bereits außerhalb des Schiffes in Stellung gegangen«, teilte er mit. «

»Gut«, antwortete Major Travis.
Er griff nach seinem Communicator und öffnete ihn.

»Hier spricht Major Travis«, sprach er in das Gerät. »Leiten sie mich an die Waffen-Leitstand weiter. «

»Sofort«, bestätigte Sergeant Farmer.
»Sergeant Madson«, tönte es aus dem Gerät. Hier spricht Travis. Sergeant, sobald sich die Soldaten zeigen, aktivieren sie bitte die Narkose-Strahlen. «

»Verstanden«, bestätigte der Sergeant der Waffenleitstelle.

Langsam schritten Major Travis, Sirin, Commander Brenzby und Heinze, die Energiebrücke hinunter. Sergeant Hardin und seine 24 Marines sicherten die Umgebung. Kaum hatten sie festen Boden unter den Füßen, rasten zahlreiche Militär-Transporter heran, aus denen unzählige Soldaten ausgeschleust wurden.

»Es müssen an die 100.000 Soldaten sein «, bemerkte Major Travis. »Sie sind alle in Stellung gegangen. Ich gebe das Signal für die Narkose-Strahlen. «

Die Raumschiffe hatten den Befehl erhalten. Außerhalb der Energieglocke bestrichen violette Fächerstrahlen die Soldaten. Es dauerte nur Sekunden, bis die Soldaten förmlich aus dem Stand, ihre starre Haltung veränderten und zu Boden fielen. Keiner von ihnen konnte noch die Crew der Termar 1 bedrohen.

»Das hat funktioniert«, erkannte Commander Brenzby. »Jetzt stehen noch die Kampf-Roboter an«, sagte Major Travis.

Er drückte den Knopf seines Communicators.
»An alle Schiffe«, teilte er mit. »Hier spricht Major Travis. Sobald fremde Kampf-Roboter auftauchen, bitte ich diese sofort auszuschalten. «

Der Befehl wurde von den Schiffen der Königs-Klasse bestätigt.

Er drehte sich zu seinem Team um.
»Ich verstehe nicht, warum die Kampfroboter nicht gleichzeitig mit den Soldaten angegriffen haben? «, fragte er. » Das ist eine falsche Strategie. «

Die Nadoo haben die aktive Kriegsführung verlernt«, entgegnete Commander Brenzby.
»Die Roboter sind auf dem Weg«, bemerkte Heinze.

Weit hinten vor der Stadt sah man eine Staubwolke, die schnell größer wurde.

»Sie greifen zu Fuß an«, teilte Major Travis über seinen Communicator mit. Alle Einheiten bereitmachen. Feuer frei, auf die Blech-Kameraden. «

Die sechs Kampf-Schiffe entluden ihre Laser-Strahlen auf heranstürmenden 2,00 Meter großen Roboter. Die Waffentürme lenkten ihr Laser-Dauerfeuer auf sie. Dauernde Explosionen wurden sichtbar, Staub und Geröll wurden aufgewirbelt. Feindliche Kampfroboter wurden in die Luft geschleudert und verlangsamten den Ansturm nachfolgender Einheiten.

Der noch intakte Teil hatte seine Waffenarme aktiviert. Die Roboter schossen bereits aus der Ferne auf die Schiffe der Besucher. Diese wurden jedoch durch den Super-Schutzschirm der Termar 1 geschützt. Die Laserstrahlen der Handstrahler verpufften wirkungslos in dem Schirm. Wieder und wieder entluden die Schiffe der Königs-Klasse ihre Geschütze. Immer mehr feindliche Roboter blieben defekt am Boden liegen. Strahl für Strahl dünnten die Menge aus.

»Sie lassen ihre Roboter bis zu der letzten Einheit ihren Auftrag ausführen«, erkannte Major Travis.

»Es wird nicht mehr lange dauern«, lächelte Commander Brenzby. »Es sind nur noch weniger 3.000 Stück. Die Anzahl nimmt ständig ab.«

Major Travis blickte nach links auf die großen Schiffe, die ihre Laserstrahlen weiterhin aus den Geschützrohren feuerten. Metallreste regneten vom Himmel. Die ganze Strecke zu großen Stadt war gepflastert mit nicht mehr funktionsfähigen Robotern und Metalltrümmern. Endlich verstummten die Geschütze.

»Die Roboter wurden ausgeschaltet«, meldete Sergeant Dantow. »Ich habe gerade die Bestätigung erhalten. «

Sirin schüttelte den Kopf.
»So ein starrsinniges Verhalten habe ich noch nicht erlebt«, sagte sie. «

Major Travis schmunzelte.
»Du lebst jetzt bereits länger unter den Menschen«, bemerkte er. » Frage sich selbst, ob du Ähnlichkeiten mit den früheren Natradern in deinem Kaiserreich entdeckst.«

Sirin überlegte und wurde plötzlich sehr nachdenklich.
Der Communicator von Major Travis summte.

»Ein Funkspruch von der Regierung der Naado für sie«, teilte Sergeant Farmer mit. » Ich stelle ihn auf ihren Communicator durch. «

»Hier spricht Major Travis, Oberbefehlshaber der vereinigten Flotte von Natrid und Tarid «, sprach er in das Gerät.

Ein kurzes Knistern war zu hören. Dann stabilisierte sich die Leitung.

»Hier bin Itarus, der Vorsitzende des Regierungsrates von Nardt«, tönte es aus dem Gerät. »Wir möchten uns vielmals für den Angriff entschuldigen. Er wurde ohne unsere Genehmigung veranlasst. Der zuständige Militär-Minister wurde abgesetzt und in Arrest genommen. Wir sind beschämt und entsetzt, dass es so weit kommen konnte. Bitte verstehen sie, wir haben keine Erfahrung mit fremden Rassen. Sie sind für uns der erste Kontakt, seit wir uns in diese Enklave zurückgezogen haben. «

Eine kurze Pause entstand. Der Vorsitzende des Rates von Nardt ließ seine Worte wirken. Dann fuhr er fort.

»Bitte nehmen sie unsere aufrichtige Entschuldigung an«, ergänzte er. »Unsere Kapitulation ist gültig. Wir möchten mit ihnen alle Einzelheiten besprechen. Mein Stellvertretender Kanusu ist auf dem Weg zu ihnen. Er wird sie abholen und in unser Regierungsgebäude führen. Dort werden wir sie nochmals persönlich um Entschuldigung bitten. «

»Es fehlt uns schwer, ihnen das zu glauben«, antwortete Major Travis. »Vertrauen muss aufgebaut werden. Wir sind nicht aufs Vernichten aus. Ihrer Einladung folgen wir gerne und hören uns an, was sie zu sagen haben. Senden sie und ihre Personengleiter. Wir warten auf sie.«

Drei dunkle Regierungsgleiter lösten sich von der Stadt und flogen dem Raumhafen entgegen. Die Maschinen waren bereit von Weitem zu sehen.

»Da kommt unsere Empfangs-Delegation«, sagte Major Travis. »Wir hören uns an, was sie sagen wollen. «

Die Gleiter sanken in einem geringen Abstand zu Boden. Major Travis schaute Commander Brenzby an.

»Lassen sie den Schirm abschalten, ich hoffe, dass wir ihn nicht mehr brauchen. «

»In Ordnung«, bemerkte der Commander.
Er zog seinen Communicator heraus und wies Sergeant Madson an, den Schirm zu deaktivieren.
Die Schotts des Regierungsgleiters öffneten sich und vier Naado stiegen aus. Sie hatten die typische Körpergröße von 1,65 Metern, rotes Haar, die Figur etwas untersetzt. Begleitet wurden sie von zwanzig uniformierten Soldaten, die vermutlich ihre Sicherheit garantieren sollten.

»Mein Name ist Kanusu, ich bin der stellvertretende Ratspräsident«, stellte sich die vorderste Person vor. »Ich möchte sie gerne auf Nardt begrüßen. Wie ihnen unser Ratspräsident Itarus bereits mitgeteilt hat, bedauern wir das Missverständnis des erneuten Angriffs auf sie und ihre Schiffe. «

Verlegen senkte er seinen Blick.

»Mein Name ist Travis«, lächelte der Oberbefehlshaber der Streitkräfte des Neuen-Imperiums ihn an.«

Er hob die Hand zum Gruß. Dann zeigte er mit seiner Hand nach rechts.

»Darf ich ihnen Commander Brenzby vorstellen«, sagte er». Er ist der Kommandeur meiner Schiffe. «

Der Naado nickte zum Gruße und schaute dem Commander in die Augen. Er sah hierin die eiserne Entschlossenheit, die ihn fast zurückzucken ließ.

»Das ist Prinzessin Sirin, eine Cousine des letzten Kaisers von Natrid«, ergänzte Major Travis.

Auch Sirin hielt dem Blick des Naado stand. Sie erkannte, wie Kanusu sie durchdringend musterte.

Major Travis zeigte auf den Ro.
»Das ist Heinze, er gehört zu einem befreundeten Volk und er unterstützt uns bei unseren Aufgaben«, erklärte der Major. »Sergeant Hardin ist zuständig für unseren Schutz. «

Seine Marines hatten in einer Reihe Aufstellung genommen und waren wachsam. Rechts daneben standen die Shy-Ha-Narde, spezielle Elite-Kampfroboter der Black-Moon-Einheit. Sie waren bis zum äußersten bewaffnet. Ihren Sensoren entging nicht die kleinste Bewegung.

Der Naado wollte gerade etwas sagen, jedoch trat er einen Meter zurück, als er die Eliteroter in voller Größe erkannte.

Major Travis drehte sich um. Er sah, wie Tart 1 und Tart 2 die Energiebrücke herunter gestürmt kommen. Wie gewohnt machte sie einen sehr bedrohlichen Eindruck.

»Keine Angst«, entgegnete der Major. »Die wollen zu mir. Das ist meine persönliche Schutztruppe.«

»Darf ich sie einladen, mit uns zu kommen? «, erkundigte sich Kanusu. »Der Regierungsrat hat sich bereits versammelt und erwartet ihre Forderungen. Für ihre Sicherheit wurde gesorgt, dafür verbürge ich mich.

»Sind Sergeant Hardin und seine Mariens bereit? «, fragte Major Travis seinen Commander.

Dieser nickte sofort.
»Ja, er ist bereit«, antwortete er. »Er hat zusätzlich noch 120 Kampfroboter vor unserem Schiff stationiert. «

»Die zwanzig Soldaten des Empfangskomitees wirken hierdurch sehr verunsichert«, bemerkte Heinze. «

»Wir lassen unsere Individual-Schirme in jedem Fall aktiviert«, entschied Major Travis. »Nicht das versehentlich ein Soldat auf uns anlegt und das Feuer eröffnet. «

Es bedurfte keiner weiteren Frage, ein leichtes Flimmern zeigte die Aktivierung der Schirme bei allen Personen deutlich an.

Kanusu zeigte auf die 20 Soldaten.
»Das ist ihre Eskorte«, erklärte er. Ihre Sicherheit ist uns sehr wichtig.

»Ich lehne dankend ab«, erwiderte Major Travis. » Meine Soldaten werden für meine Sicherheit sorgen. Bitte akzeptieren sie das. «

Er zeigte Sergeant Hardin und seine Marins.
»Lassen sie ihre Soldaten zur Bewachung der Schiffe hier. Dann hat alles auch einen förmlichen Ausdruck. Sie haben drei Transport-Gleiter mitgebracht? «

Kanusu bestätigte.
»Ja, das habe ich«, erwiderte er. »Hierin werden wir alle einen Platz finden. Es sind Regierungsgleiter. Steigen sie bitte ein. «

Kanusu machte eine ausschweifende Bewegung mit seinem Arm.

Heinze sah Major Travis an und flüsterte ihm leise etwas zu.
»Wir können Kanusu vertrauen«, teilte er mit. »Er will nichts Schlechtes und steht offen unseren Wünschen gegenüber. Es scheint aber Vertreter in dem Rat zu geben,

die auf die regierenden Organe nicht gut zu sprechen sind. Sie planen den Regierungsrat mit Waffengewalt zu entfernen. «

»Das ist auf jeder Welt gleich«, erwiderte Major Travis. »Die Regierenden können sich nur schwer mit Niederlagen anfreunden. «

Er wandte sich wieder Kanusu zu.
»Sie haben sicherlich nichts dagegen, wenn ich auf meine eigene Eskorte vertraue«, sagte der Major. »Das soll kein Misstrauen darstellen, wir kennen uns jedoch zu wenig und Vertrauen muss erst wachsen. Soeben haben wir uns noch mit Waffengewalt bekämpft, jetzt sollen wir uns treffen und nach Lösungen suchen. Das ist kurzfristig nur schwer möglich. «

»Das verstehe ich«, antwortete Kanusu. »Ich hoffe, es kommt einmal die Zeit, in der wir es einfacher haben werden. «

»Darum sind wir hier«, antwortete Major Travis. »Das werden wir mit ihrem Rat besprechen. Anschließend entscheiden wir über eine bessere Zukunft für ihr Volk.

Tart 1 und Tart 2 nahmen Major Travis in die Mitte und schritten hinter Kanusu hinterher. Die 2,20 Meter großen Personen-Schutzroboter aus Natridstahl, flößten Kanusu und seinen Soldaten Respekt ein. immer wieder drehte er seinen Kopf und blickte die Kampfroboter an. Commander Brenzby, Sirin und Heinze folgten ihm. Sie stiegen in das erste Gefährt ein. Sergeant Hardin verteilte seine Marines und die Elite-Kampf-Roboter auf den zweiten und den dritten Gleiter. Schnell hoben die Transportmaschinen ab und flogen der Stadt entgegen.

»Ihre Roboter sehen aber sehr gefährlich aus«, begann Kanusu ein Gespräch. »Wir müssen uns erst an die gewöhnen. «

»Das sind Shy-Ha-Narde«, antwortete Major Travis. »Diese Maschinen gehören zu meiner Sicherheits-Eskorte. Ihren Sensoren entgeht nichts. Haben sie nicht solche metallischen Gehilfen? «

Kanusu schüttelte den Kopf.
»Nicht solche großen Stahl-Kolosse«, antwortete er. » Wir haben zu schlechte Erinnerungen an solche Maschinen. Es gab in der Vergangenheit leider Schwierigkeiten mit ihnen. «

»Schwierigkeiten inwiefern? «, fragte Major Travis.

»Sie rebellierten und wollten die Regierungsmacht an sich reißen«, erwiderte Kanusu. » Wir haben nur unter schwersten Verlusten die allgemeine Ordnung wieder herstellen können. Ab diesem Zeitpunkt verwenden wir Maschinen nur noch für untergeordnete Arbeiten. Der Trupp, der sie angegriffen hat, verrichtet normalerweise Aufgaben eines Sicherheitsdienstes «

Major Travis verzog das Gesicht.

»Das verstehe ich«, antwortete er. »Diese Zeit war bestimmt sehr schwer für ihr Volk. Es gibt bei uns Vorschriften. Auch ich muss mich an Gesetze halten. Für hohe Persönlichkeiten ist es bei uns Pflicht, Roboter als Personenschutz zu akzeptieren. Ohne diese Akzeptanz würden wir das anvertraute Amt nicht ausführen können. Ein Gespräch mit ihrer Regierung ist also nur in Verbindung mit meinen metallischen Schutzrobotern möglich. Sie werden uns schon vertrauen müssen. Wir sind in friedlicher Absicht gekommen und wollen sie auch in friedlicher Absicht wieder verlassen. «

Die Regierungsgleiter waren an ihrem Ziel angekommen und setzten vorsichtig auf dem Platz der Republik vor dem Regierungs-Gebäude auf. Kanusu schaute Major Travis in die Augen. Es legte sich ein freudiger Glanz auf seine Pupillen.

»Ich glaube ihnen«, erklärte er. »Lassen sie uns in das Regierungsgebäude gehen. Der Rat erwartet uns bereits.«

Major Travis gab den Befehl zum Abmarsch. Kanusu und ein Soldat der Nadoo schritten voraus. Sergeant Hardin führte die militärische Gruppe an. Er hatte jeweils sechs Marines und zwölf Kampfroboter rechts und links der Gruppe positioniert. Tart 1 und Tart 2 waren hiervon ausgeschlossen. Sie folgten ihrer eigenen Strategie.

Das imposante Gebäude wies beeindruckende Masse auf. Eine Treppe führte zu der großen Pforte. Diese besaß eine Größe von sechs Metern.

»Das sind alles Entwürfe aus dem alten natradischen Reich«, flüsterte Sirin. »Ihre Baumeister scheinen nichts verlernt zu haben. «

»Wir haben alle Dokumente von unseren Urvätern archiviert«, antwortete Kanusu. »Manchmal werden diese Entwürfe noch verwendet. «

Major Travis schaute an dem gewaltigen Gebäude entlang.

»Das ist ein künstlich erzeugter Baustein«, bemerkte Major Travis.

Dieses Gebäude wurde nicht mit Zement vermauert, sondern mit einem Spezialkleber verdichtet«, erklärte Kanusu. »Diese Bauweise hält Jahrtausende. Wind, Wetter und andere Urgewalten halten der Oxidation stand. «

Türme säumten zwischendurch das Gebäude. Acht Siegessäulen stützten den Eingangsbereich ab.

»Sehr beeindruckend«, sagte Major Travis zu seinen Begleitern.«

Eine Palastwache stand vor dem Gebäude. Sie war bereits über das Eintreffen der Fremden informiert worden.

Langsam schritt die Gruppe die Treppe des Gebäudes

hinauf. Aus den Augenwinkeln heraus sah der Major, wie Tart 1 und Tart 2 sich blitzschnell umdrehten und sich an die Hand nahmen.

»Was ist los? «, fragte er.

»Ein Raketenangriff«, bemerkte Tat 1 monoton. » Alle Personen sollen sich ruhig verhalten. «

Aus Tart 1 und Tart 2 floss eine gelbliche Energielocke, die sich um die Gruppe legte. Rechtzeitig klappten bei Tat 1 und Tart 2 die Brust-Panzerungen auf und gaben zusammengelegte Waffen frei. Diese gefährlichen Waffen entfalteten sich in Sekundenschnelle. Zwei 30 zentimeterlange Feuerrohre wurden sichtbar. Tart 1 rief den Shy-Ha-Narde etwas zu. Auch sie waren in Abwehrstellung gegangen.

»Raketen werden anvisiert, es sind vier Stück«, bemerkte Tart 2.

Schon hallte Abwehrfeuer über den großen Regierungsplatz. Dauerfeuer fauchte aus den Energie-Gewehren der Eskorte. Tart 1 und 2 verschossen ihre mit Natridstahl ummantelten Raketen auf die heranfliegenden Geschosse. Die feindlichen Bomben wurden noch in der Luft getroffen. Vier grelle Explosionen markierten den Abschuss am Himmel. Glühend heiße Trümmer segelten zu Boden.

Sergeant Hardin befahl sechs Elite-Kampfrobotern die feindlichen Abschuss-Stellungen aufzuspüren. Es dauerte nur kurze Zeit, bis Geschütz-Feuer zu hören war und kurz hiernach Rauch und Qualm aufstiegen.

Die gewaltige Druckwelle der explodierten Bomben hatte die Palastwache von den Füßen gerissen. Major Travis schaute ihnen entgegen. Langsamer richteten sie sich wieder auf und schüttelten ihren Kopf.

»Ich danke euch«, sagte der Major zu den Tarts. »Gut aufgepasst.«

Tart 1 nickte und schaltete die Energie-Glocke ab. Das gelbliche Feld fiel in sich zusammen und verschwand. Major Travis drehte sich zu Kanusu um. Dieser konnte nicht begreifen, was sich soeben abgespielt hatte.

»Ihre Regierung scheint sich immer noch nicht über ihre weitere Vorgehensweise einig zu sein«, sagte er. »Es wird Zeit, dass wir mit ihnen reden. «

Die Kolonne hatte den Eingang des Regierungs-Gebäudes erreicht. Sergeant Hardin stationierte sechs Marines seiner Truppe an dem Eingangsbereich. Sie würden sofort Mitteilung machen, wenn sich neue Angriffstruppen näherten.

Kanusu ließ die Pforte öffnen. Die Personen eilten durch das Gebäude, welches auch von innen schön verziert ausgestattet war, hin zu dem großen Sitzungssaal.

Auch hier stand wieder eine Palast-Wache vor der Türe. Sie sahen Kanusu bereits aus der Ferne mit den Besuchern ankommen. Bereitwillig öffneten sie die Türe.

»Regierungsrat Kanusu muss über viel Einfluss verfügen«, dachte Major Travis.

Es waren keine weiteren Gespräche mit der Wache erforderlich, um ihn und seine Begleiter durchzulassen. Der Regierungssitz war gewaltig. Turmartig angelegt, wies der Saal eine Höhe von 50 Metern auf. Die Wände waren mit Gold verziert. Säulentische und Bänke zeugten von besseren Zeiten der Natrader.

»Willkommen im heiligsten Saal unseres Volkes«, sagte ein älterer Naado.

Kanusu stellte ihn vor.
»Darf ich ihnen Itarus vorstellen, unseren verehrten Ratspräsidenten«, sagte Kanusu.

Major Travis schaute ihn kurz an.
»Ich begrüße die Fremden aus einer anderen Welt«, sagte Itarus. »Es ist verboten, den heiligen Rat mit Waffen zu betreten. «

»Die besonderen Umstände erfordern es«, entgegnete Major Travis. » Wir kamen als Freunde, jedoch wurden wir nicht so begrüßt. Vertrauen konnte zwischen unseren Völkern nicht aufgebaut werden. Sie verstehen sicherlich, dass diese Sicherheitsmaßnahme unser Leben schützt. Sie haben alles versucht, dass kein intensiver Kontakt zwischen Völkern entsteht. «

»Er hat Recht, Vorsitzender«, sagte Kanusu. »Noch auf der Treppe wurden wir von vier Raketen angegriffen. Falls die Technik der Fremden nicht so perfekt gearbeitet hätte, dann wären wir wohl jetzt nicht hier. «

Die Ratsmitglieder schauten verwirrt in eine andere Richtung. «

»Wir bitten um Verzeihung«, erwiderte Itarus. »Noch nie hatten wir Besuch von fremden Rassen. Wir waren abgeschottet und Jahrtausende gezwungen unser eigenes Leben führen. In unserem kleinen Universum gefangen, konnten wir nicht über den Tellerrand hinausblicken. Sie scheinen einen Weg gefunden zu haben, um uns dies zu ermöglichen. Ich darf mich kurz vorstellen. Ich bin der Älteste und der Vorsitzende des offiziellen Regierungsrates von der Nardt. Wir entscheiden über das Wohlbefinden aller Lebewesen und Planeten in unserem kleinen Sonnensystem. «

»Das haben wir mittlerweile erkannt«, entgegnete der Major. » Ich bin Major Travis, Erbfolgeberechtigter Oberbefehlshaber der vereinigten Streitkräfte von Natrid & Tarid. Erhobener im Gefüge der Kaiserkaste mit Rang 1. Bestätigt und eingesetzt durch Noel von Natrid im Rahmen der Nachfolge-Programmierung von Admiral Tarin. Zu meiner rechten Seite steht Heinze, ein Vertreter eines mit uns befreundeten Volkes und Commander Brenzby. Er ist der Kommandeur unserer Schiffe. Zur linken Seite sehen sie Sirin, Prinzessin des untergegangen natradischen Kaiserreiches und Sergeant Harding mit seinen Soldaten und unseren Kampf-Robotern. Tart 1 und Tart 2 sind Maschinen, die auf meinen Personenschutz programmiert wurden. Sie sind meine persönlichen Leibwachen. Versuchen sie bitte keinen weiteren Hinterhalt. Tart 1 und Tart 2 würden es bemerken und gnadenlos eingreifen. Sie haben sicherlich außerhalb den Raketenangriff auf unsere Gruppe beobachtet. Ich möchte, dass die Schuldigen zur Rechenschaft gezogen werden. Leiten sie alles Erforderliche unverzüglich in die Wege. «

»Der Vorfall tut uns schrecklich leid, er war mit uns nicht abgesprochen und erfolgte ohne unser Wissen«, sagte der Vorsitzende.

»Das zeigt mir, dass in ihrem Volk nicht alle ihrer Meinung folgen«, antworte Major Travis.
»Wir haben unserer Zivilisation ein gewisses Maß Selbstständigkeit bewahrt«, erwiderte Itarus. » Es kann unsere Entscheidungen hinterfragen, akzeptieren oder ablehnen. Die Mehrheit entscheidet. «

»Dennoch sollte eine Gerichtsbarkeit über Fehl-Entscheidungen urteilen«, entgegnete Major Travis.

» Das ist ja auch der Fall«, antwortete der Vorsitzende des Rates. «

Ein weiteres Ratsmitglied stand auf und protestierte. »Wie kommen sie dazu, uns Vorhaltungen zu machen. «

»Das ist die Stärke des Überlegenen«, sagte Major Travis. » Wir sind als Freunde gekommen, jedoch haben sie uns verärgert und ihre Waffen sprechen lassen. Es ist uns möglich, ihre ganze Enklave zu vernichten und in Feuer und Rauch aufgehen zu lassen. Ihr ganzes Sonnensystem könnten wir auszulöschen und jedes Lebewesen vernichten. «

»Das sind unverschämte Drohungen«, antwortete das Ratsmitglied. «

»Da haben sie Recht«, antwortete Major Travis. »Es wären Drohungen, wenn unsere Denkweise so ausgerichtet wäre. Wir sind jedoch Forscher und suchen nach alten Artefakten, aber auch nach Freunden und Verbündeten, für unser Neues-Imperium. Dieses wurde auf den Schultern des alten natradischen Kaiserreiches gegründet. «

»Es ist über 100.000 Jahre her, seit ich den Namen das letzte Mal gehört habe«, sagte Itarus. » Nur ich als Vorsitzender, darf die alten Geschichten unserer Vorfahren lesen und erlernen. Unsere Völker besitzen zwischenzeitlich keine Informationen mehr über unsere Vorfahren. Sie wissen nichts von unserer Abstammung. Vermutlich wollten die Alten unseres Volkes, eine neue

Generation aufbauen und vermeiden, dass es wieder einen fürchterlichen Krieg zwischen unterschiedlichen Rassen des Universums gab. «

»Sie wissen von dem Krieg? «, fragte Sirin. «
»Ja«, antwortete der Vorsitzende. »Ursprünglich waren wir Natrader. Die Ersten unseres Volkes stammten in direkter Linie von Natrid ab. «

»Was ist passiert? «, fragte sie weiter. » Bitte erzählen sie uns doch ihre Geschichte. «

Der Vorsitzende trat näher. Kurz vor Sirin und Major Travis blieb er stehen.
»Das mach ich gerne, auch im Sinne eines freundschaftlichen Kennenlernens «, antwortete er.

Er winkte mit dem Arm. Tische und Stühle wurden in den Saal geschleppt. Es dauerte nur wenige Minuten, bis der Saal in einen Besprechungsraum umgewandelt worden war.

»Setzen sie sich bitte«, sagte er. »Mein Name ist Itarus. Er stockte kurz.

»Entschuldigung, fuhr er fort. »Das sagt ich bereit. Vermutlich lässt aufgrund meines hohen Alters meiner Erinnerungsvermögen langsam nach. Sie möchten unsere Geschichte hören? «

»Unbedingt«, erwiderte Major Travis. »Deswegen sind wir hier. Vielleicht können wir ihnen dann auch helfen, wenn wir ihre Geschichte verstanden haben. «

»Das wollen sie tun, obwohl wir sie so unfreundlich begrüßt haben? «, stutzte der Vorsitzende.

»Eine schlechte Begrüßung, oder der schlechte Beginn unseres Kennenlernens, muss nicht langfristig bedeuten, dass sich unsere Rassen negativ begegnen müssen«, erwiderte Major Travis. »Vielleicht stellen wir später fest, dass unsere Ideologie gar nicht so weit voneinander entfernt liegt. «

Der Vorsitzende ließ die Worte auf sich wirken.
»Das wäre ein Ergebnis, das ich sofort unterstützen würde«, sagte er. Durch unsere Abgeschiedenheit, konnten wir niemals echte Freunde finden. «

»Spannen sie uns nicht weiter auf die Folter«, forderte Major Travis entschlossen. »Erzählen sie uns bitte ihre Geschichte, wir sind gespannt. «

»Unsere Aufzeichnungen datieren ab dem Zeitpunkt, an dem Schiffe unserer Flotte der Evakuierungs-Flotte von Admiral Tarin angeschlossen wurden«, teilte der Vorsitzende mit. »Er war der letzte mächtige Offizier von Natrid. Nach dem großen Krieg entschied er, mit einer mächtigen Flotte alle überlebenden Natrader in ein neues Sternensystem zu evakuieren. Wir hatten noch nie eine so große Flotte gesehen. Natürlich waren aus viele zivile

Schiffe dabei, die keine Waffen an Bord hatten. Die wenig übrig gebliebenen Zerstörer verteilten sich um die Flotte herum, um sie während des Fluges zu schützen. Schließlich verließ die Flotte den verbrannten Heimatplaneten im Sol-System.

Das Ziel, wo es hingehen sollte, wusste nur Admiral Tarin. Wir vermuteten, dass er selbst keine Idee hatte, in welchem Quadranten des All die letzten Überlebenden von Natrid neu beginnen sollten. Das gab Admiral Tarin natürlich nicht zu. Er war zu stolz hierfür. Diese große Flotte zu koordinieren, das war eine meisterliche Aufgabe. Diese war nicht einfach. Immer wieder verloren wir bei Sprüngen Schiffe, die einfach die neuen Koordinaten nicht richtig programmiert hatten. Lediglich ein Teil dieser verlorenen Schiffe fand wieder Anschluss an die Flotte. Andere Teile waren für immer verloren und mussten sich ab diesem Zeitpunkt allein durchgeschlagen. Es ist daher möglich, dass sie bei ihrer Suche immer wieder auf Planeten stoßen, auf denen sich Zivilisationen entwickelt haben, aus von Splittergruppen natradischer Abstammung herrühren. «

Der Vorsitzende blickte die Zuhörer an. Dann erzählte er weiter.
»Die Flugroute der Flotte war beschwerlich und gefährlich«, erklärte er. »Immer wieder trafen wir auf abgesplitterte Flottenteile der Rigo-Sauroiden. Diese wussten vermutlich noch nichts über die Zerstörung ihrer Welt. Ihre Ortungsgeräte erfassten uns. Die Schiffe griffen an. Immer wieder wurden unsere Kampfschiffe in

schwere Kämpfe verwickelt. Dann kamen wir in einen Raumquadranten, in dem 20.000 Schiffe der Sauroiden auf uns warteten. Ihre Schiffe schienen über die ganze Milchstraße verteilt zu agieren. Sie griffen uns sofort an und schnitten uns von der Haupt-Flotte ab. Die wenigen Kampfschiffe, die uns begleiteten kämpften euphorisch. Leider wurden sie von der Überzahl der Feindschiffe vernichtet. Sie verschafften uns einen Vorsprung, um der Vernichtung zu entkommen.

Die Situation für unsere 1.890 Zivilschiffe war immens. Unser Kommandoschiff hatte vermutlich die erstbesten Koordinaten angewählt und an die Flotte übermittelt. Fast hätten uns die Rigo-Sauroiden erreicht, da gelang unseren Schiffen ein großer Sprung zu den neuen Koordinaten. Die Schiffe der Rigo-Sauroiden konnten den Sprung nicht anmessen. Eine Verfolgung war ausgeschlossen. Wenn sie unsere Schiffe gefunden hätten, wäre unsere zivile Flotte ihnen ausgeliefert gewesen. Bekanntlich machten die Rigo-Sauroiden nie Gefangene.

Wir materialisierten in einem Sonnensystem, indem von unserem Kaiser an fremden Artefakten experimentiert wurde. Die wenigen noch verbliebenen natradischen Forscher erklärten uns, dass es sich um einen Dreiecks-Transmitter handeln würde. Es öffnete ein Tor zu einem fremden System. Wir waren sicher, dort in Ruhe leben zu können. Wir diskutierten die Möglichkeit mit dem Ältestenrat unseres Volkes. Letztendlich waren wir des Krieges überdrüssig geworden. Unsere Führung akzeptierte das Angebot der Techniker und Wissenschaftler der kaiserlichen Station. Aufgrund des Krieges begleiteten sie uns. Sie erzählten uns von dieser Enklave mit den 23 Planeten. Ihren Erläuterungen entnahmen wir, dass hier genügend Raum vorhanden wäre, um uns zu entwickeln. Dann öffneten sie den Dreiecks-Transmitter und wir flogen nach einer kurzen vorherigen Prüfung mit allen 1.890 Schiffe hindurch. Das Tor verschloss sich wieder von allein. Aus den Unterlagen unserer Urahnen ging leider nicht hervor, wie wir aus dieser Enklave wieder hinausfliegen konnten. Es gab keine Öffnung von innen heraus. «

»Ich verstehe«, sagte Major Travis. » Sie waren auf sich allein gestellt und konnten dieses Sonnensystem nicht mehr verlassen. «

»Richtig«, antwortete Itarus. »Dieses einzigartige Sonnensystem ist von außen mit einer harten Steinwolke umgeben, die wiederum mit Antimaterie angereichert ist. Wie ein natürlicher Schutzschirm hat sich ein Film von Antimaterie um diese Steinwolke gelegt. Wir können nicht hindurch fliegen. Unsere Schiffe können die Wolke nicht zerstören, ohne mit der Antimaterie in Berührung zu kommen. Das wäre das Ende für unsere Schiffe und unsere Besatzungen. Früher haben wir es probiert. Es endete immer in einem Dilemma. Sobald unsere Schiffe mit der Antimaterie in Berührung kamen, sind sie explodiert. Nichts blieb mehr von ihnen übrig. «

»Die Antimaterie bleibt ein Wunder der Natur«, erwiderte Major Travis. » Sie kommt im Universum immer wieder in unregelmäßigen Mengen vor. «

Itarus nickte.
»Es muss einen anderen Weg gegeben«, überlegte Major Travis. »Ich kann mir nicht vorstellen, dass sie nur einen Weg ohne Rückfahrschein gewählt haben. Ich vermute, sie konnten den Weg ins normale Universum bisher nicht finden? «

Der Vorsitzende erzählte weiter.
»Unsere ganzen Fehlschläge veranlassten uns dazu, die Gegebenheiten zu akzeptieren«, erklärte er. »Wir waren Gefangene, dennoch hatten wir genug Bewegungsfreiheit, um uns neu zu entwickeln. Wir wollten keinen Krieg mehr. Die lange Fehde gegen diese Rigo-Sauroiden hatten unsere Vorfahren ausgeblutet. Unsere besten Taktiker, Strategen und Wissenschaftler fielen in dem langwierigen Kampf zum Opfer. Wir mussten neu anfangen, neu aufbauen und durch den Verlust unserer Genies das Wissen neu erlernen. Sie haben es richtig erkannt, dass wir eine Abspaltung des alten natradischen Volkes sind. Nach den langen 100.000 Jahren haben wir uns weiterentwickelt. Wir nennen uns heute Nadoo. Auf fast allen Planeten dieser Enklave leben Angehörige unseres Volkes. Alle Planeten sind aufeinander angewiesen. Jeder Zweig hat sich ins Gefüge integriert und fördert, baut an, oder produziert eigene Produkte. Es gibt Planeten, die sich ausschließlich um Agrarprodukte kümmern, andere Planeten bauen Erze ab,

oder fördern Metalle für den Gleiter und Schiffsbau. Andere wiederum sind nur für Wissenschaft und Technik zuständig. Seit vielen Jahrtausenden sind wir hiermit gut gefahren und haben uns entwickelt. Wir sind eine autarke Gesellschaft, zufrieden und auch erfolgreich. Lediglich hat es einen Kontakt zu anderen Rassen nie gegeben. Von daher bitten wir sie höflich um Entschuldigung, dass wir derart falsch reagiert haben. «

Itarus legte eine kurze Pause ein und blickte die Gäste an.

»Den letzten Kontakt hatten wir mit den Rigo-Sauroiden«, ergänzte er. »Aggressoren, die alles humanoide Leben vernichten wollten. Diese Rasse hat genug Unheil im Universum angerichtet. Wir dachten, jetzt tauchen sie wieder auf. Es war für uns unverständlich, dass jemand den Eingang zu unserer Enklave finden konnte. Wie haben sie das geschafft? «

»Wir konnten die große Transmitter-Anlage, die von den Ablondern installiert wurde, neu aktivieren«, erklärte Major Travis. »Natradische Wissenschaftler hatten sie vor dem Krieg in Besitz genommen und eine große Hypertronic-KI installiert. Es handelt sich um einen Dreiecks-Transmitter, der einen Durchgang zu dieser Enklave aufbaut. Hier wollten die Forscher des kaiserlichen Imperiums weitere Geheimnisse der Ablonder finden. Leider wurde sie auch durch den Deaktivierungsbefehl von Admiral Tarin abgeschaltet. Helfen sie uns bei der Suche bei der Suche nach den

Artefakten der Ablonder. Dann werden wir ihnen einen Weg nach außen zeigen. «

Itarus nickte nachdenklich.
»Wir haben selbst bereits lange gesucht und nichts gefunden«, entgegnete er. »Die Suche ist aussichtslos. «

Sirin hatte lange zugehört. Sie konnte es nicht glauben.
»Sie wollen keine Natrader mehr sein? «, fragte sie durchdringend. » Für Natrader ist nichts aussichtslos. «

»Wir nennen uns schon zu lange Naado, Prinzessin«, erwiderte der Vorsitzende des Rates. » Sie haben es dank ihrer kaiserlichen Abstammung nicht mitbekommen, aber das Leben im ehemaligen kaiserlichen Imperium war für das normale Volk äußerst beschwerlich. Hier geht es uns wesentlich besser. Dieses Leben geben wir nicht mehr auf. «

Einen Moment herrschte Stille im Saal.

»Kommen wir zur unserer Kapitulation, dem eigentlichen Grund ihres Hierseins«, bemerkte Itarus.

Major Travis winkte ab.
»Wir sind ein friedfertiges Volk«, erwiderte er. »es war nicht unsere Absicht zu kämpfen, jedoch mussten wir uns verteidigen. Sie haben gesehen, dass unsere Waffen wesentlich weiterentwickelt sind, als die ihren. Leider sind bei ihren Angriffen Schiffe und Besatzungen getötet worden. Hierfür bitten wir um Entschuldigung, das war

nicht unser Wunsch. Eine Wiedergutmachung ist nicht der Grund unseres Besuches. Wir suchen Freunde, humanoide Wesen, die den neuen Aufbau unseres Neuen-Imperiums unterstützen. Sie profitieren von unserem Wissen und der technischen Entwicklung in der Milchstraße. Wir wünschen uns einen wirtschaftlichen Handel, einen Austausch von Kultur und Technik, jedoch auf freiwilliger Basis. Das ist das Einzige, worum wir sie hier bitten. Ferner um ihre Gastfreundschaft und um Hinweise, die sich auf die mystische Rasse der Ablonder beziehen. «

Itarus lächelte glücklich. Er blickte in den Kreis der weiteren Ratsmitglieder. Er hob beide Hände in die Höhe.

»Habt ihr gehört, die Fremden sind Freunde«, sagte er laut. »Wir haben uns geirrt, sie wollten uns nicht angreifen. Das ist der erste Kontakt seit 100.000 Jahren mit der Außenwelt. Er stellt unsere bisherigen Lehren infrage. Es gibt nicht nur kriegerische Rassen im All. Wir haben Vertreter eines Volkes vor uns, das lediglich den Austausch von Wissen und Waren suchen. Dem stehen wir offen gegenüber. «

Beifall und positive Rufe von den Ratsvertretern hallten den Besuchern entgegen.

»Wie ich ihnen bereits mitteilen durfte, wurden unsere Schiffe von der Evakuierungs-Flotte von Admiral Tarin abgesplittert«, teilte Ikarus mit. »Was ist mit der Flotte von Admiral Tarin passiert? Haben sich unsere Brüder und Verwandten in Sicherheit bringen können? «

Major Travis schaute auf den Boden.
»Wir wissen es noch nicht«, erwiderte er. Uns fehlt derzeit jede Spur von Admiral Tarins Flotte. Wir werden weiter nach den Spuren suchen und ermitteln, wo die Nachkommen der Evakuierung-Flotte zu finden sind. Sie scheinen einen weiten Weg geflogen zu sein. Ihre Schiffe haben unser Sonnensystem lange verlassen. Ihre Suche nach neuen Planeten, auf denen sie in Ruhe leben können, wird sicherlich erfolgreich gewesen sein.«

»Das war die Vorgabe«, antwortete Itarus. » Die Überlieferungen sagen, dass die Natrader des Krieges leid waren. Nie mehr sollte es eine so furchtbare Schlacht geben. Diese Anweisung wurde in den neuen Satzungen des Evakuierungsrates vermerkt. Um keinen Spionen in die Hände zu spielen, waren die Ziel-Pläne über einen möglichen neuen Lebensraum nur in der Führung unter Admiral Tarin bekannt. Von daher können wir ihnen auch keine Hinweise geben, in welche Richtung sie suchen müssen. «

Major Travis nickte.
»Es gibt bestimmt viel zu berichten«, sagte er. »Wir würden gerne ihre Freundschaft annehmen. Wenn sie uns eine Beherbergung anbieten, an dem sich unser Personal niederlassen kann, dann wären wir ihnen sehr dankbar. Wir sollten nach langer Zeit des Fluges einige Tage entspannen, um mehr von ihnen zu erfahren. «

»Das ist das Mindeste, was wir für sie tun können«, antwortete Kanusu. »Verstehen sich als unsere Gäste. Direkt am Raumhafen haben wir Komfort-Unterkünfte und Trainings-Anlagen für unser Raumflug-Personal. Diese können sie gerne nutzen. Ich werde veranlassen, dass der Service für sie optimiert wird. Genießen sie Ihren Aufenthalt. «

»Können wir uns morgen zu weiteren Gesprächen treffen? «, fragte Major Travis.

»Gerne «, antwortete Kanusu.
»Ich werde ihnen alle Informationen über die Ablonder mitbringen, die ich aus unseren alten Archiven heraus filtern kann«, bemerkte Itarus. »Kanusu wird ihr ständiger Begleiter in meinem Namen sein und als Kontaktpersonen zu unserem Rat fungieren. Er wird sie mit allem Nötigen ausstatten, dass sie sich sicher auf unserem Planeten bewegen können. Auch unser Volk muss erst einmal verstehen, dass es nicht nur Sauroiden gibt, sondern auch friedfertige Rassen, die einfach nur Kontakt zu uns suchen. Es freut uns sehr, dass sie gekommen sind. Somit fängt ein neues Zeitalter für uns an. Wir möchten nicht mehr länger abgeschieden in dieser Enklave leben, sondern suchen Kontakt zu dem restlichen Universum. «

»Dafür brauchen sie einen Ausgang«, lächelte Major Travis. » Wir werden ihn gemeinsam suchen. Mit diesen Worten verabschieden wir uns und freuen uns auf weitere Recherchen am morgigen Tage. «

«Vielen Dank, dass sie uns keine Repressalien abverlangen«, sagte der Vorsitzende.

»Das ist nicht unsere Art«, erwiderte Major Travis freundlich. »Vielleicht werden wir zu gegebener Zeit andere Wünsche haben. «

Er verbeugte sich vor dem Rat, drehte sich um. Dann schritt die Besuchergruppe des neuen Imperiums ging dem Ausgang entgegen. Kanusu führte sie zu den Transport-Gleitern, die in die Richtung des Raumhafens starteten.

Itarus stand auf dem obersten Podest des Parlamentes und schaute in die Runde seiner Regierung. Die Ratsmitglieder waren sich nicht einig. Das spürte er deutlich. Er klopfte mit seinem Stock auf den Tisch und erhob sich.

»Der Krieg ist nichts Weiteres als das unangenehme Gesetz des Stärkeren«, erklärte er. »Wo immer sich intelligentes Leben niederlässt und es zu einer Gemeinschaft wird, entstehen irgendwann Konflikte und gewaltsame Auseinandersetzungen. Dieses Naturgesetz gibt es nicht nur bei uns, es existiert in der ganzen Galaxis. Nur auf diese Weise konnte die Evolution das Starke von dem Schwachen trennen. Nur auf diese Weise entstehen Fortschritt und somit neue Wege für das Überleben der eigenen starken Spezies. «

Itarus fuhr sich mit seiner Hand durch die Haare. Er führte die Naado seit vielen Jahren an. Ebenfalls wusste er, dass seine Macht und seine Position innerhalb dieser Enklave nur geliehen waren. Schnell konnte ihm die Macht entgleiten und anderen autoritären Mächten übereignet werden. Dieses musste er unter allen Umständen verhindern. Die Mitglieder und das Volk sollten durch ihn in ein neues Zeitalter geführt werden. Der neue Kontakt mit den Fremden würde die Zukunft für sein Volk verändern. Das Leben der Naado, würde ab diesem Zeitpunkt nicht mehr so sein wie früher. Je schneller sich alle Ratsmitglieder und alle Delegierten der Planeten der Enklave auf die neue Situation einstellen konnten, umso besser für alle.

»Habt ihr Bedenken?«, fragte er laut.
Verstohlen blickte ein Großteil der Ratsmitglieder zur Seite oder auf den Boden. Ein kleiner schmächtiger Nadoo stand auf.

»Können wir ihnen vertrauen, wissen wir denn, ob sie es ehrlich mit uns meinen? «, sagte er.

Andere Stimmen wurden laut.
»Er hat recht, wie können wir ihnen vertrauen? «, fragte ein Ratsmitglied. «

Itarus überlegte.
»Wir verlangen zu viel«, entgegnete er. »Ist der Vertrauensbeweis nicht schon groß genug? Obwohl wir angegriffen haben, wurden von ihnen keine Repressalien

verlangt. Sie sind die Sieger, wir die Unterlegenen. Alles hätten sie von uns verlangen können. Sie brauchen nur ihre Waffen zu aktivieren und uns ein Ultimatum zu stellen. Wir hätten ihnen nichts entgegenstellen können.«

»Ich bin Yatim«, meldete sich eine Frau. »Erste Rätin und Wächter der geheiligten Schriften unserer Vorfahren. Soll ich die Fremden mit in unsere heiligen Archive nehmen?«, erkundigte sie sich.

»Ja «, erwiderte Itarus. » Wie sonst sollen wir Dokumente finden, nach denen sie suchen. Wir gewähren ihnen den vollen Einblick und geben ihnen unsere ganze Unterstützung. Leiten sie alles in die Wege. Nehmen sie sich so viel Personal mit, wie sie brauchen. Wir müssen endlich anfangen in neuen Dimensionen zu denken und die Angst und die Erlebnisse unserer Gründungsväter über Bord zu werfen. Zu viele Generationen waren wir von den Ereignissen gelähmt gewesen. Damit ist jetzt Schluss. Ab heute beginnt auch für uns eine neue Zukunft.«

Die Ratsmitglieder hatten still zugehört. Langsam standen sie auf und applaudierten. Der zurückhaltende Beifall wurde immer lauter und euphorischer.

Die Personengleiter flogen auf einen der zahlreichen Zubringer, dem Raumhafen entgegen. Die Geschwindigkeit erhöhte sich. Über Sensoren wurden Außenbilder in die Kanzel projiziert. Die Insassen konnten die Schönheiten der Stadt und des Planeten aufnehmen.

Dann endlich reduzierte sich die Geschwindigkeit wieder. Der Transportgleiter mit den Gästen aus dem Sol-System sank zu Boden. Major Travis und sein Team stiegen aus. Vor Ihrem Gleiter erhob sich ein Hotel, majestätisch und beeindruckend.

»Wie ein Relikt, aus der vergangenen natradischen Hochepoche«, bemerkte Sirin.« »Hier sollen wir einziehen? Itarus hatte von einer noblen Beherbergung gesprochen, dies jedoch ist ein Palast. «

»Die Nadoo wollen etwas gut machen«, antwortete Major Travis.

Das Hotel war vorwiegend in einer prunkvollen Ausrichtung gestaltet. Es wurde von vielen Säulen gestützt. Ein riesiges Gebäude mit Balkonen auf jeder Seite. Unbekannte Bäume zierten den Park vor dem Hotel. Bereits von außen sah es aus, wie eine Wohlfühl-Oase.

»Sind sie mit ihrer Unterkunft zufrieden? «, fragte Kanusu. » Für unsere Gäste ist uns nichts zu schade. «

Major Travis blickte ihn an.
»Sie beschämen uns«, sagte er. »Machen sie sich nicht so viele Umstände. Wir sind hier, um sie kennen zu lernen und folgen einigen Spuren der Ablonder. Mehr Wünsche haben wir nicht. «

Tart 1 beobachtete den Nadoo. Seine Sensoren waren bis aufs das Äußerste angespannt.

»Darf ich vorgehen?«, fragte Kanusu. » Die Beherbergung wurde bereits informiert, dass sie Ehrengäste unserer Regierung sind. Ihnen wird es an nichts fehlen. «

Die Einweisung der Gäste aus dem Sol-System und die Zuweisung auf die entsprechenden Apartments, war durch das geschulte Personal schnell und professionell durchgeführt worden. Major Travis blickte von dem großzügigen Balkon seines Zimmers auf die umliegende Natur des Regierungs-Planeten der Nadoo. Sirin, Heinze und Commander Brenzby, gesellten sich zu ihm.

»Eine seit 100.000 Jahren geformte Natur«, sagte Major Travis.

»Die Nadoo waren förmlich vom Rest des Universums abgeschnitten. Sie waren gezwungen, sich ausschließlich mit sich selbst zu beschäftigen. «

»Man darf nicht vergessen, dass ihre Urväter Gründer dieser neuen Rasse waren, die sich heute Nadoo nennen«, bemerkte Sirin.

»Die Artefakte der Ablonder, wiederbelebt durch natradischen Wissenschaftler, haben den abgesplitterten Schiffen der Evakuierungs-Flotte das Schlupfloch geöffnet«, sagte Commander Brenzby.

»Wir sehen uns morgen wieder«, antwortete Major Travis.

Commander Brenzby und Heinze verließen den Raum. Kurze Zeit später erfüllte ein Freudenschrei die Flure des Hotels. Heinze hatte sich ein möhrenartiges Gemüse servieren lassen.

Major Travis und Sirin schauten über den großen Raumflug-Hafen, den untergehenden Sonnen entgegen.

»Immer wieder die Ablonder?«, fragte er. »Welche Rolle spielten sie in der Galaxis. Überall finden wir Spuren und Hinweise.«

Sirin hakte sich bei ihm ein.
»So wie ich dich kenne, werden wir das Rätsel auch noch lösen«, entgegnete sie. »Wenn ich mir die Naado anschaue und die Wahl habe, zwischen ihnen und den Terranern, dann würde ich die Terraner wählen.«

»Du hast dich bereits gut mit dem Leben auf der Erde angefreundet«, schmunzele Major Travis. » Fühlst du nicht die Ruhe, die von diesem Planeten ausgeht?«

Aber die Ruhe täuschte.
Laut beendete der Türmelder die angenehme Stille. Der Monitor der Überwachungs-Kamera erhellte sich und zeigte Kanusu vor der Tür stehend. Mit einer beiläufigen Geste signalisierte er den Wunsch nach Einlass. Major Travis öffnete die Türe. Interessiert trat Kanusu ein.

»Ich war lange nicht mehr hier«, bemerkte er. »Es hat sich einiges getan. Für unsere Verhältnisse ist es ein angenehmer Luxus. «

»Deswegen sind wir aber nicht hier«, entschuldigte sich Major Travis. »Wir wissen ihre Gastfreundschaft zu schätzen, freuen wir uns jedoch auf den morgigen Tag, wenn sie uns erste Informationen ihrer Urväter übergeben können. Hinweise, die auf die Ablonder verweisen.«

»Der Älteste unseres Rates ist mit seinem Team bereits auf der Suche hiernach«, bestätigte Kanusu. » Er wird sicherlich die Spuren finden. Ich bin hier und wollte sie und ihre Mitarbeiter zum Essen einladen. Seien sie Gäste unseres guten Geschmackes. Itarus und die wichtigsten Regierungs-Räte werden auch teilnehmen. Ich habe die Küche angewiesen, besondere Speisen für sie und ihre Begleiter anzurichten. Ich bin hier, um sie abzuholen. «

»Diese Geste werden wir kaum abschlagen können«, antwortete Major Travis. «

Major Travis informierte kurz Heinze, Commander Brenzby und Sergeant Hardin. Selbst Sirin lächelte und freute sich auf das Essen, eventuell noch nach alter natradischer Art. Die Gruppe der Besucher wurde von Kanusu in einen riesigen Saal geführt. Bäume waren eingepflanzt, Brunnen aufgestellt, Vogelarten flogen unter der Decke entlang, das Rauschen eines Windes erfreute das Gehör. Tart 1 und Tart 2 verhielten sich dezent im Hintergrund und beobachteten alle Auffälligkeiten. Sergeant Hardin und seine Marines hatten versteckt Stellung bezogen. Heinze stand bei ihnen und gab Entwarnung. Er konnte die Gedanken der anwesenden Personen überprüfen.

»Es sind keine feindlichen Gedanken spürbar«, teilte er Sergeant Hardin mit.

Itarus begrüßte alle Gäste.
»Wir freuen unsere neuen Freunde bewirten zu dürfen und ihnen ein wenig von unserer Kultur zu zeigen «, begrüßte er die Gäste aus dem Sol-System.

Er hob sein Glas und prostete ihnen zu.
»Lassen sie es sich schmecken«, ergänzte er. »Wir hoffen auf ein intensives Vertrauen zwischen unseren Rassen. «

Der große Tisch des Gala-Büfetts war angerichtet. Überall standen köstliche Speisen und Getränke. Sirin kannte viele der Lebensmittel noch aus früheren Zeiten. Sie erklärte ihren Freunden, um was es sich handelte. Aber auch neue Gerichte wurden vorgestellt und vorsichtig getestet. Den Besucher wurde ein weinhaltiges Getränk offeriert. Sie bemerkten, dass es schnell Wirkung zeigte. Die Gemüter der Anwesenden öffneten sich und die Stimmung wurde ausgelassener. Kanusu stellte Fragen und versuchte sich ein Bild von dem neuen Imperium zu machen. Auch Sirin vervollständigte die Geschichte mit ihrem Wissen und Details, aus den Erfahrungen ihrer Weltraumschlacht mit den Rigo-Sauroiden.

Der Abend wurde genutzt, um sich näher zu kommen. Mehr von der anderen Rasse zu erfahren, aber auch um aktuelle Probleme kennenzulernen. Bis tief in die Nacht wurden Meinungen und Gedanken ausgetauscht. Die Zusammenkunft war ein voller Erfolg für die Nadoo. Erstmalig konnten sie Gespräche führen, Meinungen und Informationen austauschen, um so ihre gedankliche Hemisphäre zu erweitern. Der erste Schritt einer Kontaktaufnahme in der Enklave der Naado war vollzogen. Der zweite Schritt, das aufeinander zugehen, konnte nur als Erfolg verbucht werden.

Zwischenspiel auf Terra

Als Julia die Türe von ihrer Wohnung aufstieß und das Apartment über die lange Altstadtstraße verließ, spürte sie bereit, dass sie sich in Gefahr befand. Schon während den letzten Tagen hatte sie bemerkt, dass fremde Augen sie beobachteten. Sie konnte zwar niemanden entdecken, doch sie wurde das unangenehme Gefühl nicht mehr los. Es war eine Ahnung, als ob sich unzählige Augen wie heiße Nadeln in ihren Rücken bohrten. Langsam ging sie die enge Straße entlang, die aus der Altstadt von Husum, in den Hafen mündete.

»Wer sind die Verfolger? «, dachte sie. » Was wollen sie von mir? «

Sie war eine kleine Angestellte der EWK und hatte nichts Großes zu bieten.

»Gut«, überlegte sie »Die Arbeit an den aktuellen Raumschiffs-Triebwerken ist mein Spezialgebiet, doch das ist auch nur eine Tätigkeit von vielen. Habe ich das Interesse der Verfolger durch meine aktuelle Erfindung hervorgerufen? «

Sie arbeitete an der Modifikation der natradischen Flug- und Sprung-Triebwerken. Die Umsetzung ihrer neuen Modifikation würde noch einige Zeit in Anspruch nehmen. Erst seit gestern wurden ihre Änderungen von den Konstrukteuren berücksichtigt. Das Triebwerk befand sich noch in der Testphase.
»Es wird funktionieren«, lächelte sie. »Meine Modifikationen werden funktionieren. Da bin ich mir

sicher. Allein durch die Anbindung des Stream-Wellen-Boosters kann die Leistung der Triebwerke verdreifacht werden. Hierdurch können wesentlich größere und weitere Sprünge erreicht werden. Der Flug einer gleichen Strecke im Weltall wird um das Dreifache verkürzt. «

Sie war Angehörige des Entwicklungsteams von Professor Augenzell. Der Name des berühmten Forscher und Entwicklers hatte sie immer schon begeistert. Sie wusste, dass er zu den führenden Kapazitäten gehörte, die sich ausschließlich um die Technik von Raumschiffs-Triebwerken kümmerten.

Wieder blieb Julia Lagan stehen. Erneut drehte sie sich um, konnte jedoch wieder niemanden sehen oder erkennen. Trotzdem wurde sie das ungute Gefühl nicht mehr los. Sie kramte in ihrer Handtasche und suchte nach dem Notrufsender der EWK. Sie hatte in den letzten Wochen den Knopf bereits öfter gedrückt und somit die Nerven der Sicherheits-Teams überfordert. Den Hinweis, dass der Knopf nur in Notfällen gedrückt werden sollte, kannte sie zur Genüge. Trotz einer intensiven Suche konnte das gerufene Sicherheits-Team nie einen Beweis für Julias Ängste finden. Schnell drückte sie auf den roten Knopf des kleinen Gerätes, der anschließend intensiv rot pulsierend leuchtete. Sie wusste, dass die EWK jetzt wieder nach ihr suchen würde. Vorsichtig setzte sie ihren Weg fort.

»Warum müssen die Gassen hier auch so eng und unübersichtlich sein? «, dachte sie ärgerlich.

Aus den Augenwinkeln sah sie eine Bewegung. Schnell drehte sich um. Ihre Hand verschwand in ihrer Jackentasche und umschloss eine Sprengkapsel. Drei Männer stürzten sich auf sie. Sie hatten Masken über ihr Gesicht gezogen. Kleine Schlitze deuteten auf die Lage der Augen hin. Lange schwarze Mäntel kleideten die hochgewachsenen Körper der Angreifer. Sie wehrte sich, sie schrie, jedoch konnte sie gegen drei Angreifer wenig ausrichten. Einer der Angreifer riss eine Strahlenwaffe hoch und feuerte auf sie. Julia sah den Strahl kommen und konnte nicht mehr ausweichen. Langsam merkte sie, wie sie kraftlos wurde.

»Paralyse-Strahlen«, dachte sie. »Der Strahl hat mich in voll erwischt. «

Mit letzter Kraft zog sie die Sprengkapsel aus der Tasche und warf diese den Angreifern vor die Füße. Sie hörte noch, wie einer der Männer eine Warnung rief. Dann erfolgte die Explosion. Die Druckwelle riss die Angreifer von den Beinen. Splitter flogen durch die Luft. Die Angreifer verdeckten mit den Armen ihre Gesichter.

»Seid ihr verletzt? «, fragte der Wortführer.
»Nein«, antworteten die zwei Begleiter fast gleichzeitig.
»Sie ist noch wach«, erklärte einer der Angreifer. Wieder sah Julia die Strahlen der Waffen auf sie zukommen. Dann wurde ihr schwarz vor Augen. Einer der Angreifer beugte sich zu Boden, nahm ihren Arm und suchte ihren Puls.

»Warum hast du die volle Energie deiner Waffe aktiviert?«, fragte der Wortführer der Angreifer und schaute seinen Begleiter an.

»Du weißt doch, wie gefährlich das für Menschen ist. Sie ist tot. Die Arbeit haben wir umsonst gemacht. Sie kann uns nichts mehr sagen, was wir wissen wollten. Du Narr, hatten wir die Vorgehensweise nicht vorher besprochen?«

Der Angesprochene blickte zu Boden.
»Wir können uns solche Fehler nicht leisten«, fuhr der Vermummte fort.

Er schien auch der Anführer der Gruppe zu sein. Er zog seinen Strahler aus dem Holster und schlug seinen Gesprächspartner hiermit fest ins Gesicht. Gelbliche Flüssigkeit quoll unter der aufgeplatzten Haut hervor.

»Das ist für dich, zur Besinnung««, fauchte er ärgerlich. Der dritte Angreifer stand unbeteiligt daneben.

»Lasst uns jetzt verschwinden«, sagte er. »Sie wird bestimmt schon bald gesucht werden. «

Die anderen nickten kurz. Schnell drehten sich die drei vermummten Angreifer um und liefen in die Dunkelheit der engen Gassen.

Durchdringende Sirenen wurden lauter. Schwarze Einsatzwagen mit den goldenen Einsatzlichtern wiesen darauf hin, dass es sich um die NSD, den nationalen Sicherheitsdienst der EWK handelte. Bremsen quietschten auf. Schwer bewaffnete Sicherheitskräfte stiegen aus den zahlreichen Personen-Transportern aus. Ihnen folgten Kampf-Roboter, die sich direkt aufmachten, die Straße zu sperren und den Verkehr abzuleiten. Ein groß gewachsener Offizier trat auf einen der Sicherheits-Kräfte zu.

»Mein Name ist John Hunter, Spezialagent der EWK. Wer hat die Einsatzleitung? «, fragte er.
»Das ist Leutnant Miller«, antwortete der angesprochene Sicherheits-Offizier.

Er zeigte mit seinem Arm nach rechts.
»Der müsste dort sein, an der Stelle haben wir den Notruf geortet«, antwortete der Sicherheits-Polizist.
»Danke«, antwortet Hunter.

Schnellen Schrittes ging er in die angegebene Richtung. Bereits von weitem sah er eine Gruppe von Sicherheitskräften stehen, die sich um eine am Boden liegende Person versammelt hatten.

»Machen sie bitte Platz«, raunte er die Personen an. » Wer von ihnen ist Leutnant Miller? «

Die Person, die sich eben noch über die am Boden liegenden Leiche beugte, hatte, richtete sich auf.
» Das bin ich«, sagte er. »Mit wem habe ich die Ehre? «

»Mein Name ist Hunter«, sagte John. »Ich bin Spezial-Agent der EWK. Hier ist mein Ausweis. «
Er hielt ihn Leutnant Miller hin.

»Ein Spezialagent mit besonderer Ausbildung und den allerhöchsten Befugnissen der EWK. Ich bin beeindruckt«, sagte der Leutnant spöttisch. » Verfügen sie bitte über uns. «

Agent John Hunter lachte kurz auf.
»Das hätte ich sowieso gemacht«, antwortete er. »Ich bin hierher beordert worden. Hier soll ein Sicherheitsleck entstanden sein? Leutnant, ich empfehle ihnen dringend mit mir zusammenzuarbeiten. Dann werden wir am schnellsten Ergebnisse erzielen. Was haben sie bisher gefunden? «

Leutnant Miller schaute auf die am Boden liegende Leiche.
»Sie ist weiblich, 34 Jahre alt, schlanke Figur, Größe 1,68 Meter, schwarze Haare, braune Augen«, teilte er mit. »Ihr Name war Julia Lagan. Sie war im Sicherheits-Bereich der EWK-Antriebstechnik für Raumschiffe tätig. «

»Deswegen bin ich hier«, bemerkte Agent Hunter. » Wir haben hier einen Alpha-Code. Sie war eine Geheimnisträgerin der Stufe 1. Personen dieses EWK-Aufgabenbereiches werden besonders gesichert. Nichts dringt von ihrer Tätigkeit nach außen. «

Leutnant Miller blickte Agent Hunter an.

»Wer sagt ihnen denn, dass sie wegen ihren Berufs-Geheimnissen ermordet wurde? «, erkundigte sich der Leutnant.

Hunter antworte nicht sofort.
»Bei Geheimnisträgern und wichtigen Personen der EWK, gehen wir vom NSD zuerst immer von dem Schlimmsten aus«, erwiderte er.

»Haben sie so schlechte Erfahrungen gemacht? «, fragte Leutnant Miller.

»Nein«, erwiderte John Hunter. »Wir entwickeln und verwalten Technologien, die viele Rassen im Universum begehren. Viele von ihnen sind nicht unbedingt unsere Freunde.«

Die untersuchende Pathologin trat auf Leutnant Miller und Agent Hunter zu.

»Das ist Professor Klein«, stellte Leutnant Miller die Pathologin vor. » Haben sie etwas für uns? «

Sie gab John Hunter die Hand.
»Noch nicht viel«, entgegnete sie. » Sie hat zwei Treffer von einer Strahlenpistole einstecken müssen. Ich vermute, es war ein Narkosestrahler. Mindestens der letzte Schuss war tödlich gewesen. Sie hatte ein schwaches Herz und war körperlich geschwächt. Das konnten die Angreifer nicht wissen. In ihrem Fall waren zwei Schüsse aus einem Narkose-Strahler tödlich. «

»Haben sie noch weitere Spuren gefunden? «, fragte Agent Hunter nach. «

»Ich habe textile Stoffpartikel unter den Fingernägeln entdeckt«, teilte die Pathologin mit. » Diese müssen jedoch noch näher analysiert werden. Ansonsten konnte ich keine Spuren entdecken, die auf einen großen Kampf hindeuten. Ich habe Proben von einer gelblichen klebrigen Substanz genommen, die ich noch näher analysieren werde. Alle weiteren Informationen bekommen sie nach der Untersuchung der Leiche. «

»Danke sehr«, antwortete Agent Hunter. » Sie wissen, dass dieser Fall einer absoluter Verschwiegenheit unterliegt«, sagte er. »Er ist mit einer Alpha-Order belegt.«

»Das habe ich verstanden«, bestätigte die Pathologin.
»Wo wird die Leiche hingebracht? «, fragte Agent Hunter.«
»Erst einmal in die Pathologie im EWK-Entwicklungs-Zentrum«, erwiderte Professor Klein. »Später kann sie den staatlichen Organen übereignet werden. «

»Wo haben sie die gelbliche Flüssigkeit gefunden? «, erkundigte sich Agent Hunter.

Die Pathologen Klein führte ihn sofort zu der Stelle. Auf dem Boden und an der Mauerwand klebte noch etwas von der gelblichen Substanz.

Agent Hunter beugte sich zu der gelblichen Substanz an dem Mauerwerk hinunter.

»So etwas habe ich noch nicht gesehen«, stutzte er.
Er zog seinen Scanner aus der Gürteltasche, schaltete ihn ein, und hielt ihn auf die Substanz. Das typische leise Summen des Scanners ertönte, als das Gerät seine Arbeit aufnahm. Dann setzte das Geräusch abrupt aus. Agent Hunter hob das Gerät vor sein Gesicht.

»Es ist eine Zusammensetzung von Blut«, erklärte er. »Nur die Farbe stimmt nicht. Es handelt sich um außerirdisches Blut. «

John Hunter sah, wie die Pathologin Klein ihn ungläubig anblickte.
Er winkte Leutnant Miller heran.
»Leutnant«, sagte Agent Hunter. »Wir haben hier jetzt einen besonderen Mordfall. Der ganze Bereich muss abgesperrt werden, keine nicht autorisierten Personen dürfen sich hier aufhalten. Fordern sie so viel Personal an, wie sie brauchen. «

Leutnant Miller blickte den Agenten ungläubig an.
»Es geht um die globale Sicherheit«, ergänzte John Hunter. »Schicken sie weitere Trupps aus. Suchen sie unter jedem Stein, lassen sie nichts ungeprüft. Wo sind die Angreifer hergekommen? Sind sie mit einem Fahrzeug gekommen oder zu Fuß? Wie kamen sie in die Altstadt? Wo haben sie ihre Informationen her? Haben sie hier in

der Nähe eine Unterkunft, eine Behausung, oder ein sonstiges Loch als Basis ausgebaut. Das alles sollte schnellstens geklärt werden. Versuchen sie diese Anhaltspunkte zu klären und halten sie die Augen offen. Ich werde mich einmal in der Umgebung etwas umschauen. «

John Hunter ging los und blickte in alle Ecken, betrachtete die Häuserwände und schaute nach auffälligen Spuren, die nicht in die Altstadt gehörten. Nach etlichen Gassen kam er auf einen großen Platz. Hier standen Fahrzeuge, Gleiter, Transporter und zahlreiche unterschiedliche Beförderungsgeräte, abgestellt in Parkbuchten. Sie warteten auf ihre Besitzer. Ein zerbeulter, schwarzer alter Anti-Gravitations-Transporter fiel ihm direkt auf. Er sah aus, wie ein Techniker Fahrzeug, das schon bessere Zeiten erlebt hatte. Es schwebte lautlos auf der gegenüberliegende Straßenseite, über dem Bordstein.

John Hunter wartete ab. Unauffällig näherte er sich dem Fahrzeug. Die Scheiben waren verspiegelt. Er konnte nicht in das Innere des Fahrzeuges schauen. John drehte sich um und schaute sich die Auslagen des Geschäftes hinter sich an. In deren Glasscheiben spiegelte sich das Fahrzeug. Kein röhrendes Geräusch des Motors war zu hören. Es war nicht unüblich, dass sich Techniker-Teams in der Stadt aufhielten. Agent Hunter schaute wieder auf das Fahrzeug und stutzte. Er hatte etwas Ungewöhnliches entdeckt. Waren die Servicefahrzeuge in der Regel auch stark abgenutzt, beschädigt und teilweise sehr alt, es waren immer noch Logos der entsprechenden Firmen sichtbar auf den Seitenflächen ersichtlich. Dieses Fahrzeug jedoch hatte keine Firmenlogos.

Er blieb noch einige Augenblicke stehen und musterte das Fahrzeug nochmals eindringlich. Dann ging weiter und suchte den großen Platz ab. Es war Herbst. Die Dunkelheit setzte bereits früh ein. Nur das gelegentliche Gelächter und das Stimmengeräusch von Passanten durchzog die eisige Stille. Dann hörte Agent Hunter ein metallisches Geräusch, als ob eine Tür aufgezogen wurde. Schnell drehte er sich um. Er war bereits einige 100 Meter von dem Fahrzeug entfernt. Drei vermummte Personen sprangen durch die Schiebetür in das Innere. Gleichzeitig hörte er, wie der Motor angelassen wurde. John Hunter zog in einer kaum sichtbaren Bewegung seinen großkalibrigen Detonator aus dem seinem Holster. Es war eine Spezialwaffe, die nur ausgesuchte Agenten des NSD übereignet bekamen.

Das Fahrzeug bewegte sich bereits und wollte Fahrt aufnehmen. John Hunter zielte und schoss. Die hintere Glasscheibe des Transport-Fahrzeuges zerplatzte in viele Stücke.

Nochmals löste sich ein Schuss aus seiner Waffe. Das Heck des Fahrzeuges fing Feuer. Er merkte, wie das Fahrzeug anfing zu trudeln. Mit letzter Kraft schaffte es der Transporter in eine Seitenstraße einzubiegen und sich somit den Augen und der Waffe von John Hunter zu entziehen.

John schrie laut auf und fluchte. So schnell ihn seine Füße trugen, lief Agent Hunter zu der Seitenstraße, in der das Transportfahrzeug verschwunden war. Er stolperte, lächelte hysterisch und lief erschöpft zu der anderen Straßenseite. Von hier hatte er Einblick in die Seitenstraße. Der schwere Detonator lag immer noch in seiner Hand. Der Transport-Gleiter war schon lange fort. Eine verschwitzte Hektik umgab ihn.

»Heute ist die Grenze überschritten worden«, dachte er. »Ich werde die Täter finden, so wahr ich John Hunter heiße«, dachte er grimmig.

Zurück an dem Ort des Geschehens suchte er Leutnant Miller auf.
»Ich bin zu spät gekommen«, erklärte er. »Ich habe drei vermummte Gestalten in einem verbeulten Transportgleiter verschwinden sehen. Meine Schlüsse haben nichts bewirkt. «

Er gab Leutnant Miller die Beschreibung des Transport-Gleiters.
»Geben sie mir bitte alle neuen Hinweise durch, sobald sie welche finden«, sagte er zu Leutnant Miller.

Dann verabschiedete er sich und informierte den Einsatzleiter, dass sie in Kontakt bleiben würden. John Hunter bestieg seinen schwarzen NSD-Kampf-gleiter und startete den Antrieb.

»Ich muss zur EWK-Hauptverwaltung«, dachte er. »Die Angelegenheit scheint nicht nur ein Fall für den NSD zu sein. Eher für den Sicherheitsdienst des KSD. «

Hunter war ein Agent mit den besten Sonderbefugnissen. Es würde ihm keine Probleme bereiten in den Komplex der EWK vorzudringen, um einen Gesprächstermin mit General Poison zu erhalten.

John Hunter schloss die Türen seines Spezialgleiters und schob den Schubkraftregler nach vorne. Langsam hob der Gleiter vom Boden ab und nahm an Höhe zu. John steuerte ihn steil nach oben, an den Häusern der Altstadt von Husum vorbei, dem blauen Himmel entgegen.

John Hunter wartete geduldig, bis er die normale Flughöhe erreicht hatte. Erst dann schaltete er die beiden rückwärtigen Triebwerke hinzu, die seinen Gleiter auf die normale innerplanetare Fluggeschwindigkeit beschleunigten. Er liebte es, wenn er in den Sitz gedrückt wurde und die brachialen Triebwerke ihren Dienst aufnahmen. Schnell hatte er den Gleiter über der Nordsee auf Kurs gebracht, in Richtung der Isle of Man.

»Es ist besser, sich jetzt bereits anzumelden? «, dachte er. »Mit den Abfangjägern der EWK ist nicht zu spaßen. «

General Poison saß an seinem großen Schreibtisch in der EWK-Zentrale. Er war gerade erst von Natrid gekommen. Dort hatte er die aktuellen Neuheiten und Fortschritte mit Noel abgestimmt. Alle sich im Einsatz befindlichen

Duplikatoren liefen auf Hochtouren. Er schaute auf eine aktuelle Liste. Der Bestand an Raumschiffen des Neuen-Imperiums wurde immer umfangreicher.

»Es funktioniert perfekt«, dachte er. »Falls die Worgass bereits früher als erwartet einen Angriff auf die Erde planen, dann erden sie auf einen gewaltigen Widerstand stoßen. Lediglich das Personal bereitet mir derzeit noch einige Probleme. Es muss noch geschult werden. Hier läuft nicht alles so reibungslos, wie Noel es angekündigt hatte. «

Die Sprechanlage auf seinem Schreibtisch summte. Seine Sekretärin war in der Leitung.
»Ein Spezial-Agent des NSD wünscht ein Gespräch mit ihnen«, teilte sie mit. »Er hat diesen Antrag mit einem Alpha-Code belegt. Er redet von einem Sicherheitsleck, das er gefunden hat. «

General Poison wurde hellhörig.
»Ist der Mann überprüft worden, können wir ihm vertrauen? «, fragte er.

»Er verfügt über eine tadellose Akte«, bestätigte seine Sekretärin. » Die Überprüfung hat nichts gefunden. «

»Erteilen sie ihm eine Landegenehmigung und lassen sie ihn dann zu mir führen«, befahl der General. » Ich bin gespannt, was er will. «

Es dauerte 15 Minuten, dann wurde der Agent John Hunter von zwei Marines, in Begleitung von zwei natradischen Kampfrobotern, in das Büro von General Poison geleitet.

»Ihr Besuch«, sagte der vorderste Marine. » Diese Waffe hatte er bei sich getragen. «

General Poison schaute auf die Waffe.
»Werden jetzt alle Spezial-Agenten des NSD mit solchen Waffen ausgestattet? «, erkundigte er sich.

John Hunter lächelte.
»Ich habe den Detonator modifiziert«, erwiderte er kurz.

General Poison ging nicht weiter hierauf ein.
»Was verschafft mir die Ehre ihres Besuches? «, fragte er interessiert.

»Ich habe ein Sicherheitsleck entdeckt«, antwortete Agent Hunter.

»Ein Sicherheitsleck? «, stutzte General Poison und lachte. » Wie soll das aussehen? «

»Ihnen wird das Lachen noch vergehen«, erwiderte John Hunter. » Wenn sie mich näher kennen würden, dann würden sie wissen, dass ich keine Witze mache. «

Das Lächeln erfror im Gesicht von General Poison.

» Jetzt erfinden sie hier keine Geschichten«, polterte er los. » Ich brauche Beweise. Vermutlich haben sie die nicht? «

»Falsch geraten«, entgegnete John Hunter.
Er hielt General Poison ein Reagenzglas hin, zur Hälfte mit einer gelben Flüssigkeit gefüllt.

»Was ist das? «, fragte General Poison.
»Sie werden staunen«, antwortete John Hunter. » Das ist gelbes Blut von einem Alien. «

General Poison pfiff durch die Zähne.
»Wie kommen sie zu dieser Probe? «, erkundigte er sich.

Agent Hunter erzählte dem General die ganze Geschichte.
»Sie haben Recht«, sagte der General. »Das erfordert unsere genaue Prüfung. Wer sagt ihnen, dass diese Blutprobe tatsächlich Alienblut ist? «

»Mein Spezialscanner liefert eindeutige Beweise«, antwortete John Hunter. »Gleichzeitig habe ich eine Probe ins Labor geben lassen. Die Ergebnisse sollten zwischenzeitlich auch ihnen vorliegen. Es dürfte kein Problem für sie sein, die Laborberichte einzusehen. «

General Poison wollte hierauf etwas antworten, als es an seiner Bürotür klopfte.

»Herein«, sagte der General in gewohnter Manier.
Noel trat ein.

»Ihre Sekretärin hat mich rufen lassen«, sagte er. » Was ist denn wieder so eilig. Nicht nur sie haben den Schreibtisch voller Arbeit liegen. «

»Sind sie jetzt ein Kunstklon für allgemeine Büroarbeiten geworden? «, fragte der General ihn an.

Noel wollte hierauf erwidern, jedoch General Poison fuhr ihm über den Mund.

»Darf ich ihnen Agent Hunter von der NSD vorstellen«, lächelte General Poison. »Er hat Proben mitgebracht, die sich als Alienblut herausgestellt haben. Wir haben also auf der Erde eine Infiltration durch Außerirdische. Aufgrund dieser Tatsache habe ich eine Frage an sie. Wie konnte ein Kommando Aliens an unseren so perfekten Frühwarnsystem im All und an unseren planetaren Sicherheitssystemen vorbeigekommen? Können sie mir das plausibel erklären?«

»Höre ich da Schadenfreude in ihrem Unterton? «, antwortete Noel. » Ich habe immer gesagt, dass unser Sicherheits-System gut ist, aber nicht perfekt. Wir kennen zu wenig alternative Technologien anderer Rassen und können daher nicht sagen, ob sie unser System austricksen können. Sie sagen, es handelt sich um eine Infiltration durch Außerirdische. Dabei kann es sich nur um eine ausgereifte Technologie handeln. Vielleicht waren es auch Schläfer, die speziell für diesen Einsatz geweckt wurden. Haben sie hieran bereits einmal gedacht. Wer sagt ihnen denn, dass diese Wesen nicht schon immer hier waren. Erst jetzt haben sie begonnen, ihre Aufgaben zu erledigen«.

Der General schluckte und schaute Noel intensiv an. »Diesen Aspekt habe ich noch gar nicht in Erwägung gezogen«, entgegnete der General. »Sie haben recht, das könnte sein. «

»Ich habe einen Scanner aus der natradischen Fertigung mitgebracht«, versuchte Noel den General zu beruhigen mit. »Es ist ein High-Endgerät aus der letzten natradischen Baureihe. Wo ist die Probe? «

John Hunter griff in seine Innenrasche und holte eine Holzschatulle heraus. Vorsichtig öffnete er den Deckel und entnahm das Reagenzglas mit der Probe. Diese hielt er Noel hin.

»Bitte sehr«, sagte Agent Hunter.
Noel bedankte sich und nahm es vorsichtig an sich. Er öffnete den Deckel des Reagenz-Gläschens. Er tauchte eine Pipette in den Inhalt und entnahm einige Tropfen der gelben Flüssigkeit. Dann tropfte er einen Tropfen auf den besonders empfindlichen Scanner und schaltete diesen ein. Mit einem monotonen Geräusch verrichtete der Scanner seine Arbeit. Es dauerte 3 Minuten, bis das Ergebnis vorlag. Der Scanner spukte einen weißen Zettel aus, auf dem alle Daten standen. Noel riss den Zettel ab und warf einen Blick hierauf. Erstaunt hob eine seiner Augenbrauen an.

»Was ist? «, fragte der General. » Spannen sie uns nicht so lange auf die Folter. Ist es Blut von Aliens? «

»Raten sie einmal«, antwortete Noel.
Das Gesicht des Generals nahm eine rötliche Farbe an. Gespannt wartete er das Ergebnis von Noel. Dieser genoss den Moment das Wissens offensichtlich. Endlich lüftete er sein Geheimnis.

»Das Blut stammt von einem Worgass«, sagte Noel ernst.
»Wer hätte das gedacht. «

General Poison setzte ein grimmiges Gesicht auf.
»Das kann doch nicht wahr sein«, sprach er den Klon an. »Ich beglückwünsche sie zu ihrem tollen Sicherheits-System. Das können sie direkt entsorgen. Wie ist es möglich, dass die Worgass auf die Erde kommen konnten. Die schlimmsten Feinde der Menschheit sind unter uns? Ich kann es nicht glauben. Wissen sie, welchen Schaden diese Rasse hier auf der Erde anrichten kann? Ich erwarte schnellsten eine Erklärung, wie Mitglieder dieser Rasse so einfach auf die Erde kommen konnten. «

»Das haben wir doch vorhin ausgiebig diskutiert«, erwiderte Noel. »Sie scheinen schon immer da gewesen zu sein. Das bringt uns der Vermutung wieder näher, dass die Worgass Formwandler sind. Nur in der Gestalt eines Menschen konnten sie sich so lange unerkannt auf der Erde bewegen. «

»Gibt es noch Weitere von ihnen auf der Erde? «, fragte der General.

»Woher soll ich das wissen? «, erwiderte Noel. » Ich kenne Tarid erst seit kurzem. «

Ohne eine Antwort von General Poison abzuwarten, fuhr Noel fort.
»Wir brauchen die neusten Instrumente, Scanner, Spürgeräte für Energien, Horch- und Abhörgeräte, oder auch Geräte, mit denen wir die Aura der Worgass identifizieren können«, teilte er mit.

»Wir nehmen die Spuren in Husum wieder auf«, antworte General Poison. »Wir arbeiten eng mit dem NSD zusammen. Wir setzen Stückchen um Stückchen des Puzzles zusammen. Das wird nicht einfach werden. «

»Das sehe ich auch so«, antwortete Noel. » Wir brauchen einen geeigneten Mann, der diese Angelegenheit übernimmt. Ferner sollten wir die Lantraner um Unterstützung bitten. Leider hat Major Travis seinen Kontakt-Chip mitgenommen. Auf diesem Weg funktioniert es nicht. «
»Ich weiß, dass noch ein Kontakt-Chip auf Lizzit 2 existiert«, erklärte der General. »Heran hat Morass einen gegeben. Ich werde ein Schiff nach Lizzit 2 entsenden und Morass bitten, für uns Kontakt mit Heran aufzunehmen. Wir brauchen in diesem Fall die Hilfe der Lantraner, um die Formwandler genau identifizieren zu können. Vielleicht können sie uns Tipps geben, oder auch eine

Technik zur Verfügung stellen, um diese Wesen genau zu erkennen. «

»An welchen Experten denken sie, der den Fall übernehmen könnte?«, fragte Noel.

Die Augen von General Poison und von Noel wanderten fast wie abgesprochen zu John Hunter.

»Agent John Hunter«, sagte General Poison ernst. »Ich brauche sie zur Rettung der Erde, des Mars und des ganzen Neuen-Imperiums von Tarid und Natrid. Sie wechseln von dem NSD sofort in die Dienste des KSD, unter der Vollmacht der EWK. Sie werden direkt im Rang eines Captain eingestellt. Ihre bisherigen Vergütungen werden übernommen und sogar noch erhöht. Alle ihre Sonderbefugnisse bleiben erhalten, neue kommen noch hinzu. Ich brauche hier einen guten Mann, der sich solcher Fälle annehmen kann. Wir alle wissen, dass Major Travis immer öfter Aufgaben von Noel erfüllen muss. Aus diesem Grund entsteht hier ein Loch, das ich mit ihnen füllen möchte. Wollen sie zukünftig für uns Sonderaufgaben übernehmen, Agent John Hunter? «

Der General blickte John immer noch eisern an.
John Hunter überlegte kurz.

»Die EWK kann mir mehr bieten als der NSD«, dachte er. Ein Entschluss war schnell gefasst. Er nickte.

»Das Leben bei dem NSD ist zeitweise sehr langweilig gewesen«, antwortete er. »Früher war es immer mein Traum gewesen ein Astronaut zu werden. Jetzt habe ich die Perspektive ein Agent im Weltall sein zu dürfen. Ich nehme an. «

Freudig kam General Poison um seinen Schreibtisch getreten und gab John Hunter die Hand.
»Willkommen im Team«, sagte er. »Ich habe ihre Akte studiert. Agenten mit einer so langen Erfolgsliste sind bei uns immer gerne gesehen. «

Noel trat hinzu.
»Auch von meiner Seite sind sie herzlich begrüßt«, sagte er. » Die Fälle der EWK liegen mit unseren Aufgaben meist sehr eng zusammen. Ich will damit sagen, dass sie auch in Aufgaben von mir eingebunden werden können, die auf den Wünschen von Natrid basieren. «

»Das ist mir bewusst«, antwortete John Hunter. » Ich habe mit Leidenschaft alle Berichte von Major Travis verfolgt und ihn beneidet. Umso mehr freue ich mich, an dem Aufbauprozess des Neuen-Imperiums direkt beteiligt zu werden. «

Noel schaute ihn intensiv an.
»Dann haben sie jetzt bereits ihre erste Aufgabe erhalten«, ergänzte er. » Finden sie die Worgass. Nehmen sie die Infiltranten fest, oder eliminieren sie die Eindringlinge. Schützen sie die Erde und den Mars. «

Die Sekretärin von General Poison trat ein.

Noel hob den Arm.

»Einen Moment noch«, sagte er in die Richtung von General Poison. »Bevor jetzt der General seine Sekretärin auf sie hetzt, kommen sie bitte mit mir nach Natrid. Sie erhalten dann eine intensive Wissens-Implantation über die Führung und Steuerung eines Schiffes der neuen Cuuda-Klasse. Sie werden den ersten Prototyp dieses Angriffsgleiters, das ist ein Schiff unserer neuen 300 Meter-Klasse, fliegen. Es ist gegenüber der Naada-Klasse etwas abgespeckt, hat nur sechs ausfahrbare Waffentürme auf jeder Seite, aber auch zusätzlich eine gewaltige Hyper-Space-Kanone. Zusätzlich verfügt das Schiff über den Super-Schutzschirm, eine selbstdenkende KI, die im Problemfall die Entscheidung des Captain korrigieren kann und auch über ein Transmitter-Tor. Dies vereinfacht ihre Missionen. Es müssen nicht immer Truppen mit einer Landefähre zu Boden gebracht werden. Die weiteren Details können sie später ihrer Wissens-Vermittlung entnehmen. «

»Das Angebot nehme ich gerne an«, lächelte Captain Hunter. Sie machen mir den Mund wässrig.

»Danach melden sie sich unverzüglich bei meiner Sekretärin«, ergänzte General Poison. »Sie wird sich um alle Formalitäten kümmern, ihnen ihre Ausweise geben und sie in alles einweisen. Gehen sie mit ihr in unsere Waffenkammer und lassen sich eine Spezialausrüstung für Agenten geben. Wir unterstellen ihnen ihr eigenes Team, das aus zwölf Personen bestehen wird. Alle werden erfahrene Spezialisten sein. Sie befehligen das Team und sorgen dafür, dass wir die Worgass, falls sie es wirklich waren, dingfest machen können. Kommen sie hiermit zurecht? Ab dem morgigen Tag erwarte ich sie einsatzbereit. «

»Das läuft ja schneller ab, als ich mir das in meinen kühnsten Träumen hätte ausmalen können«, entgegnete Agent John Hunter. » Es freut mich sehr, dass sie so ein problemloser General sind und die Dinge genauso sehen, wie ich es tue. «

»Täuschen sie sich nicht«, antwortete General Poison. » Ich kann auch noch ganz anders. Trotzdem möchte ich nicht in ihrer Haut stecken, wenn ihre Vorschuss-Lorbeeren verbraucht sind. «

Captain Hunter verzog keine Regung. Er wusste, dass die Menschen es mit ihm ebenfalls nicht einfach hatten. Sie mussten seine Allüren ertragen.

Die langjährige Sekretärin von General Poison hieß Fräulein Eisenhut. Über ihren Namen wurden bereits lange keine Witze mehr gemacht. Auch sie war es gewohnt, jeglicher Art von Befehlen des Generals gnadenlos durchzudrücken. Loyal und zuverlässig war sie bereits lange mit allen Themen-Bereichen der EWK vertraut.

Captain Hunter verabschiedete sich.

»Ich melde mich bei ihnen«, sagte er zu Fräulein Eisenhut. Diese nickte ihm nur zu.

Der Captain drehte er sich um und folgte Noel zur nächsten Transmitter-Plattform in Richtung Natrid.

»Was halten sie von ihm? «, fragte der General und blickte Fräulein Eisenhut an.

Diese antwortete sofort.
»Er macht einen ehrlichen, anständigen Eindruck«, bemerkte sie. »Seine Antworten sind präzise und analytisch. Er wird sicher ein guter Mitarbeiter werden. Ich habe ein sehr gutes Gefühl bei ihm. «

»Ich rufe eine erhöhte Alarmbereitschaft aus«, sagte General Poison. » Übermitteln sie bitte Noel, dass er sämtliche Funkwellen, Transmitter-Ströme und den ganzen Flugverkehr isolieren soll. Es darf kein Schiff mehr aufsteigen und die Erde verlassen. Bis wir die Angreifer gefunden haben, besteht absolutes Flugverbot für den erdnahen Raum. «

»Ich werde ihre Order sofort durchgeben«, sagte Fräulein Eisenhut und entfernte sich schnellen Schrittes.

***

Das schwarze getarnte Handwerkerfahrzeug mit den drei Wechselformern als Insassen, war wieder in dem Basis-Hort angekommen.

»Das war knapp«, sagte einer der Worgass. » Unsere Zentrale auf dem Jupitermond Elara sollte unverzüglich informiert werden. «

»Wir bekommen seit Tagen keine Verbindung zu dem Mond«, antwortete der dritte Worgass. » Unsere Transmitterstrahlen werden gestört. Wir sitzen hier fest.«

»Probiert weiter eine Verbindung zu erhalten«, befahl der Anführer der Gruppe.

»Es kann sein, dass wir aufgeflogen sind und dass die Menschen nach uns suchen«, bemerkte der Zweite der Gruppe. »Ich halte es für möglich, dass sie uns aufspüren werden. «

»Wir werden uns ruhig verhalten und abwarten«, entschied der Anführer der Gruppe.

»Humanoiden sind dumm«, ergänzte der dritte Worgass. »Ich hasse sie, alle müssen vernichtet werden. Ich sehe sie als eine Missgeburt des Universums an. Sie haben keine Daseinsberechtigung. Wir waren schon öfter in Situationen, in denen uns die Menschen fast entdeckt hätten. «

»Warum sollten sie es jetzt schaffen? «, fragte der zweite Worgass.

»Setzen wir unser Glück nicht aufs Spiel«, entgegnete der Anführer. »Ich habe erstmals ein ungutes Gefühl.

Verhalten wir uns ruhig, bis sich die Wogen wieder gelegt haben. «

*　*　*

General Poison stand mit Captain John Hunter im frühen Morgengrauen vor dem Kontrollzentrum des großen EWK-Flughafens. Er zeigte zum Himmel hinauf. Ein großer schwarzer Personen-Transporter setzte zum Landeanflug an. Sanft setzte das massive Transportgefährt auf dem Boden auf. Schleusen wurden aufgerissen und verwandelten sich in Treppen. Die Kommandoeinheit, bestehend aus zwölf Leuten in KSD-Uniform trat heraus. Sie bewegten sich fast motorisch auf die beiden Männer zu. Der vorderste der Uniformierten blieb stehen und salutierte zackig.

»Mein Name ist Leutnant Hallmark«, stellte er sich vor. »Sie haben uns angefordert, General Poison? «

»Danke für ihr schnelles Eintreffen«, erwiderte dieser. » Ich brauche sie als neue Sondereinheit. Sie sind alle Spezialisten für besondere Aufgaben und wurden bereits von Noel in der Bedienung unseres neuen Cuuda-Angriffskreuzers geschult. Sie unterstehen ab sofort dem Befehl von Captain John Hunter, KSD-Agent mit Sonderbefugnissen. Sie werden ausschließlich seinen Befehlen gehorchen. Ihre bisherigen Fälle vergessen sie. Diese werden von anderen Teams erledigt. Sie sind ab sofort Teil einer Sonder-Einheit, die außerirdische Infiltranten aufspüren und eliminieren soll. Ihre neuen

Dienstausweise wurden ihnen bereits übergeben. Captain Hunter wird sie weiter instruieren. «

Der General blickte die Gruppe an.
»Haben sie meinen Befehl verstanden? «, fragte er.
»Klar und deutlich «, bestätigte Leutnant Hallmark.

»Viel Erfolg meine Herren«, ergänzte General Poison.
Der Trupp salutierte, drehte sich um und ging zurück zu dem Personen-Transporter.

General Poison gab Captain Hunter die Hand.
»Wo steht ihr neues Raumschiff? «, fragte der General.

John Hunter lächelte.
»Es steht aufgetankt und startbereit auf dem äußeren Raumhafen von Natrid, direkt neben unserer Kolonie«, teilte John Hunter mit. »Wenn ich das Schiff brauche, kann ich laut Noel unbürokratisch darauf zurückgreifen. «

»Alles Gute für ihren Einsatz«, sagte General Poison. Hiernach drehte er sich um und ging leichten Schrittes zurück ins EWK-Gebäude.

Captain Hunter schaute ihm eine Weile nach. Dann blickte er seine neuen Mitarbeiter an.

»Beginnen wir mit unserer neuen Aufgabe«, lächelte er. Er drehte sich um und folgte seinem neuen Team zu dem Personen-Transporter.

»Wir nehmen Kurs auf Husum, Norddeutschland«, befahl er. »Unser Ziel sind die EWK-Antriebswerke Nord. Dort ist der Mord passiert. Wir nehmen die alte Spur wieder auf.«

Der richtige Kurs war schnell programmiert. Mit einem Ruck hob der schwere Truppen-Transporter von dem Boden ab und gewann an Höhe. Röhrend schalteten die rückwärtigen Triebwerke ein und beschleunigten den Transporter auf eine zulässige Geschwindigkeit. Schnell fiel die Insel zurück. Der Transporter überflog die Nordsee in Richtung des Norddeutschen Festlandes.

Captain Hunter hatte die Nacht genutzt, um sich mit dem Briefing und seiner Aufgabenstellung vertraut zu machen.

»An der Stelle, an der sich der Mord ereignet hatte, erfordert die Situation jetzt eine extreme Wachsamkeit«, dachte er. »Wenn sich bereits drei Invasoren, der gehassten Worgass auf der Erde befinden, dann können vermutlich jederzeit neue Invasoren-Truppen nachrücken. Unser Sicherheitsloch muss schnellstens geschlossen werden. «

John Hunter nutzte die kurze Flugzeit des Truppen-Transporters, um sich seinem Team vollständig vorzustellen. Er schwor sie auf die heikle Aufgabe ein und verlangte von ihnen eine saubere Arbeit.

**

»Versuch noch mal eine Verbindung zu Elara herzustellen«, befahl der führende Worgass.

»Der Transmitter findet immer noch keine Verbindung«, antwortete der Dritte der Gruppe. » Die Menschen scheinen die Energiespitze durch einen neuen Schutz-Schirm und diverse Störsender zu blockieren. Wir kommen mit den Strahlen nicht aus der Stratosphäre hinaus. Die Verbindung bricht sofort ab. Uns sind die Hände gebunden. Wir müssen warten. «

»Sie werden uns suchen? «, erwiderte sein Gegenüber. »Wie sonst wären diese Aktivitäten der Menschen zu erklären. So ernst wie jetzt, war es noch nie. Wir müssen neue Vorbereitungen treffen. «

»Wir können nichts tun«, erwiderte der Anführer. »Es ist nur möglich, über eine Transmitter-Verbindung nach Elara zu fliehen. Wir besitzen kein Raumschiff. Ebenso verfügen wir über zu wenige Waffen, um den Kampf mit den Menschen aufzunehmen. Wir sind eine Spionagetruppe, keine Kampftruppe. «

»Das weiß ich alles«, antwortete der Anführer der Worgass. »Unsere Techniker auf Elara arbeiten an dem Problem der Verbindung. Vielleicht können wir die Störung beseitigen? «

»Ich glaube kaum, dass sie das hinbekommen«, erwiderte der zweite Worgass. »Die Menschen verfügen bekanntlich über die Technik der Natrader. Sie können sie besser bedienen als seinerzeit die degenerierten Natrader. Sie haben sie weiterentwickelt. Sie sind fähiger als je zuvor. Unsere Technik wird unterlegen sein. «

»Probier's weiter«, bemerkte der dritte Worgass. »Versuche das Tor erst zu öffnen, wenn die Transmitter-Wellen in der Gegenstation eingerastet sind, ansonsten haben wir keine Chance. «

»Wenn unsere Gegenstation nicht einrastet, können wir den Durchgang nicht öffnen«, ergänzte er. » Wir sitzen hier fest. «

»Das heißt also, wir verhalten uns weiterhin ruhig und hoffen auf ein Wunder? «, fragte der Anführer der Gruppe.

Die anderen nickten beifällig.

***

John kam bei seinem morgendlichen Jogging ordentlich ins Schwitzen. Er mochte sportliche Aktivitäten. Diese Normalität im Alltag half ihm, seine aufgewühlten Gedanken neu zu ordnen. Husum war eine liebliche, kleine Stadt. Speziell die Altstadt und Teile der ehrwürdigen Stadtbereiche, schätzte John sehr. Sein Team hatte ein Hotel bezogen, direkt vor der Einsatzzentrale, die der NSD zur Verfügung gestellt hatte. John hatte sich frisch geduscht, sich frisiert und manikürt.

Er fühlte sich gut. Als er in die Einsatzzentrale kam, wartete bereits Leutnant Miller auf ihn.

»Schön sie zu sehen«, begrüßte er Agent Hunter.
Er blickte auf Johns Uniform und stutzte.
»Sind sie über Nacht befördert worden? «, fragte er.

John lächelte ihn an.
»So etwas passiert nur, wenn man den richtigen Job hat«, schmunzelte er. »Hat sich etwas Neues ergeben? «

»Wir haben die Spuren von dem Handwerker-Fahrzeug wieder aufnehmen können«, erwiderte Leutnant Miller. »Es ist in dem alten Industriebereich verschwunden, den früheren Fisch-Aufbereitungsanlagen. Die Betriebe werden schon lange nicht mehr genutzt werden. Die Angreifer scheinen dort ihr Quartier eingerichtet zu haben. «

»Wissen wir, wo sie genau sind? «, erkundigte sich Captain Hunter.
»Das nicht«, antwortete Miller. » Aber wir konnten das Gebiet sehr eng eingrenzen. «

»Wann rücken wir aus? «, fragte Captain Hunter. » Wenn Ihr Team bereit ist«, antwortete Leutnant Miller. » Wir müssen jeden Winkel durchkämmen. Ich bin sicher, dass sich die Angreifer dort verstecken. «

»Wir haben die neusten Scanner und Wärmebild-Sensoren dabei«, teilte John Hunter mit. »Diese werden uns sehr hilfreich sein werden. «

»Auf so ein Equipment kann der NSD leider nicht zurückgreifen«, erwiderte Leutnant Miller. »Das bedeutet bei uns immer einen immensen Verwaltungs-Aufwand. Unzählige Papiere müssen ausgefüllt werden, um die benötigten Teile genehmigt zu bekommen. Wenn dann endlich die Teile bei uns in der Station eingetroffen sind, wurde in den meisten Fällen die Akte bereits wieder geschlossen. «

»So ist es fast überall«, antworte Captain Hunter lächelnd. »Ich möchte mich nochmals bei ihnen und dem NSD bedanken, dass wir ihre Büros nutzen dürfen. «

»Das versteht sich von allein«, antwortete der Leutnant. Captain Hunter nickte.

»Wir stehen auf der gleichen Seite«, sagte John. » Zeigen sie mir bitte auf der Karte, um welches Gebiet es sich handelt. «

Leutnant Miller nickte, drehte sich um und schritt auf die rückwärtige Wand zu. Hier hing ein großer Stadtplan an der Wand, der das ganze Zuständigkeits-Gebiet erfasste. Der Leutnant suchte nach dem Zeigestab und markierte hiermit eine Position auf der Karte.

»Hier ist es «, erklärte er.

Leutnant Miller malte mit dem Stab einige kreisrunde Bewegungen auf der Karte.

»Das nicht mehr genutzte Industriegebiet ist ein ideales Versteck«, erklärte er. »Es sollte bereits längst abgerissen werden. «

»Was ist mit Satelliten-Bildern? «, fragte John.
»Die lege ich ihnen gerne auf den digitalen Kartentisch«, lächelte der Leutnant.

Er öffnete an einem Computer mehrere Programme und übersandte die Bilder an den digitalen Kartentisch.
»Hier sind sie«, sagte er.

Captain Hunter blickte auf das Bildmaterial.
»Sie sehen, das erste Bild zeigt noch den Wagen, wie er in das Industriegebiet einfährt«, bemerkte der Leutnant.
»Auf dem zweiten Bild des Satelliten ist der Wagen bereits verschwunden. Er ist außerhalb der Hallen nicht mehr aufzufinden. Wir müssen davon ausgehen, dass er in einer der Hallen abgestellt wurde. Wir haben die Position bei jedem verfügbaren Satelliten-Kontakt neu geprüft, doch das Fahrzeug ist nicht mehr aufgetaucht. «

»Die Worgass scheinen nicht dumm zu sein«, antwortete Captain Hunter. » Sie wissen, dass sie aufgefallen sind und wir sie suchen. «

Captain Hunter zog seinen Communicator aus der Tasche und schaltete ihn ein.

»Leutnant Hallmark, hören sie mich? «, sprach er in das Gerät.

»Klar und deutlich, Captain«, antworte der Leutnant sofort. »Welche Befehle haben sie für uns? «

»Lassen sie unsere Ausrüstung ausladen«, befahl Hunter. »Wir brauchen auch die Scanner und Wärmebild-Sensoren. Diese werden wir jetzt einsetzen. Die NSD hat uns Räume bereitgestellt. Kommen sie zu uns. «

Leutnant Hallmark bestätigte kurz. «
Captain Hunter blickte Leutnant Miller an.
»Wie viele Gleiter stehen ihnen zur Verfügung? «, erkundigte er sich.
»Neben den bodengebundenen Anti-Grav-Gleitern, stehen uns noch zehn bewaffnet Fluggleiter zur Verfügung «, teilte der Leutnant mit.

»Sehr gut«, antwortete Captain Hunter. »Diese nutzen wir. Wir bestücken ihre Fluggleiter mit unseren neuen Instrumenten und fliegen mehrmals das ganze Gewerbegebiet ab. Nach ihren Angaben sollte das ganze Areal schon lange nicht mehr genutzt werden. Falls wir irgendwo Energiequellen orten, dann wissen wir, wo die Eindringlinge sind. Die Worgass werden versuchen, mit ihren Leuten Kontakt aufzunehmen. Sie wissen nicht, dass wir derzeit alle Wellen, Funksprüche und Transmitter-Energien stören. Machen wir uns bereit. Ich informiere meine Leute. «

Die Fluggleiter waren startbereit. Captain Hunter hatte zehn Leute seines Teams auf die Fluggleiter aufgeteilt. Sie sollten die feinfühligen natradischen Instrumente bedienen. Leutnant Hallmark und ein weiterer Soldat des KSD kamen auf ihn zu.

»Das Einsatzteam ist informiert«, teilte Leutnant Hallmark.
»Ich gebe jetzt den Startbefehl «, sagte Captain Hunter.
»Gehen wir in die Einsatzzentrale. «
Die Fluggleiter hatten zwischenzeitlich die Startfreigabe erhalten. Sie hoben nach und nach diszipliniert vom Flugfeld ab. In einer spitzen Formation flogen sie in die Richtung des alten Industriegebietes.

Leutnant Miller erwartete das KSD-Team bereits.
»Die Funkverbindung und die Videoübertragung steht«, teilte er mit. »Wir werden hier alles mitbekommen. «

John blickte auf die Monitore.
»Die Flug-Gleiter haben gleich das Einsatzgebiet erreicht«, erklärte er. »Die Gleiter teilen sich auf und schwärmen aus. Die Anlagen werden gescannt. Es geht los. «

Die in der Einsatzzentrale verbliebenen Personen sahen auf den Monitoren, wie die Gleiter unregelmäßig über das große Industriegebiet flogen. Die Industrieanlage lag außerhalb der Stadt und war sehr großflächig gebaut. Selbst kleinere Städte wie Husum, mussten in den letzten

Jahrzehnten dafür sorgen, dass sich Industrien ansiedelten, um den Beschäftigungsgrad der Menschen auf einem gewissen Niveau zu halten. Ein schwieriges Unterfangen. Selbst Industriegiganten suchten sich in der heutigen Zeit den billigsten Standort aus und den Platz, an dem sie die günstigsten Steuern und Abgaben zahlen konnten. Die Flug-Gleiter der NSD flogen das Industriegebiet auf und ab. Sie beobachteten, zeichneten auf und scannten durch die dicken Mauern der Industrieanlagen. Alle Daten wurden direkt in die Einsatzzentrale weitergeleitet. Ein Erfolg stellte sich jedoch nicht ein.

Eine halbe Stunde war vergangen, da hörte Captain Hunter plötzlich einen Aufschrei. Leutnant Müller zeigte auf das 143. Gebäude.

» Hier ist Rest-Wärme festzustellen«, sagte er. »Ich habe Hinweise auf abgeschaltete Energiequellen festgestellt. « Er zeigte auf das Gebäude.

» Wir haben sie«, lächelte Captain Hunter. » Lassen sie die Maschinen zurückkommen. Ich möchte, dass die Worgass sich weiterhin in Sicherheit fühlen. «

Leutnant Hallmark gab den Befehl an das Team durch. Die Personen in der Einsatz-Zentrale sahen, wie die Gleiter dem Befehl folgten und sofort abdrehten.

***

»Ruhe«, forderte der Anführer der Worgass. » Ich höre Flug-Gleiter auf uns zukommen. Stellt sofort alle Energiequellen ab, auch die Versuche das Transmitter-Tor zu öffnen. «

Schnell liefen alle Worgass zu den Maschinen und schalteten die Anlagen aus.

»Keine Sekunde zu früh«, bemerkte der anführende Worgass. » Sie scannen die ganzen Industrieanlagen. Bleibt ruhig und verursacht keinen Lärm. Vielleicht fliegen sie vorbei? «

Unruhig saßen die Worgass an einem kleinen Tisch zusammen. Sie hatten wieder ihre wahre Form angenommen. Die Gestalten sahen unheimlich aus. Eben noch liefen sie quirlig durch ihr Versteck, jetzt sahen aus wie Quallen mit Tentakeln, die ihren Weg durch den Staub und die Industrie-Trümmer suchten.

Ein Teil des Daches war eingefallen. Nur die Wände hatten noch die volle Höhe, wobei viele Fenster nur noch klaffende Löcher darstellten. Die Worgass hatten alles notdürftig abgesichert, um in dieser verfallenen Anlage überhaupt noch arbeiten zu können. Eine große Sicherheit bot ihnen das Gebäude nicht. Der kleinste Angriff würde die Halle einstürzen lassen, hierüber waren sich die Worgass sicher.

»Sicherung durchführen, Schutzanzüge anziehen«, befahl der führende Worgass. » Wir wissen nicht, was die Menschen vorhaben? «

Innerhalb weniger Sekunden hatten die Formwandler wieder ihre menschliche Form angenommen. Auf diese Körperform waren ihre Cyborg-Anzüge ausgerichtet. Es waren genau genommen keine Schutzanzüge. Es waren Arbeitsanzüge für Fremdwelten. Sie besaßen im Wesentlichen weniger Schutzeigenschaften. Jedoch nicht zu verachten war die integrierte Bildung eines Außenskeletts, das in diesen Anzügen integriert war. Es bestand aus einer harten Stahllegierung. Es hielt vieles ab, wie der Panzer eines Krebses. Der Anzug stimulierte Nerven, Knochen, Muskeln und Gewebe, so dass der Träger 80-mal stärker wurde als ohne einen Anzug.

Die Flug-Geräusche wurden leiser. Langsam ebneten sie ab.

»Sie scheinen fortzufliegen. Anscheinend haben sie nichts gefunden«, lächelte ein Worgass.

»Hoffen wir das einmal«, ergänzte der Dritte der Gruppe.

»Ansonsten richten wir ein Blutbad unter den Humanoiden an«, antwortete der Anführer der Gruppe. » Das hätten wir längst machen sollen«, teilte der dritte Worgass mit. » Wir haben viel zu lange gewartet. Die Menschen werden immer stärker. Sie verstehen die natradische Technik einzusetzen. «

»Reden ist leicht«, sagte erneut der Anführer. » Wir wissen alle, dass sie unseren Wurmloch-Knoten zerstört haben. Diesen müssen unserer Kameraden erst wieder neu aufbauen. Erst dann können wir mit der Invasion beginnen. Wir sind nur die Vorreiter und sollen die Weichen stellen. Allein können wir gegen die Menschen nichts ausrichten. Wir brauchen unsere Flotte. «

»Wir wissen doch, dass sie nicht kommen kann«, monierte der zweite Worgass. »Der Wurmloch-Knoten wurde vernichtet. Es dauert noch eine lange Zeit, bis ein neuer aufgebaut werden kann. «

Die Fluggleiter waren wieder auf dem Flugfeld der Einsatz-Zentrale gelandet. Captain Hunter begrüßte sein Team und beglückwünschte sie für den gelungenen Spionageeinsatz.

Sirenen heulten auf. Aus den Lautsprechern drangen Anweisungen.
»Achtung, landendes Raumschiff«, meldete Leutnant Miller. »Bitte verlassen sie das Flugfeld und halten sie einen Sicherheitsabstand ein. Achtung, landendes Raumschiff. Achtung, lassen sie äußerste Vorsicht walten.«

Das Spezial-Team von Captain Hunter beeilte sich in die sicheren Räume der Einsatz-Zentrale zu gelangen. Der Befehlshaber folgte ihnen. Vor dem Eingang des Gebäudes blieb er stehen und schaute in den Himmel. Ein großes, silbernes Ungetüm, senkte sich langsam zu Boden. Es war das 250-Meter Schiff unbekannter Bauart. Das Schiff setzte sanft auf dem Flugfeld auf. Gespannt wartete Captain Hunter ab, wer zu Besuch kam.

Das Schott öffnete sich und eine Energie-Brücke glitt zu Boden. Captain Hunter sah einige Personen aussteigen. Jetzt erkannte er General Poison und Junita Benfort, die Energie-Brücke herunter schreiten. Ihnen folgten zwei Echsenwesen und als fünfte Person wieder eine humanoide Gestalt.

»Leutnant Miller war zwischenzeitlich zu Captain Hunter getreten. Dieser schaute Leutnant Miller an.

» Schauen sie einmal, wer zum Essen kommt«, lächelte John. »Alles hochdekorierte Uniformträger. Das wird bestimmt spaßig. «
Leutnant Miller schaute Captain Hunter irritiert an. Hatte er die Bemerkung jetzt ernst gemeint?

Die Gäste wurden von General Poison angeführt.
»Hallo Captain Hunter, schön sie zu sehen«, sagte der General bereits von weitem. »Ich habe ihnen neue Gesprächspartner mitgebracht. «

»Ich sehe es«, antwortete John Hunter. » Ich freue mich außerordentlich hierüber. Eigentlich haben wir keine Zeit, um Gespräche zu führen. Wir stehen kurz vor dem Ende unserer Mission. Das Alien-Nest wurde von uns lokalisiert und wir können zuschlagen. «

»Wir halten sie nicht lange auf«, antwortete der General. »Darf ich ihnen Heran vorstellen, von der Rasse der Lantraner. Sie waren eine der ersten Rassen in unserem Universum. Des Weiteren sind Morass und Raise Zyran unsere Gäste. Es sind Verbündete. Sie haben lange gegen die Worgass gekämpft und kennen diese Wesen ganz genau. Als letzte Person habe ich Commander Junita Benfort mitgebracht. Der Commander hat sich extra auf dem Weg nach Lizzit 2 aufgemacht, um Kontakt mit Heran, über unsere Freunde die Green-Lizards aufzunehmen. «

»Welch eine Freude«, bemerkte Captain Hunter spitzfindig. » Mit den Infiltraten hätten wir es auch allein aufgenommen. Treten sie ein in unsere bescheidene Behausung. Drinnen redet es sich besser. «

Der Captain durchquerte die Räumlichkeiten und kam endlich in einen größeren Besprechungsraum an.

» Nehmen Sie Platz«, sagte er.
Er wies mit dem Arm auf die umliegenden Stühle. Heran schaute Captain schmunzelnd an.

»Ich danke ihnen, dass sie mit uns ihre bescheidene Unterkunft teilen«, sagte er.

Heran ließ sich nichts anmerken. Er hatte natürlich bemerkt, dass Captain Hunter der Besuch der vielen Gäste nicht schmeckte.

» Würden sie mir bitte die Probe des Alien-Blutes zeigen«, ergänzte er. «

Captain Hunter stand auf. Er ging rückwärts an ein Gestell, in dem Utensilien aufbewahrt wurden. Er kramte bei den Reagenzgläsern, schaute auf die Beschriftung.
»Hier ist es«, murmelte er.
Dann gab es Heran. Der hatte zwischenzeitlich ein Instrument aus seiner Seitentasche genommen und eingeschaltet. Er zielte mit dem Instrument auf das ungeöffnete Reagenzglas.

»Das Gerät summte leise vor sich hin, bis der Ton schließlich aussetzte. Heran blickte auf die Anzeige.
»Es ist tatsächlich Worgass-Blut «, staunte er.

Er blickte in die Runde der versammelten Personen.
» Meine Damen und Herren, sie haben ein Problem«, sagte er.»Die Worgass werden in ihrem Sol-System eine Basis errichtet haben. «

General Poison war aufgesprungen.
»Das ist unmöglich«, sagte er. » So etwas hätten wir bemerkt. «

Heran hatte ein trauriges Gesicht aufgelegt.
»Sie können mir glauben, Herr General«, sagte Heran.
»Die Worgass haben in ihrem System einen Stützpunkt. Gehen sie einmal davon aus, dass er nicht in auf der Erde liegt. Sie werden ihn über kurz oder lang in diesem System

finden. Am besten ist es, wenn sie nicht alle Worgass eliminieren und zumindest einen von ihnen gefangen nehmen können. Dann haben sie die Möglichkeit ihn auszuquetschen. «

»Sie meinen hiermit bestimmt foltern? «, fragte Captain Hunter.

Heran blickte in seine Richtung.
»Genau das habe ich gemeint«, erwiderte er. »Sie glauben doch wohl nicht, dass der Worgass ihnen die Koordinaten der geheimen Basis freiwillig gibt. Er lacht sie höchstens aus. «

» Wozu raten sie uns? «, fragte Captain Hunter.

Heran grinste ihn an.
» Machen sie weiter wie bisher«, antwortete der Lantraner. » Sie hätten die Worgass auch ohne mein Dazutun erwischt. Ich bleibe hier als ihr Gast und beobachtete ihre Aktionen. Ihre Einladung wird sich sicherlich nicht nur auf einen Tag beziehen. «

General Poison und Commander Benfort standen auf.
»Wir verlassen sie jetzt«, teilte der General mit. »Es warten noch andere Dinge auf uns. Kontaktieren sie uns, wenn sie Hilfe brauchen. «

Captain Hunter salutierte vorschriftsmäßig und gab Commander Benfort die Hand.

» Ich habe mich gefreut sie kennen zu lernen«, sagte er. Heran folgte mit seinen Augen interessiert diesem Schauspiel.

»Gehen wir an die Arbeit«, sagte Captain Hunter. » Es wird Zeit das Alien-Nest auszuheben. «

Er blickte Heran an.
»Kommen sie mit, sie können unsere Aktionen in der Einsatz-Zentrale verfolgen, erklärte er.«

Heran und die Green-Lizards folgten Captain Hunter gespannt. Die Spezialisten des KSD hatten sich bereits alle versammelt. Sie blickten auf und musterten Heran und die Green-Lizards intensiv.

»Es geht los meine Herren«, sagte Captain Hunter. »Alle Personen, die an dem Einsatz teilnehmen, legen den neuen Individual-Schutzschirm an. Wie sie wissen, schützt er gegen Strahlenwaffen und leichte Raketen-Geschosse. «
Captain Hunter schaute in die Runde seines Teams.
»Wir teilen uns in zwei Gruppen auf. Die erste Gruppe führt Leutnant Hallmark an. Die zweite Gruppe führe ich. Leutnant Hallmark wird seine Gruppe von hinten in das Gebäude hineinführen. Die zweite Gruppe unter meinem Befehl, dringt durch das Haupttor von vorne ein. Wir werden zum gleichen Zeitpunkt Blendgranaten in die Halle, gefolgt von einer Anzahl Narkose-Bomben. Wir setzen Nachtsichtgeräte auf und können hiermit die Aliens problemlos lokalisieren. Falls die Narkose-

Granaten keine Wirkung zeigen, setzen wir Paralyse-Strahler ein. Wenn die Worgass auch diese absorbieren sollten, verwenden wir die EWK-Sturmgewehre mit den schirmbrechenden Explosiv-Granaten. Die sollten ihnen den Rest geben. «

Heran horchte auf.
»Schirmbrechende Explosiv-Granaten hatten selbst die Natrader nicht in ihrem Reservoir«, registrierte er. »Die Menschen erfinden immer wieder neue Waffen. «

» Wir fliegen mit zwei Personen-Transportgleitern und setzen in ausreichende Entfernung vor der Industriehalle auf«, empfahl Captain Hunter. » Bitte beachten sie, dass wir den Lautlos-Modus eingeschaltet lassen. Das Überraschungs-Moment sollte auf unserer Seite liegen. Heran und Leutnant Miller verfolgen den Einsatz von hier aus an den Monitoren. Der Einsatz beginnt jetzt. «

»Bevor sie gehen, habe ich noch etwas für sie«, sagte Heran.

Er hob seinen Arm, auf dem ein metallisches Armband mit vielen Knöpfen sichtbar wurde. Heran drückte auf den gelben Knopf. Von einer Sekunde zur anderen bildete sich vor seinem Gesicht eine Energieblase. In der nebeligen Blase formte sich ein Strahlengewehr. Die Konturen wurden immer schärfer. Dann platzte die Energieblase und das Strahlengewehr fiel zu Boden. Geschickt fing Heran es auf.

»Das ist keine Strahlenwaffe im herkömmlichen Sinne«, sagte er. »Es handelt sich um einen Energie-Fesselstrahler. Sobald sie den Auslöser drücken, schließt das Gewehr Energieseile ab, die das Ziel umschließen. Die Betroffene wird von dem zirkulierenden Strahl, der in diesem Fall wie eine Fessel wirkt, eingewickelt und kann sich nicht mehr bewegen. Es eine hilfreiche Waffe, um den Gegner daran zu hindern an seine eigenen Waffen zu gelangen. Der Strahl verhindert ebenfalls, dass sie Worgass ihre Form verändern können. Die Bedienung ist einfach. Sie aktivieren die Waffe, indem sie oben den roten Knopf reindrücken. Die Waffe ist sofort betriebsbereit und kann dann durch den unteren Auslöser, nach einer erfolgreichen Zielerfassung aktiviert werden. «

Heran schaute sich um, sah auf dem Regal eine Dose stehen. Er zielte und drückte den Auslöser. Zischend sprangen vier Strahlen aus der Waffe, die sich um die Dose legten und diese fest verschlossen.
»Sie haben jetzt die Wirkung der Waffe kennengelernt«, erklärte er.

»Diese Waffe nehme ich gerne mit, vielen Dank für ihre Unterstützung«, antwortete Captain Hunter viel freundlicher als vorher.

Die Green-Lizards standen mit geöffnetem Mund an der Seite und staunten über die Technik des Lantraners.

Die Teams von Leutnant Hallmark und Captain Hunter

liefen zu den Transport-Gleitern und sprangen durch die offenen Schotts in das Innere. Sofort schlossen sie sich und die Gleiter hoben ab. Fast geräuschlos nahmen sie an Höhe zu. Der Lautlos-Betrieb der Personen-Gleiter machte sich jetzt bezahlt. Nichts störte die nächtliche Ruhe. Nur zwei monotone leise Geräusche gingen noch von den Transportern aus.

Leutnant Miller schaute im Beisein von Heran auf die Monitore.
»Unsere Teams nähern sich schnell dem Ziel«, teilte Leutnant Miller mit. «

Heran nickte.
»Ich sehe es«, bestätigte er. »Sie gehen in den Landeflug über. Gleich wird es vermutlich ernst werden. «
Die Transport-Gleiter waren planmäßig gelandet. Die Einsatzteams wussten, was zu tun war
.

Verdeckt schlichen sie an den Häuserwänden entlang, der Industriehalle 143 entgegen. Dann war es so weit. Captain Hunter gab der zweiten Gruppe, unter Führung von Leutnant Hallmark, ein Zeichen die Halle zu umrunden und kurz ein Signal zu geben, wenn sie in Stellung waren.

Es dauert 3 Minuten, bis ein vibrierendes Signal von Leutnant Hallmark eintraf. Die große Vordertür der alten Industriehalle war verrostet und hing nur noch halb in den Scharnieren. Sie ließ sich nicht mehr schließen. Captain Hunter gab ein Zeichen. Zwei Spezialisten seines Teams rückten vor. Nacheinander warfen sie Blendgranaten in die Halle und direkt Narkose-Granaten hinterher. Diese explodierten sofort auf dem Boden. Von der anderen Seite drangen ebenfalls Explosionen an die Ohren des Teams. Jetzt wurden noch Explosiv-Granaten in die Halle geworfen. Eine höllische Explosion zerriss die Stille der Nacht. Die Eingangspforte wurde durch die Druckwelle aus den Angeln gerissen. Captain Hunter gab das Zeichen zum Eindringen in die Halle. Dicker Qualm und Rauch behinderte die Sicht. Die speziellen Nachtsichtgeräte des Einsatzteams sorgten für eine erstklassige Sicht.

»Rechts, vorne auf 13:00 Uhr, da bewegt sich etwas«, bemerkte einer der Spezialisten. «

Wieder entluden sich die Strahlen aus drei Hypnose-Waffen auf die soeben wahrgenommene Bewegung. Jeder Ecke als Deckung ausnutzend, arbeitete sich Captain Hunter und sein Team weiter in die Halle vor.

»Da liegt eine Gestalt«, sagte einer der Spezialisten. »Sie ist betäubt, aber sie atmet noch. «

John Hunter blickte seinen Untergebenen an.
»Fesseln sie diese Kreatur und transportieren sie diese mit einem Kollegen ab«, befahl er. » Wir werden sie später verhören. Falls sie Widerstand leistet, sofort erschießen. «

Ein Strahl aus einer Energiewaffe zog knapp über den Kopf von Captain Hunter vorbei.

»Da ist noch jemand wach«, fluchte er. »Achtung, aufpassen«, warnte er. » Der Worgass feuert keine Narkosestrahlen auf uns ab. «

Von der anderen Seite wurde eine Sprenggranate genau in die Richtung geworfen, aus welcher der Energiestrahl kam. Eine laute Detonation folgte hierauf. Geleeartige, fleischige Überreste, in gelblichem Blut getränkt, tropften von der Decke herunter.

Das KSD-Team drang weiter vor. Die Sicht wurde langsam klarer. Vor ihnen hockte ein Worgass und versteckte sich hinter einem der unzähligen Schränke. Er blickte in die entgegengesetzte Richtung.

»Sofort die Hände hoch, lassen sie die Waffe fallen«, befahl Captain Hunter.

Der Worgass machte einen Fehler. Völlig erschreckt drehte er sich um. In dem Erstaunen auch in seinen Rücken Feinde vorzufinden, hob er motorisch seinen Arm mit der klobigen Strahlenwaffe und richtete sie auf das Einsatz-Team von Captain Hunter. Wieder lösten sich Strahlenschlüsse aus den Waffen des KSD-Teams. Captain Hunter sah, wie der Worgass vibrierte und die Schüsse in sich aufnahm. Er hielt sich erstaunlicherweise auf seinen Füßen.

»Explosivgeschoss einsetzen«, befahl Captain Hunter.
Die Soldaten neben ihm feuerten zwei Explosivgranaten auf den Worgass ab. Das war sein Ende. Die Explosionen

rissen zwei riesige Löcher in seinen Unterleib. Mit starren Augen kippte der Worgass endlich nach hinten.

Ein Soldat schaute auf seinen Scanner.
»Es werden keine weiteren außerirdischen Lebensformen mehr angezeigt, Captain. Wir haben sie alle erwischt. «

John Hunter wusste das bereits.
»Gut gemacht Jungs«, antwortete er.

Er gab das Zeichen den Auftrag zu beenden. Die größte Anspannung war vorüber. Qualm-Abzugsgeräte wurden hereingebracht und installiert. Schnell war der dicke Qualm aus der Halle abgezogen und man sah, was die Worgass alles an Equipments aufgebaut hatten. In der Mitte der Halle stand auf einer Plattform ein Transmitter-Gerät. Um die Plattform herum waren technische Anlagen, Monitore und fremdartige Geräte installiert, die vermutlich zur Bedienung des Transmitter-Tores nötig waren.

Leutnant Hallmark gesellte sich zu Captain Hunter.
»Wissen sie, was das ist? «, fragte Hunter ihn kurz. «
»Ja, das weiß ich«, sagte Leutnant. »Das ist ein Transmitter-Tor nach irgendwohin. «

John Hunter nickte.
»Damit konnten die Worgass auf ein Schiff, oder eine Basis fliehen«, erkannte er. »Gut, dass wir alle Wellen gestört haben. Die Frage steht immer noch im Raum. Woher wussten sie, dass hier leerstehende Hallen

vorzufinden waren, die für ihre Zwecke genutzt werden konnten. «

Leutnant Hallmark schüttelte den Kopf.
»Das kann ich ihnen auch nicht beantworten«, sagte er.

Captain Hunter hatte die Antwort kaum gehört.
»Wir werden versuchen den überlebenden Worgass zu verhören, um weitere Informationen aus ihm herauszubekommen", erklärte er. «

Captain Hunter schaute sich intensiv um.
» Leutnant Hallmark«, befahl John. » Bergen sie alle Geräte und Apparaturen, die wir nicht kennen und verladen sie diese. Hierum werden sich später die Spezialisten der EWK kümmern. Wir nehmen sie mit in unseren Einsatz-Stützpunkt. Alles Weitere zerstören sie. Es darf nichts mehr auf außerirdische Instrumente und Gerätschaften hinweisen. Wir nehmen zwischenzeitlich den Gefangenen mit und versuchen etwas aus ihm heraus zu bekommen. Bis später Leutnant.«

Leutnant Hallmark salutierte vorschriftsmäßig.
»Wird gemacht, Captain Hunter«, antwortete er schnell.

Zwei Soldaten aus dem Team von Captain Hunter hatten eine Anti-Grav-Bahre geholt. Hierauf wurde der Gefangene gelegt und verschnürt. Er hatte die Form eines Menschen, circa 1,85 Meter groß, nach einer ersten Schätzung um die 40 Jahre alt. Nichts deutete auf einen Wechsel-Former hin, schon gar nichts auf einen Worgass.

Per Fernsteuerung wurde die Bahre in Bewegung gesetzt. Captain Hunter rückte mit seinem Trupp ab, in Richtung des ersten Personen-Transport-Gleiters.

»Die Mission ist erfolgreich beendet worden, ohne Verluste unserseits«, dachte John Hunter. »General Poison wird zufrieden sein. «

Die Bahre mit dem Worgass, stand in dem Medi-Lab der Einsatz-Zentrale des NSD in Husum. General Poison und Noel waren bereits über den erfolgreichen Ausgang der Mission informiert worden. Sie ließen es sich nicht nehmen, direkt anzureisen und den weiteren Verlauf der Befragung vor Ort zu beobachten. Sie standen mit Heran und Captain Hunter, sowie einigen herbeigerufenen Spezial-Ärzten der EWK um den Gefangenen herum.

»Das soll ein Außerirdischer sein? «, fragte einer der Ärzte. » Wie können wir erkennen, dass es sich um einen Alien handelt? Sie sehen aus wie Menschen. «

»Sie brauchen entsprechende Hochleistung-Scanner«, lächelte Heran. » Ohne diese Geräte wird es schwierig werden. «

» Woher sollen wir diese bekommen, oder nach welchen Kriterien sind diese zu entwickeln? «, fragte General Poison. » In den natradischen Hinterlassenschaften werden wir so etwas nicht finden. «

» Das ist richtig«, erwiderte Heran.

Er kramte in seiner Umhängetasche und zog ein Scanner ähnliches Gerät heraus.

» Den kann ich ihnen zur Verfügung stellen«, lächelte er. »Ich glaube, das ist auch im Sinne von Aritron, dem obersten Wächter, über unsere Rasse. Ich habe zwar nur ein Exemplar dabei, aber ich kann ihnen gerne die Konstruktionszeichnungen übergeben. Hiermit sollte es kein Problem für sie sein, weitere Exemplare anzufertigen. «

Heran übergab den entsprechenden Speicherkristall an General Poison. Der bedankte sich recht freundlich. Heran schaltete den Scanner an.

»Grünes Licht zeigt die Bereitschaft des Gerätes an«, erklärte Heran.
Dann hielt er das Gerät an die rechte Körperseite des Worgass, der sich langsam auf der Bahre bewegte.

» Sie sehen jetzt das rote Licht«, erklärte er. »Der Scanner hat umgeschaltet. Das ist die einfache Erklärung für einen Außerirdischen. Immer wenn das rote Licht leuchtet, handelt es sich um einen Außerirdischen. «

Dann drehte er sich und hielt den Scanner an Captain Hunters Uniform.

»Sie erkennen die Anzeige, bei einem Menschen oder einer anderen humanoiden Lebensform, bleibt die Anzeige grün«, erklärte der Lantraner. »Sie haben somit immer die Gewissheit, wann sie einen Außerirdischen vor sich haben. «

General Poison bedankte sich.
Heran nickte ihm zu.
»Das mache ich gerne, lieber Herr General«, antwortete er. »Vielleicht können sie zu gegebener Zeit unserer Rasse auch einmal einen Gefallen erweisen. Sie kennen doch sicherlich das alte irdische Sprichwort, eine Hand wäscht die andere. Wenden wir uns jetzt dem Gefangenen zu. «

Heran ließ sich von den Ärzten eine Spritze geben. Diese schlug er mitleidslos in den Arm, des noch auf der Bahre liegenden Gefangenen. Die umher stehenden Personen sahen, wie sich die Spritze schnell mit gelblicher Flüssigkeit fühlte. Heran zog sie aus dem Arm des Worgass heraus und gab sie an die Ärzte weiter.

»Hier haben sie eine weitere Probe des Alienblutes«, sagte ironisch. » Ich zeige ihnen kurz, wie ein Worgass in seiner ursprünglichen Gestalt aussieht. Die Worgass sind Wechselformer. Sie können jede nur erdenkliche Gestalt annehmen, mit denen sie einmal in Kontakt gekommen sind. Falls sie einmal verwundet oder getötet werden, dann ist es ihnen nicht mehr möglich ihre angenommene Form aufrechtzuerhalten. Sie verwandeln sich zurück in ihre ursprüngliche Körperform, die einer großen Qualle ähnelt.«

» Sind Sie sicher? «, fragte Captain Hunter.

» Das sind unsere Erfahrungswerte«, ergänzte Heran. »Ich gebe ihnen einen Beweis hierfür. Unter dem rechten Ohr, befindet sich bei jedem Worgass ein Knorpel. Dieser transformiert nicht mit. Er ist immer da. Egal welche Gestalt ein Worgass gerade angenommen hat. «

Heran ließ sich Gummihandschuhe geben und zog diese über seine Hände.

»Vermeiden sie einen direkten Kontakt mit dem Worgass«, erklärte er. »Er ist sonst in der Lage ihre Körperform anzunehmen. Dieser Handschuh verhindert das. «

»Heran ging zu dem Gefangenen und drehte seinen Kopf auf Links, um somit das rechte Ohr freizugeben.

» Sie sehen diese leichte Schwellung, die den Knorpel darstellt«, erklärte Heran. »Drückt man jetzt auf den Knorpel, zerfließt der Wechselformer in seine ursprüngliche Form. «

Heran drückte fest auf den Knorpel und trat von der Bahre zurück. Sekundenschnell zerfloss der Worgass in eine quallenartige Lebensform mit acht Tentakeln, die wie leblos von der Bahre herunterhingen.

Entsetztes Schreien halten durch das medizinische Labor. » Meine Damen und Herren, sie sehen den Worgass jetzt in seiner natürlichen Gestalt«, sagte Heran.

Eisige Stille durchzog den Raum.

»Wenn man so aussieht, kann man eigentlich nur humanoide Lebensformen hassen«, bemerkte Captain Hunter. «

»Sie werden wohl recht haben«, ergänzte Heran. » Wie wir mitbekommen haben, ist bei den Worgass dieses Problem über die Jahrtausende gewachsen, bis hin zur der Eskalation. «

» Schade, dass Heinze nicht hier ist«, sagte Noel. » Dann würden wir schnell herausbekommen, wo die Worgass ihre Basis haben. «

Heran lachte.
» Nichts leichter als das«, sagte er.
Er trat wieder an die Bahre und drückte auf den Knorpel des Worgass. Sofort nahm dieser wieder die Gestalt eines Menschen an.

Heran kramte in seinem Beutel. Diesmal kamen zwei Spritzen mit roter Flüssigkeit zum Vorschein. Ohne lange zu fragen, jagte Heran dem Narkotisierten diese nacheinander in seinen Oberarm.

»Bei den Spritzen handelt es sich um ein Wahrheit-Serum«, bemerkte er beiläufig. » Es sollte direkt wirken, jedoch empfehle ich 3 Minuten zu warten. Dann können sie dem Worgass ihre Fragen stellen. «

Geduldig warteten die Personen ab. Der Worgass erwachte und blickte sich um.

»Es ist so weit, stellen sie bitte ihre Fragen«, sagte Heran bereits etwas ungeduldig.

General Poison trat vor.

»Sind noch mehr von ihrer Rasse auf der Erde aktiv? «, fragte er.

» Nein, wir waren die Einzigen«, erwiderte der Worgass kurz. »Neue Teams werden kommen und unser Aufgaben erfüllen. «

»Wo kommen sie her? «, ergänzte General Poison seine Frage.

»Ich wurde in der Andromeda-Galaxie gezüchtet worden«, kam die Antwort monoton zurück.

»Das war die falsche Frage«, bemerkte Heran. » Das wissen wir ja bereits. Fragen sie nach der Basis. «

General Poison nickte.

» Wo liegt ihr Stützpunkt, ihre Basis und ihre Transmitter-Gegenstation? «, fragte der General.

»Unsere Basis liegt auf Elara, dem Jupitermond«, antwortete der Worgass in Trance. »Dort sind auch unsere Schiffe und unsere weiteren Techniker stationiert.«

» Das ist es«, lächelte Heran. » Jetzt haben sie alle Informationen, die sie brauchen. Ich kann mich verabschieden, meine Dienste werden nicht benötigt. «

»Warum auf einmal so eilig? «, fragte Captain Hunter. »Langsam gewöhne ich mich an sie. «

Heran ging nicht darauf ein.
»Was ist mit dem Worgass«, fragte Heran. »Haben sie für ihn noch Verwendung? «, fragte Heran. » Ich kann ihn gerne mitnehmen und unterwegs entsorgen. Er wird sowieso nicht lange die Gefangenschaft überleben. Das haben Quallen so an sich. «

»Danke für ihre Mühe«, erwiderte General Poison. » Wir werden ihn noch ein wenig befragen. Ihre Hilfe hat uns weitergebracht. Danke für ihre Hilfe und Ihre Unterstützung. Bevor sie gehen, darf ich noch eine Frage von Major Travis an sie richten? «

Heran blickte den General fragend an.
»Was möchte der liebe Major jetzt wieder von mir? «, entgegnete er.

» Er würde sich mit ihnen gerne über die Bauzeichnungen für Wurmloch-Antriebe unterhalten«, teilte der General mit. » Diese könnten für uns sehr hilfreich sein. Ich glaube, sie haben bereits einmal mit ihm hierüber sprechen können. «

» Ja, die Wurmloch-Antriebe«, lächelte Heran. »Auf unserem Planeten sind alle wichtigen Personen in der obersten Etage noch am Verhandeln, ob wir die Antriebe für niedrigere Rassen freigeben können«, antwortete Heran »Hiermit sind sie als Menschen gemeint. Die Entscheidung hierüber wird noch fallen. Haben sie bitte bis dahin Geduld. «

Mit diesen Worten verabschiedete sich Heran bei allen anwesenden Personen, drehte sich um und ging auf das Flugfeld zu, wo sein Evolutions-Schiff stand.

Captain Hunter trat auf General Poison, Noel und Morass und Raise zu.

»Ich mag den Burschen«, sagte er. «
»Es ist immer gut, wenn man wissende Freunde hat, die auch noch mit einer hoch entwickelten Technik aufwarten können«, bestätigte General Poison.

»Den Kontakt zu Heran, haben wir Major Travis und den beiden Green-Lizard zu verdanken«, erklärte der General.

»Aber mehr durch Zufall«, erwiderte Morass.« »Er war auch viel Glück dabei. Ferner durch das Interesse der Lantraner, wieder aktiver im Universum tätig sein zu wollen. «

»Die Worgass hatten uns immer erzählt, alle Humanoiden sind schlecht. Sie planten alle Andersdenkende auslöschen«, bemerkte Raise. »Heran und Major Travis haben uns eines Besseren belehrt. «

Captain Hunter antwortete unsicher.
»Bitte verzeihen sie mir meine Offenheit«, sagte er. »Neben den Worgass sind sie jetzt meine ersten Außerirdischen, mit denen ich spreche und die mir als Verbündete vorgestellt wurden. Ich muss mich jetzt erst einmal hiermit anfreunden. «

»Ich hoffe, wir haben keinen schlechten Eindruck hinterlassen«, antworte Raise charmant.

»Ganz im Gegenteil«, antwortete der Captain schnell. »Ich bin begeistert. «

»Wir gehören zu der Spezies der Exoiden «, erklärte Morass. Wir haben aber mittlerweile ihre Sprache erlern«, erklärte Morass.

General Poison schlug Captain Hunter auf die Schulter.
»Ich habe mich auch hieran gewöhnt«, lächelte er. »Sie werden das auch schaffen, mein Junge. Die Green-Lizards sind wahre Verbündete geworden. Sie hassen die Worgass genauso wie wir. Heran ist ein Unsterblicher. Laut seinen Aussagen ist seine Rasse eine von den Ersten, die im Universum lebten. Früher versuchten sie die Geschicke der jungen Rassen im Universum zu lenken. Doch viele Völker missachteten die Ratschläge der Lantraner und gingen ihre eigenen Wege. Sie verwickelten sich in Kriege mit benachbarten Spezies

gingen unter, oder starben aus. Enttäuscht zogen sich die Lantraner zurück und verschwanden viele Jahrtausende von der Bildfläche.

Erst seit kurzer Zeit setzt wieder ein Umdenken in der Führung der Lantraner ein. Sie wollen wieder aktiv mithelfen und eine Invasion der Milchstraße durch die Worgass zu unterbinden. Da sie vermutlich bereits Jahrtausende Geburtenkontrolle betreiben, haben sie nicht das Personal, um aktiv eingreifen zu können. Wir werden der Arm und das ausführende Organ für sie sein. Sie werden uns aber mit Rat und Tat und mit kleinen Geschenken beistehen. «

»Für einen Unsterblichen hat er doch eigentlich sehr menschliche Züge«, ergänzte Captain Hunter.

Noel stand stumm dabei und hörte sich die Ausführungen von General Poison an. Er kannte die Geschichte bereits. Teilnahmslos unterbrach er das Gespräch.

»Es wird Zeit«, sagte er. »Wir müssen das Alien-Nest ausheben. «

Der General blickte Captain Hunter an.
»Gehen sie mit Noel«, entschied General Poison. »Er übergibt ihnen auf Natrid ihr neues Raumschiff. Hiermit fliegen sie zum Jupitermond Elara und zerstören die Basis der Worgass. Ihr Team geht mit mir zur EWK zurück und ist jederzeit für sie abrufbar. «

Captain Hunter hob den Kopf.

»Mein Team möchte ich mitnehmen«, erklärte er. »Ich habe mich gerade erst auf sie eingestellt. Wir versuchen eine Einheit zu werden. Ich brauche sie. «

General Poison schaute ihn irritiert an.

»Ich habe kein Problem damit«, antwortete er.

»Sie haben alle das Wissen über die Führung eines Raumschiffes implantiert bekommen«, bemerkte Noel. Sie können Captain Hunter in dem Fall perfekt unterstützen. «

»In Ordnung«, entschied General Poison. » Dann sei es so. Nehmen sie ihre Leute mit und besprechen sie alles Weitere mit Noel. Er ist eingeweiht. Mit ihm klären sie auch, ob sie noch Begleit-Schiffe mitnehmen möchten. Ich verlasse sie jetzt und nehme Morass und Raise mit. Sie und ihr Team nehmen mit Noel die Transmitter-Strecke nach Natrid. Um den Rest und den Gefangenen kümmern wir uns hier. Nochmals danke für ihren Einsatz. «

»Captain Hunter salutierte ebenfalls.

»Danke, Herr General«, antwortete er.

Dieser drehte sich um und ging mit Morass und Raise zum Ausgang der Einsatz-Zentrale des NSD.

»Rufen sie Ihr Team«, sagte Noel. » Dann können wir los. « Leutnant Hallmark hatte sein Team bereits versammelt und Aufstellung nehmen lassen.

»Darf ich ihnen Noel vorstellen«, sagte Captain Hunter. »Er nimmt uns mit nach Natrid und übergibt uns dort ein komplett neues Raumschiff. Mit diesem werden wir die Basis der Worgass angreifen. Sie alle sind in einer Raumschiffs-Führung geschult. Es sollten also keine Probleme entstehen. Sind sie bereit? «

Leutnant Hallmark nickte.
»Unser Team ist abmarschbereit«, antwortete er. »Wir können los. «

Durch die Benutzung des EWK-Transmitters war die Gruppe schnell auf Natrid angekommen. Noel begleitete das Team zu dem Konstruktions-Hangar, in dem der Prototyp, ein Raumschiff der neuen Cuuda-Klasse, auf sie wartete.

Captain Hunter pfiff durch die Zähne, als er an dem Schiff nach oben sah. Ehrfurchtsvoll stand der 300-Meter-Riese, in mattschwarzer Lackierung vor ihnen. Die silberne Typenbezeichnung lautete Cuuda-Tarid 001. Die energetische Rampe war ausgefahren.

»Das ist ihr neues Schiff«, sagte Noel. » Gefällt es ihnen? Gehen sie bitte achtsam hiermit um. Obwohl wir derzeit unseren Schiffbestand verdreifachen, brauchen wir jedes Schiff, wenn es zur Abwehr der Worgass kommen sollte. Auf dem Saturnmond Titan warten weitere fünf Schiffe der Königs-Klasse auf sie. Diese gebe ich ihnen mit, falls die Worgass mehr als nur ein Schiff in ihrer Basis versteckt halten. Die Schiffe der Königs-Klasse, alles 1.500-Meter

Schiffe mit neuster Technik, werden die Worgass wohl in Schach halten können. Ansonsten fordern sie bitte direkt Verstärkung an. Wir können keine Stützpunkte der Worgass vor unserer Haustür dulden. Das Service- und Instandhaltungs-Personal ist bereits an Bord. Ferner habe ich ihnen 2.000 Kampf-Roboter einschleusen lassen. Diese sind für einen Boden Einsatz gedacht sind. Es sind besonders geschulte Shy-Ha-Narde. Sie hören ihnen auf Wort und können fast nicht besiegt werden. Extreme Kampfmaschinen für besondere Einsätze. Falls sie weiteres Material brauchen sollten, sagen sie mir bitte Bescheid. Dann kann ich ihnen nur noch viel Erfolg wünschen, Captain. Vernichten sie die Basis der Worgass vor unserer Haustür. So etwas können wir hier nicht gebrauchen. «

»Das werde ich«, erwiderte John Hunter. »Sie können sich auf mich verlassen. «

»Das sagt Major Travis auch immer«, bemerkte Noel. »Gute Jagd, Captain.«

Dieser bedankte sich noch einmal, drehte sich um und ging mit seinem Team auf die Energiebrücke zu, um das neue Raumschiff zu besetzen. Nachdem der letzte Mann eingestiegen war, löste sich, wie von Geisterhand gesteuert, die Energiebrücke auf und verschloss das Schott. Noel hatte vorsichtshalber bereits die obere Abdeckung der Konstruktions-Halle geöffnet, um dem Raumschiff einen freien Start zu ermöglichen.

Der Himmel des Mars schimmerte in leichtem Rosa durch die Öffnung. Hinter einer transparenten Energiewand beobachte Noel den bevorstehenden Start des neuen Cuuda-Angriffs-Kreuzers. Auf Anti-Graf-Polstern schwebte das schwere Raumschiff langsam aus der Konstruktions-Halle, dem Himmel entgegen. Außerhalb sah er, wie die gewaltigen Antriebe gezündet wurden und das Schiff einen Satz nach vorne sprang und mit brachialer Kraft beschleunigte. Mit zunehmender Geschwindigkeit wurde das Raumschiff immer kleiner, bis nur noch ein kleiner schwarzer Punkt auf seine Existenz hinwies. Noel verschloss die dicken Schotts aus massivem Natridstahl wieder und war gedanklich bereits bei seinen üblichen Tagesgeschäften.

Die Cuuda-001 näherte sich mit schneller Geschwindigkeit dem Saturnmond Titan. Dieser Mond wurde seit geraumer Zeit als Drehscheibe für den intergalaktischen Warenumschlag ausgebaut. Fabrikanlagen, Verladehallen, Umschlagsgebäude und Bürohäuser, hatten die Titan-Station bereit zu einer großen Stadt anwachsen lassen. Reges Treiben herrschte in den großzügig angelegten Straßen. Wo man hinschaute, wurden Container oder andere gestapelte Paletten bewegt. An anderen Stellen waren Baukräne, Raupen und Baukräne aktiv, die anscheinend bereits für eine Erweiterung der Anlage sorgen sollten. Die immer größer werdende Stadt wurde durch einen riesigen Super-Schutz-Schirm, der neusten Generation abgesichert. Dieser schützte nicht nur vor Meteoriten oder Asteroiden, sondern auch vor möglichen Angriffen außerirdischer Kräfte.

Leutnant Markus Seeger hatte die Steuerung des Cuuda-Schiffes übernommen. Captain Hunter bemerkte, wie er das Schiff abbremste.

»Unsere Position über Titan ist erreicht, Captain«, teilte der Leutnant mit. «

»Funkstelle, rufen sie unsere Begleitschiffe«, befahl Captain Hunter. »Ich möchte hier nur einen geringen Aufenthalt haben. Echtzeit-Monitore aktivieren. «

Die Mannschaft staunte über den technischen Fortschritt auf dem Titan-Mond.

»Unsere Begleitschiffe auf dem Raumflughafen von Titan, haben bereits geantwortet und beginnen mit dem Start«, teilte Ortungsoffizier Groß mit.
Die Monitore der Fernaufklärung zeigten, wie die Raumschiffe ihre Antriebe zünden. Für robotergesteuerte Schiffe arbeiten sie planmäßig. Vermutlich hatte Noel sie bereits instruiert. In der Umlaufbahn nährten sich die Schiffe langsam dem Schiffsneubau der Cuuda-Klasse.

»Hier spricht Captain Hunter«, sprach John in den Communicator der Hyperfunk-Anlage. »Ich rufe unsere Begleitschiffe. Ich befehlige die Mission. Noel von Natrid hat sie bereits informiert. Bitte bestätigen sie kurz die Befehls-Führung der Cuuda 001. «

Die Schiffe bestätigten umgehend.
»Alles ok«, bestätigte Funker-Offizier Tanreich. » Die Bestätigungen sind eingegangen. «

Captain Hunter nickte.
»Steuermann, schlagen sie einen Kurs ein, in Richtung des Jupiter-Mondes Elara«, befahl John. »Bitte übermitteln sie unseren Begleitschiffen die Koordinaten. Tarnfelder sind zu aktivieren. «

»Flugziele wurden übermittelt«, antwortete Leutnant Tanreich eingespielt. » Der Start erfolgt synchron in zehn Sekunden. «

Sekunden später aktivierten alle Schiffe die Triebwerke. Urplötzlich waren die sechs Schiffe plötzlich aus dem Blickfeld möglicher Beobachter entschwunden.

»Wir nähern uns bereits unseren Koordinaten«, bemerkte der Steuermann.

»Auf den Schirm legen«, befahl Captain Hunter.

Leutnant Hallmark war an seine Seite getreten.
»Jetzt kommt die Endlösung«, sagte der Leutnant.

Vor ihnen tauchte der Mond Elara auf. Ein Jupitermond, in einem Durchmesser von ungefähr 80 km.

»Ein etwas zu groß geratener Felsbrocken«, bemerkte John Hunter. »Für die EWK war er immer uninteressant und zu klein. Das haben die Worgass ausgenutzt. Scanner aktivieren, alles aufzeichnen, das wichtig sein könnte. Wir stoppen in 5.000 Metern Entfernung und beobachten erst einmal. Die Tarnung unserer Schiffe bleibt bestehen«.

Langsam näherte sich die kleine Flotte dem Jupiter-Mond an. Sämtliche Scanner und Sensoren waren aktiviert.

»Wir suchen nach Indizien, ob sich dort eine Basis Worgass versteckt. Bekommen wir Ergebnisse rein? «, fragte John Hunter.

Offizier Groß schüttelte seinen Kopf.
»Nichts Verwertbares, keine Energieemissionen, kein Lebenszeichen, keine technischen Anlagen«, teilte er mit. »Auf dem Mond scheint nichts zu sein. «

»Oder sie sichern sich perfekt ab«, antwortete Captain Hunter. » Wir enttarnen uns. Unsere fünf Schiffe bleiben noch getarnt. Wir werden sie erst eingreifen lassen, wenn wir sie benötigen. Vielleicht können wir die Worgass aus der Reserve locken. «

»Schiff wird enttarnt «, meldete Steuermann Seger von der Steuerkonsole herüber. «

Majestätisch stand der neue 300-Meter-Raumer der Cuuda-Klasse vor dem Mond Elara des Jupiters.

»Funkspruch an den Mond», befahl der Captain. »Wir wollen ihnen etwas zum Auffangen geben. «

»Die Leitung ist offen«, meldete der Funk-Offizier.

»Hier ist die Cuuda-001«, sprach John energisch in den Communicator. »Ergeben sie sich, wir haben sie lokalisiert. Kapitulieren sie und geben sie ihre Basis auf, ansonsten zerstören wir den ganzen Mond. «

John blickte auf die Monitore.
»Keine Antwort«, meldete der Funk-Offizier.

»Leutnant Spader, geben sie unseren Freunden einen Schuss mit unserer Hyperspace-Kanone auf den Bauch«, befahl Captain Hunter. » Aber nicht so, dass der ganze Mond direkt auseinanderbricht. Sie sollen nur richtig gerüttelt werden. «

»Die wurde ausgefahren«, erklärte Leutnant Spader. » Die Waffe ist geladen und Ziel wurde anvisiert. «
»Feuer«, bestätigte Captain Hunter.

Die Mannschaft merkte, wie der Boden des Schiffes vibrierte. Die mächtige Waffe saugte alle verfügbare Energie zusammen und entlud diese mit einem lauten Grollen aus dem Rohr. Die gewaltige Sprengbombe entmaterialisierte sofort und entschwand den Augen der Beobachter. Erst kurz vor Elara kehrte sie wieder aus dem Hyperraum zurück. Die Entfernung von 5.000 Metern war innerhalb von nicht ganz 3 Sekunden überbrückt. Schwer explodierte die schwere Raketen-Bombe auf dem Boden des Mondes. Grelle Explosionen verzerrten die Monitore des Schiffes. Staub und Geröll wurde aufgewirbelt und verbreitete sich rasant schnell im All. Hiernach sah das Brücken-Team der Cuuda 001, den großen tiefen Krater, den die Bombe verursacht hatte.

»Beeindruckend«, sagte Captain Hunter. »Das war nur die leichte Ausführung der Bombe. «

»Achtung, ich messe starke Energie-Emission«, warnte der Ortungs-Offizier. » Es laufen mehrere Reaktoren an. Die Worgass sind erwacht. «

Auf der Oberseite des Mondes öffnete sich ein dunkler Schott. Ein 500-Meter-Raumschiff, in einer seltsamen Form flog heraus.

»Das Schiff geht auf Kollisionskurs«, sagte Steuermann Seger.

»Schutz-Schirme hochfahren und Waffentürme ausfahren«, befahl Captain Hunter.

»Sie aktivieren ihre Waffen«, sagte Sergeant Groß.
Die Mannschaft sah, wie sich ein Laser-Strahl von dem Worgass-Schiff löste und in den Schirmen des Cuuda-Schiffes einschlug. Es schien so, als ob er problemlos von den Schutz-Schirmen der Cuuda 001 absorbiert wurde.

»Feuer dagegenhalten«, befahl Captain Hunter.

Die schweren Zwillings-Geschütztürme der Backbordseite der Cuuda 001 peitschten ihre massiven Laser-Strahlen dem Worgass-Schiff entgegen. Captain Hunter und sein Team sahen, wie das gegnerische Schiff förmlich vibrierte und ein Stück nach hinten versetzt wurde. Der Aufschlag musste gewaltig gewesen sein.

»Über den Kiel auf die Steuerbordseite drehen und ebenfalls Feuer frei für die zweite Batterieseite«, befahl Captain Hunter.

Geschickt rollte Sergeant Seger das Schiff über den Kiel auf die andere Seite. Sofort nahmen die Waffentürme das bereits leicht beschädigte Worgass-Schiff unter Feuer. Wieder schlugen die massiven Zwilling-Laserstrahlen auf das Schiff ein.

Der Schutzschirm des gegnerischen Schiffes brach zusammen.

»Ihr Schirm kollabiert «, erkannte Ortungsoffizier Groß.

»Jetzt geben wir ihnen den Rest«, entschied Captain Hunter. »Noch einmal unsere Hyperspace-Kanone einsetzen. Wir nehmen eine mittlere Rakete, schwere Ausführung. «

»Kanone ist bestückt«, bestätigte Leutnant Spader.

»Feuer frei «, befahl der Captain.

Unter dem gleichen Grollen verließ die Rakete das Geschoss-Rohr und materialisierte wieder kurz vor dem Worgass-Schiff. Sie durchschlug den geschwächten Schutz-Schirm des Schiffes, durchdrang die nicht stabile Außenwand des Worgass-Schiffes und suchte sich einen Weg in das Innere des Schiffes. Dann zerfetzte sie in einer grellen, riesigen Explosion das 500-Meter-Schiff der Worgass. Nur noch Feuerblitze und Trümmer waren an der Position zu sehen, die eben noch von dem intakten Worgass-Schiff ausgefüllt wurde.

»Was sagen unsere Scans? «, fragte John Hunter. «
»Keine Anzeichen mehr für Energieemission«, antwortete Walter Gross. » Vermutlich war das Schiff die Basis. «

»Gut gemacht Leute«, bedankte sich Captain Hunter. »Lassen sie unser Begleitschiffe enttarnen. Diesmal haben wir sie nicht gebraucht. Wir lassen sie zum Schutz des Mondes zurück. Funkspruch an Noel. Mission erfolgreich erfüllt. Er soll Spür-Team schicken. Das kann sich um mögliche Spuren kümmern und sich den Mond näher ansehen. Das ist aber jetzt nicht mehr unsere Aufgabe. «

»Der Befehl wurde durchgegeben«, sagte Sergeant Tanreich.
»Rückflug nach Natrid programmieren, unsere Aufgabe ist erledigt«, befahl Captain Hunter. »Maschinen auf minimale Kraft. Fliegen sie uns nach Hause. Da ist es doch am schönsten. «

Der Steuermann der Cuuda 001 flog eine leichte Schleife, um das Schiff auf den Koordinaten des Rückweges einzuklinken. Dann entschwand die Cuuda 001 im Hyperraum.

Der Tempel der Alten

Der Abend des Gala-Empfanges ging zu Ende. Das Team der Termar 1 hatte sehr viel von der Kultur der Nadoo kennengelernt. Itarus, Kanusu und Yatim unterhielten sich. Dann brach das Gespräch abrupt ab. Die Gruppe der Nadoo näherte sich Major Travis, Heinze, Sirin und Commander Brenzby.

»Wir haben uns lange unterhalten«, teilte Itarus mit. »Unser Entschluss ist gefallen. Wir wollen die Einkapselung unseres Lebensraumes beenden und wieder auf andere Rassen zugehen. Die Zeit scheint uns hierfür jetzt gekommen zu sein. Ihr Beispiel hat uns gezeigt, dass es nicht nur schlechte Rassen im Universum gibt. Deswegen übergeben wir sie morgen Antakin, unserer Gelehrten für altertümliche Schriften. Antakin wird ihnen behilflich sein können, die alten Schriften unserer Vorfahren zu sondieren. Sie suchen Hinweise auf die Ablonder und wir suchen einen Ausgang aus dieser Enklave. Es ist wie eine schreckliche Krankheit, dass wir dies in 100.000 nicht selbst erreicht haben. Wenn sie Erfolg haben sollten, dann sind wir tief in ihrer Schuld. «

»So wäscht eine Hand die andere«, sagte Major Travis. Gemeinsam werden wir Erfolg haben. «

»Wir werden unser Bestes versuchen«, pflichtete Sirin bei. »Versprechen können wir ihnen jedoch zum heutigen Zeitpunkt nichts. «
»Das brauchen sie auch nicht«, antwortete Itarus. »Wir sind genauso auf das Ergebnis gespannt, wie sie. «

»Es wird Zeit sich zurückzuziehen«, antwortete Major Travis. »Wir dürfen uns verabschieden. Wo können wir uns morgen treffen? «

»Ich denke, der erste Schritt wird sein, uns um 10:00 Uhr an der alten Bibliothek zu treffen«, schlug Itarus vor. »Sie befindet sich in dem Tempel der Alten. Yatim wird sie begleiten. Sie ist unsere Rätin für Altertum und Geschichte. Vermutlich werden sie dort auf Antakin stoßen. Sie ist die Hüterin der Schriften kann ihnen behilflich sein, die gesuchten Dokumente zu finden. «

Itarus gab Major Travis eine Karte. Hierin waren ihr jetziger Standort, die große Regierungsstadt und weitere Städte im näheren Umkreis, eingezeichnet. Er zog einen Stift aus seiner Gala-Uniform. Hiermit flog er über die Karte und malte einen Kreis auf einem der angrenzenden kleinen Kontinente.

» Hier ist es«, sagte er. »Eine alte Gebetsstätte, völlig von Wasser umgeben und von uns nicht mehr genutzt. Sie ist noch nicht baufällig, aber sehr alt. Sie sollten vorsichtig sein. «
Major Travis nahm die Karte an sich und bedankte sich. Das Team der Termar 1 wurde von ausgesuchten Garde-Soldaten zu ihren Suiten eskortiert. Sie hatten auf Bitte der Regierung der Naado ein Luxus-Hotel bezogen.

Als sie durch die Eingangs-Pforte schritten, kam Professor Augenzell aufgeregt angelaufen.

»Herr Major«, sagte er. »Wir haben es hinbekommen. Durch die Ankoppelung von zwei lantranischen Schirmfeld-Generatoren an die Tarn-Generatoren unseres Schiffes, können wir die Leistung unseres Tarnfeldes dreifach verstärken. Jetzt können wir auch nicht mehr von hochsensiblen Geräten der Lantraner geortet werden. «

Major Travis hatte zwar gerade keinen Kopf für technische Gespräche, wollte aber Professor Augenzell auch nicht vor den Kopf stoßen. Bekanntlich war er der Spezialist für Antriebs-Technik im neuen Universum. «

»Sehr gut, Professor«, sagte er. » Damit haben sie uns sehr geholfen. Zeichnen sie alles auf, wir reden später hierüber. Derzeit müssen wir ein anderes Rätsel lösen. Seien sie uns bitte nicht böse. «

»Ich wollte sie nur über unseren Erfolg informieren«, antwortete der Professor. »Sie erhalten noch eine Aktennotiz von mir. «

»Besten Dank, Professor«, erwiderte Major Travis. » So machen wir es. Wir sehen uns morgen in der Termar 1. Genießen sie den schönen Abend. «

Professor Augenzell hatte sich bereits wieder umgedreht und war zu seinem Team zurückgelaufen. Sirin blickte ihm nach und schüttelte den Kopf. Sie hakte sich bei dem Major ein. Gemeinsam gingen sie auf ihre Suite.

Pünktlich am nächsten Morgen wartete Kanusu auf das Team der Besucher. Major Travis, Commander Brenzby, Sirin, Heinze, Tart 1 und Tart 2 traten aus der Eingangshalle des Hotels und näherten sich dem Naado.

»Gehen wir in den Tempel der Alten? «, fragte Major Travis.

»Ich habe mich gestern noch lange mit unserm Ratsvorsitzenden Itarus unterhalten«, antwortete Kanusu. » Die beste Anschrift bleibt der Tempel der Alten. Hier werden alle Schriften gelagert, die noch aus der Zeit unser Gründerväter datieren. Yatim wird auch dabei sein. Sie kann uns schneller zu den Dokumenten führen, die wir benötigen. Sie kennt sich in den Archiven bestens aus. Ich denke, wir werden hier schnell Erfolg haben und interessante Dokumente finden. Die Schriften wurden zwar von unseren Gelehrten gelesen, aber nicht nach Hinweisen durchforscht. Wir besaßen keine Informationen, dass sich möglicherweise in den Schriften Lösungen auf einen Weg in die Außenwelt verstecken würden.«

Ratsmitglied Kanusu schaute in die Runde.
»Lassen sie uns beginnen«, sagte er.

Er zog einen Communicator aus seiner Jackentasche und sprach einige Worte hinein. Sekunden später tauchte ein großer Personen-Gleiter am Himmel auf, der sanft zur Landung ansetzte.

»Kanusu öffnete den Schott.

»Bitte einsteigen, unser Transportmittel ist da«, lächelte er.

Nachdem die Besucher eingestiegen, die Schotts verriegelt waren, gewann der Gleiter schnell an Höhe und beschleunigte. Es dauerte eine gewisse Zeit, bis die große Stadt hinter ihnen kleiner wurde. Major Travis sah aus dem Fenster. Unter ihnen zogen sich weitflächige Wälder dahin. Steppen und andere Regionen des erdähnlichen Planeten tauchten auf. Diese wurden wieder abgelöst von Wüsten, oder verdorrten Gebieten.

»Wie weit ist es noch? «, fragte Major Travis.

»Unser Ziel liegt auf dem vierten Kontinent unseres Planeten«, antwortete Kanusu. »Es dauert nicht mehr lange. Dieser Kontinent war seinerzeit die Landestelle unserer Vorfahren. Er wurde als erstes Gebiet ausgekundschaftet. An dieser Stelle haben unsere Vorfahren den Tempel errichtet. Er birgt immer noch viele Geheimnisse in sich und ist unsere Lagerstätte für viele alte Berichte.

Zu der damaligen Zeit war es ebenfalls eine Gottes- und Gebetsstätte. Dort versammelten sich viele unserer Vorfahren und beteten, Sie wollten nicht wieder in den Krieg mit dem Rigo-Sauroiden verwickelt werden. Zu lebendig waren noch die Erinnerungen an den großen Krieg. Es schien geholfen zu haben, dass unser Volk abgeschnitten von den Außenplaneten war. Wir fanden keinen Weg mehr nach außen. Die Hilfe der Ablonder führte uns in eine Einbahnstraße. Unsere Wissenschaftler suchten verzweifelt, aber sie fanden keine weiteren Spuren von den Ablondern. Als sie erkannten, dass es keine Lösung gab, hörten sie auf zu suchen. Wir hatten schließlich mit uns selbst zu tun und mussten unsere Zivilisation wieder neu aufzubauen und den Fortbestand sichern. Diese Vorgehensweise würde jeder Rasse vorrangig für sich entscheiden. Vermutlich ist die Suche nach weiteren Spuren, im Laufe der Jahrtausende in Vergessenheit geraten. Heute interessiert sich keiner mehr für den Namen der Gründer. «

»Was ist mit ihren Wissenschaftlern und Techniker «, fragte Sirin. »Haben sie nicht versucht weiter zu forschen.«

» Das schon, aber sie konnten keine Ergebnisse finden«, erklärte Kanusu.

Der Pilot des Personen-Gleiters reduzierte die Geschwindigkeit des Fluggefährtes.

Kanusu zeigte auf das Fenster.
»Wir sind gleich da«, bemerkte er.

Das imposante Bauwerk stand auf einem Felsen-Plateau, das restlos von Wasser umgeben war. Dort ragte ein Dom in die Höhe, umgeben von weiteren Türmen und Erkern, die alle die Spitze des Doms umringten. Weiter unten waren Häuser- und Gebäude ersichtlich, die alle angebaut zu sein schienen. Hier lebten möglicherweise die Gehilfen der Gläubigen, die für den Erhalt der Einrichtung zuständig waren. Kreisrund von dem oberen Bereich der Gebetstätte, zog sich eine kleine Straße links um den Felsen nach unten zu dem Fuß des heiligen Doms. Weiter links, unterhalb im Meer, war eine felsige Plattform künstlich errichtet worden. Sie diente als Landeplatz. Von hier aus zog sich eine schmale Brücke auf das Felsplateau hinüber.

Vorsichtig setzte der Personen-Gleiter auf der Plattform auf. Das Forschungsteam der Termar 1 stieg aus und schaute sich um. Major Travis atmete die würzige Luft tief in sich hinein.

»Herrlich«, sagte er. »So ein Monument würde auf der Erde für Touristen ein Wallfahrtsort sein. Man könnte sich vor Besuchern nicht mehr retten. «

Kanusu schaute ihn ungläubig an.
»Das hier ist eine heilige Stätte«, erklärte er. »Keiner darf ohne eine besondere Vollmacht eintreten und sich hier aufhalten. «

»Über diesen Punkt sind wir schon lange hinaus«, erwiderte Major Travis. » Bei solchen Bauwerken handelt es sich bei uns zu Hause um einen Besitz, der dem ganzen Volk zugänglich gemacht wird. «

Die große Strecke über die Brücke war schnell absolviert. Dahinter erwartete sie der Aufgang zu dem Tempel. Die alten Bauwerke beeindruckten die Besucher.

Sirin erklärte allen Beteiligten die unterschiedlichen Bauelemente alter natradischer Ingenieur-Kunst. Dann erreichten sie endlich das Plateau, die Spitze des Felsens, auf dem der gewaltige Dom stand. Zwei riesige Pforten bildeten den Eingang.

Major Travis schaute an den Tempel hinauf. Beeindruckend maß das Bauwerk bis zur Spitze hin eine Höhe von 475 Metern. Der Oberbefehlshaber lauschte in die Stille. Noch immer konnte er das mächtige Plätschern des Wassers beim Aufschlagen auf den Felsen hören.

Neben der Eingangspforte stand ein Halter mit einem schweren Schlagstock. Yatim hatte die Gruppe bereits erwartet. Sie begrüßte die Gäste der Regierung.

Kanusu trat neben sie.
Ist Antakin bereits erschienen? «, fragte er.
»Sie wird im Tempel sein«, erwiderte Yatim. »Wir werden sie suchen müssen. «

Kanusu nickte.
Yatim nahm den Schlagstock aus dem Halter heraus und schlug damit fest auf die Eingangstür ein, in der eine Art Metallscheibe eingelassen war. Ein dumpfer Ton ertönte, vergleichbar mit einem chinesischen Gong. Kurz darauf hörten die Besucher, wie schwere Riegel beiseitegeschoben wurden. Knirschend und knarrend öffnete sich die Türe.

Zwei Wächter des Tempels schauten heraus. Yatim begrüßte sie und erklärte ihnen den Grund des Besuches. »Rufen sie Antakin, sie erwartet uns«, sagte sie.

Antakin brauchte nicht lange, bis sie an der Pforte auftauchte.

»Ich bin informiert«, sagte die Wächterin der Schriften. »Ich soll ihnen meine beste Unterstützung zu Teil werden lassen. «

Dann bat sie die Besucher herein.
»Sie möchten in den alten Schriften recherchieren? «, fragte sie Major Travis.

»Wenn sie es uns gestatten, dann würden wir gerne die Anfänge ihrer Geschichtsschreibung durchsehen«, teilte Major Travis mit.

»Was hoffen sie dort zu finden? «, fragte sie.

»Wir sind auf den Spuren der Ablonder, der alten Rasse, die ihnen das Tor zu dieser Enklave geöffnet hat«, erklärte der Major. »Leider hat sich die Rasse zurückgezogen, oder ist vielleicht aus ausgestorben. Wir finden in der heutigen Zeit nur noch Hinweise auf sie. Lassen sie uns versuchen das Rätsel zu lösen. Ihre Urväter mussten mit ihnen Kontakt gehabt haben. «

»Hierzu gibt es leider nicht viele Niederschriften«, erwiderte Antakin. »Der Kontakt war einmalig und bestand lediglich in der Unterstützung und Öffnung des Transmitter-Tores, durch das sich unsere kleine Flotte in diese Enklave retten konnte. Aber schauen sie selbst nach. «

Sie drehte sich um, zündete eine Fackel an und ging voraus. Die große Eingangshalle mündete schnell in kleinere Gänge.

Antakin führte die Besucher durch dunkle Gänge, die teilweise muffig rochen. Major Travis hatte nicht mitgezählt, aber es mussten mindestens ein Dutzend kleinere Verbindungswege gewesen sein. Schließlich wurden die Gänge wieder breiter. Die Besucher kamen in einen großen Raum, der sichtbar als Halle ausgelegt war. Dieser Saal war anders und stilvoll eingerichtet. Überall an den Wänden waren groteske Malereien zu sehen. Bizarre große Säulen wurden sichtbar, auf dessen Ende Götzenfiguren herunter starrten. Alles wurde von indirekten Lichtern angestrahlt. Eine düstere Atmosphäre breitete sich aus.

»Das ist die Halle der Erkenntnis«, bemerkte Antakin. »In den späteren Jahrtausenden wurde sie ebenfalls als eine Gebets-Halle betitelt. «

»Das sind aber keine alten natradischen Götzenbilder«, staunte Sirin.

»Das haben sie richtig erkannt«, entgegnete Antakin. »Sie müssen sich sehr gut in der natradischen Götzen-

Mythologie auskennen. Früher konnten das nur die hohen Priester erkennen. «

»Sie wissen vielleicht nicht, dass ich Prinzessin Sirin bin, eine direkte Cousine des Kaisers von Natrid«, teilte sie mit.

»Endschuldigen sie meine Unwissenheit, Majestät«, entgegnete sie und verbeugte sich. » Das konnte ich nicht ahnen. «

»Ich spüre aktive Energiewellen in diesem Raum«, bemerkte Heinze. »In dieser Halle ist ein energetisches Versteck integriert. «

Alle schauten sich um. Mitten in der Halle stand etwas Bekanntes. Heinze zeigte darauf.

»Da ist es«, sagte er. »Die Energiewellen gehen erneut von diesem Kasten aus. «

Es war ein goldverzierter Sarkophag, wie ihn Major Travis und sein Team bereits auf der Erde begutachten konnten.

»Ist es das, was ich denke? «, fragte Commander Brenzby. » So etwas kennen wir bereits. «

»Das ist der Altar unserer Urväter«, erklärte Antakin. »Sie haben ihn uns hinterlassen. «

»Lässt er sich öffnen? «, fragte Major Travis.

»Nein«, antwortete Antakin. » Nicht, das ich es wüsste«, antwortete sie.

Commander Brenzby holte seinen Scanner aus der Tasche und richtete diesen auf den Altar. Monoton verrichtete der Apparat seine Arbeit.

»Es ist eindeutig ein Relikt der Ablonder«, bemerkte er. »Ich kenne diese Bauweise nicht«, ergänzte Sirin. »Es ist kein natradisches Artefakt. «

Die Gruppe trat näher heran. Es waren Verzierungen eingelassen, die von Sternen, von Raumschiffen und Planeten erzählten.

»Dieser Sarkophag erzählt eine Geschichte, die wir jedoch noch nicht deuten können«, bemerkte Sirin.

»Es wird die Geschichte der Ablonder sein«, antwortete Major Travis. » Vielleicht können wir später das Rätsel lösen. Jetzt müssen wir nach dem Schlüssel suchen. Commander Brenzby, mache bitte einige Fotos für unser Archiv. Wir werden uns diese im Schiff mit unseren Wissenschaftlern zusammen ansehen. Übermittele sie der Hypertronic-KI der Termar 1. Sie kann bereits mit der Auswertung anfangen und eine Analyse durchführen. «

»Die Energiewellen stammen eindeutig von dem Sarkophag«, bestätigte Heinze. » Ich vermute, es ist das gleiche Energieschloss, wie bei dem Modell, das wir auf der Erde gefunden haben. Ich suche nach einem möglichen Öffnungs-Mechanismus. Ich folge den Wellen gedanklich. «

Antakin stand mit geöffnetem Mund da und folgte den Recherchen der Besucher. Einen Öffnungsmechanismus hatten die Naado nie gefunden.

Heinze legte seinen Kopf schräg und versuchte dem Energiefluss zu folgen. Es dauerte eine Weile dann schien er Erfolg zu haben.

»Ich habe es gefunden«, teilte er freudig mit. »Wir müssen auf der Vorderseite des Sarkophags Einstellungen vornehmen. Es scheint so, dass jeder Sarkophag ein eigenes Schloss besitzt. Auf der Vorderseite befinden sich drei Sonnen. Diese kreisen über dem vierten Planeten. Das Symbol kennzeichnet den Standort, wo wir uns befinden. «

Heinze trat vor und drückte die mittlere Sonne hinein. Sofort sprang das Symbol des vierten Planeten weiter heraus. Heinze drehte es nach rechts und rastete es wieder ein. Wie von Geisterhand schob sich der Deckel des Sarkophags unter lauten steinernen Kratzen zurück. Gespannt traten die Besucher näher und schauten hinein.

»Es liegt kein Ablonder in dem Sarkophag«, teilte Sirin erleichtert mit. »Ich sehe eine Treppe. «

Der Blick ins Innere des Sarkophags gab eine tiefe Treppe frei.

»Hiermit hätten wir nie gerechnet«, sagte Yatim. »Wir sind immer davon ausgegangen, dass es sich um ein festes Element handelt.«

»Wir kennen die Ablonder bereits ein wenig besser«, lächelte Major Travis. » Sie lieben es, Rätsel aufzugeben. Dürfen wir weitersuchen? «

»Natürlich, das ist auch in unserem Interesse«, antwortete Yatim. »Deshalb sind wir hier. «

Nacheinander kletterten die Personen der Forschergruppe aus dem Sol-System über den Rand des Sarkophags. Die Stufen der Treppe führten abwärts, in das Innere des Felsendoms. Rechtsseitig stand ein Behälter mit Fackeln. Yatim nahm einige heraus, zündete sie an und verteilte sie an die Personen. Langsam ging die Gruppe weiter die Treppe hinunter. Es roch nach abgestandener Luft. Scheinbar war in diesen geheimen Gängen lange niemand mehr gewesen. Interessiert schauten sich die Gäste aus dem Sol-System um und suchten nach Auffälligkeiten. Es waren keine Höhlenzeichnungen zu entdecken. Die Felsenwände waren natürlichen Ursprungs. Yatim erklärte, dass diese geheimen Gänge noch mit Handwerkzeugen bearbeitet worden waren.

Commander Brenzby nickte.

»Das ist seltsam«, bemerkte er. »Den Ablondern stand eine fortschrittliche Technik zur Verfügung. Warum wurde die von ihnen nicht für diese Gänge verwendet? Die Bearbeitung der Verbindungswege wurde mit Handwerkzeugen durchgeführt. «

»Das kennen wir doch schon von der Erde«, erinnerte Heinze. »Den ersten Teil der Korridore haben die Ablonder in der Regel von Angehörigen ihrer Hilfsvölker bearbeiten lassen. Sie haben sich lediglich auf die wichtigen Bereiche konzentriert, in dem sie ihre Hinweise und Artefakte versteckten. Für diese Kammern haben sie auf ihre hochstehende Technik zurückgegriffen. «

Die Treppe wendete sich weiter und zog sich endlos in die Tiefe.
»Wir sind jetzt bereits fast 800 Meter unter dem mächtigen Felsendom und von Wasser komplett umgeben«, sagte Antakin. » Wo führt uns der Weg hin? «

Niemand wusste eine Antwort hierauf.
Endlich endete die Treppe und setzte ihren Weg in einem schmalen Gang fort. Es war feucht an den Wänden. Moos und Algen hatten sich verbreitet.

»Was sagt der Scanner? «, fragte Sirin.
Commander Brenzby kramte ihn heraus und schaltete ihn ein. Eine rotes Lichte rotierte kreisrund auf dem Display.

»Das Gerät mach keine besonderen Angaben«, bemerkte er. »Es handelt um normales Felsgestein, mit den üblichen Mineralien. «

Danke, antwortete Sirin enttäuscht. Ich hatte mehr er erwartet. Langsam wurden die Gänge breiter. Die Wände waren plötzlich glatt bearbeitet.

»Die Oberfläche fühlt sich an wie Glas«, bemerkte Mayor Travis.
Er hatte eine Taschenlampe aus seiner Tasche genommen und leuchtete in die Höhe. Der Kegel der Lampe leuchtete die Decke ab. Plötzlich hielt er inne.

Sirin schrie auf.
»Das gleiche Zeichen, wie auf der Erde«, sagte sie. »Eine Person, die wie ein Astronaut aussieht, zeigt mit ihrem rechten Arm in den Himmel zu einer Sternen-Konstellation. «

»Mache bitte einige Fotos«, sagte der Major zu seinem Commander. » Wir müssen prüfen, ob es sich um das gleiche Bild, wie auf der Erde handelt. «

»Die Wände sind eindeutig nicht von der Hand bearbeitet, hier waren wieder hochwertige Maschinen im Einsatz«, bestätigte Heinze.

Die Gruppe schritt langsam weiter voran. Plötzlich endete der Gang vor einem mächtigen Felsen. Der Durchgang war verschlossen.

»Hier kommen wir nicht weiter«, bemerkte Yatim enttäuscht. »Der Weg endet hier. «

»Nicht so voreilig«, antwortete Heinze. » Ich spüre erneut die Energiewellen eines Schlosses. Es handelt sich um die gleichen Energiewellen, wie an dem Sarkophag. Dieses Mal wird ein verstecktes Tor gesichert. «

Heinze suchte gedanklich den Knotenpunkt der Wellen, den Regulator des Tores. Wo war die Schalteinheit, der diese Energie steuerte.

»Links oben an der Wand«, fühle Heinze. »Dort fühle ich drei Schalter, die mit Energieadern verbunden sind. Der rechte Schalter ist der Kontaktgeber. Er muss zuerst gedrückt werden, dann der linke Schalter und zum Schluss der Schalter in der Mitte. Diese Reihenfolge sollte das Tor zu öffnen. «

Antakin hielt eine Fackel hoch. Tatsächlich hoben sich drei kreisrunde, felsgraue Drucktasten, vom restlichen Gestein ab. Yatim trat vor und drückte wie befohlen, erst den rechten, dann den linken Knopf, zum Schluss den mittleren Knopf hinein. Es vibrierte in dem Gang. Vermutlich war das Tor Jahrtausende nicht mehr bewegt worden. Schwere Servo-Motoren nahmen die Arbeit auf. Nur langsam kam Bewegung in das Tor. Erst öffnete sich in der Mitte ein Spalt, der langsam immer größer wurde.

Sehr langsam schoben sich die schweren Türen beidseitig

in den Felsen. Durch die dunkle Öffnung schwappte den Besuchern modrige Luft entgegen.

»Hier hat schon lange keiner mehr gelüftet«, bemerkte Commander Brenzby.

Er hatte seinen Scanner wieder eingeschaltet und versuchte Daten aus dem Inneren der großen Halle zu empfangen.

»Es passiert etwas«, sagte er. »Die Energie-Emissionen sind sprunghaft angestiegen, wir sollten vorsichtig sein. «

Die Sensoren von Tart 1 und Tart 2 hatten ebenfalls die Daten registriert. Sie schoben die vor ihnen stehenden Personen beiseite und stellten sich kampfbereit vor die Gruppe. Major Travis kannte das Verhalten der beiden Personenschutz-Roboter zur Genüge. Sie waren äußerst wachsam. In dieser Situation war mit ihnen nicht zu spaßen. Major Travis erkannte an ihren Augen, dass sie auf Kampfmodus umgestellt hatten.

Hinten in der Halle wurden mehrere Bewegungen sichtbar. Aus dem Dunkeln sah das Team unter Major Travis, wie spinnenartige Roboter auf die Gruppe zuliefen. Er konnte die Anzahl nicht ermitteln, es waren zu viele.

»Kampfstellung einnehmen«, warnte er. »Wir werden angegriffen. «

Der schwere Energiestrahler TM 520 sprang fast von allein in seine Hand. Mit grimmigem Gesicht entsicherte er die Waffe. Abgesehen von Tart 1 und Tart 2, waren er und Commander Brenzby die einzigen Personen die Waffen trugen. Major Travis schaute Commander Brenzby an.

»Auf die Augen feuern«, befahl er. »Da hinter sitzt in der Regel die Elektronik. «

Commander Brenzby winkte, er hatte den Befehl verstanden.
Die Lasersalven beleuchteten den Raum. Die spinnenartigen Roboter explodierten bereit nach einem Treffer in grellen Explosionen. Rauch und Qualm zogen aus der Halle heraus. Metallsplitter und Staub rieselten von der Decke auf den Boden hinab. Die Lage wurde schwieriger. Die Atemluft erwärmte sich spürbar. Sie zog nicht ab.

Heinze war neben Major Travis getreten.
»Achtung von rechts schleichen sich zwei Roboter an«, teilte er mit. »Ich halte sie fest und baue eine gedankliche Sperre auf. «

Sofort richtete Major Travis seinen Strahler auf die beiden Roboter. Zwei Lasersalven zischten aus seiner Pistole. Die zwei Treffer zerfetzten die zwei Spinnenroboter in grellen Explosionen. Wieder hagelten Schrott- und Metallreste von der Decke hinab. Tart 1 und Tart 2 hatten Deckung bezogen und schossen beidhändig. Nach und nach wurden die vorrückenden Roboter von den schweren Waffen eingeäschert. Der Ansturm verebbte merkbar. Doch leider war die Situation immer noch nicht bereinigt.

Erneut fauchte der Energiestrahl eines Spinnenroboters über die Köpfe der Gruppe hinweg und prallte in den kalten Fels. Tart 1 und Tart 2 visierten hatten das neue Ziele an. Donnernd entluden sich ihre schweren Waffen. Die Explosionen rissen die zwei spinnenartigen Roboter förmlich auseinander. Der grelle Feuerschein erhellte den Raum. Der Gegner schien sichtlich erbost zu sein. Im Sekundentakt zischten neue Energiesalven über die Köpfe der Besucher hinweg und schlugen zischend in den Berg aus massivem Felsgestein ein. Dieser schmolz an den Stellen, wo die Einschläge getroffen hatten. Die Treffer hinterließen eine tiefe Furchen. Der Felsen wirkte wie glasiert.

Tart 1, Tart 2, Major Travis und Commander Brenzby feuerten im Dauermodus. Die Lasersalven trafen auf die vorrückenden Roboter und verdampften ihre Elektronik. Die spinnenartigen Roboter mussten einen hohen Preis bezahlen. Sie beendeten ihr Dasein in gleißenden Explosionen. Funken und Rauch stiegen von den getroffenen Robotern auf, Metallsplitter regneten von der Decke hinunter. Endlich lichtete sich die Flut der Angreifer.

Die letzten zwei fremdartigen Roboter ließen sich von den Erfolgen der Besucher nicht beeindrucken, noch weniger einschüchtern. Wieder sprachen ihre Waffen und die

Strahlen zischten wieder an den Köpfen der Besucher vorbei. Tart 1 und Tart 2 wichen geschickt den Strahlen aus. Sie standen an der vordersten Front. Die gelegentlichen Streifschüsse wurden von ihren Individual-Schutzschirm problemlos absorbiert. Rauch quoll weiterhin aus dem Tor in Richtung des geöffneten Ganges. Die Sicht-Verhältnisse wurden immer schlechter.

Commander Brenzby schaute auf seinen Scanner.
»Es werden keine überhöhten Energie-Emissionen mehr angezeigt«, meldet er.

Abrupt hörten die Schüsse auf. Tart 1 hatte die letzten beiden Roboter erlegt.

»Gut gemacht«, sagte der Major den Tarts zu. »Keiner von uns hätte das besser machen können. «

Tart 1 und Tart 2 zeigten keine Regung. Sie hatten die Belobigung wortlos akzeptiert. Major Travis trat als Erster über die Schwelle, in die große Halle ein. Als er seinen Fuß in den Raum setzte, aktivierten sich zahlreiche Lichter und diesen erleuchteten.

»Bewegungs-Sensoren«, sagte er. »Das hier scheint wieder eine Beobachtungsstation der Ablonder zu sein. Ich erkenne die bekannten Monitore wieder, die auf unterschiedliche Ziele des Planeten gerichtet sind. «

»Was haben die Ablonder nur hiermit bezweckt? «, fragte Sirin.

Commander Brenzby ergänzte ihre Aussage.
»Was sollten die ganzen spinnenartigen Roboter bewachen? «, erkundigte er sich. » Die haben wir auf der Erde nicht vorgefunden. Das ist eigenartig und hebt sich völlig von unseren bisherigen Erkenntnissen ab. Vielleicht sollten wir die Halle doch intensiv und gründlich untersuchen? «

Major Travis schaute auf die vielen Monitore. Diese waren mit dem Betreten der Halle automatisch aktiviert worden. Er blickte die Naado an.

»Erkennen sie die Landstriche ihres Planeten? «, fragte er. Yatim schaute gespannt auf die Monitore.

»Selbstverständlich erkenne ich einzelne Regionen«, sagte sie. » Das sind alles unterschiedliche Gebiete unseres Planeten. Nach meiner Beurteilung sind das recht gemäßigte Regionen. Dort sind schon lange keine Freiheitskämpfer mehr aktiv. «

Major Travis spitzte die Ohren.
» Was meinen sie mit der Aussage, dass in diesen Gebieten schon lange keine Freiheitskämpfer mehr aktiv sind? «, fragte Major Travis. »Waren denn schon einmal welche aktiv? «

»Ja, in den frühen Jahrtausenden war das so«, antwortete Yatim. »Auch wir haben eine Zeit gebraucht, bis wir unseren heutigen Weg fanden. Bis zu diesem Zeitpunkt wollten unterschiedliche religiöse Glaubensfanatiker den

Weg für unser Volk bestimmen. Dies haben unsere Urväter in Volksabstimmungen vereitelt. Sie konnten die Mehrheits-Entscheidung in freien Wahlen für unser Volk durchsetzen.«

»Warum wurden die Überwachungs-Sensoren von den Ablondern installiert?«, fragte Sirin. »Hatten sie eine solche Angst, dass die Umwälzungen des Krieges das Universum aus den Angeln heben würden? «

»Wir wissen nicht, warum die Ablonder seinerzeit Überwachungs-Sensoren installiert haben«, antwortete Antakin. »Diese Geheimgänge sind uns nicht bekannt gewesen. «

Was wollten sie beobachten? «, fragte Major Travis.
»Das wird wohl immer eine große Frage bleiben«, antwortete Antakin.

Der Ro hatte seinen Kopf auf die Seite gelegt. Es war offensichtlich, dass er etwas suchte.

»Ich spüre ein weiteres Energieschloss«, bemerkte Heinze plötzlich.

Commander Brenzby hob seinen Scanner und aktivierte ihn. Plötzlich erfasste auch er neue Werte.

»Es muss noch etwas hinter der Wand sein«, sagte er.
Der Commander hatte eine Abweichung in den Ergebnissen der bisherigen Messreihen erkannt. Eine

winzige Energiespitze auf dem vierten Frequenzband erregte seine Aufmerksamkeit.

»Wir werden ebenfalls gescannt«, meldete er verdutzt.
»Von wem werden wir gescannt? «, fragte Major Travis.
» Von dem oder denen, die sich hinter der Wand befinden«, entgegnete Commander Brenzby.

Major Travis schaute auf Heinze.
»Kannst du etwas spüren? «, fragte er.

»Es handelt sich um keine Lebewesen«, entgegnete Heinze. »Ich fühle den regulären Energiefluss einer Hypertronic-KI. Diese scheint langsam zu erwachen. «

»Wo finden wir den Öffnungsmechanismus für die Wand?«, erkundigte sich Commander Brenzby.

»Den werden wir bald finden«, lächelte Heinze.

Die KI wusste bereits länger, dass Fremde in ihren geheimen Sicherheitsbereich eingedrungen waren.

»Ich kann nicht mehr alle meine Programmierungen ausführen«, dachte sie. »Ich benötigte eine intensive Wartung. Seit mehr als 100.000 Jahre warte ich auf neue Aufgaben. Die Macoronarus, die seinerzeit diesen Stützpunkt kommandierten, haben sich lange vorherzurückgezogen. Ihr letzter Befehl an mich lautete, den Überwachungspunkt vor einer möglichen Entdeckung zu schützen. Meine Herren und Meister versprachen irgendwann zurückzukehren. Leider haben sie ihre Zusage nicht eingehalten. «

Mit Unbehagen registrierte die KI, wie sich die Nachkommen der seinerzeit geretteten Natrader, immer weiter auf den bekannten Planeten der Enklave ausweiteten.

»Sie machen vor Nichts halt«, erkannte sie. » Ich muss die Artefakte der Ablonder sichern. Sie dürfen nicht in die falschen Hände geraten. Die Nachkommen der ehemaligen stolzen Natrader haben sich verändert. Sie nennen sich Naado und hängen mit ihrem technischen Verständnis und mit ihren technischen Entwicklungen weit zurück. Die Ablonder haben lediglich die Freigabe zur Nutzung ihrer Technik für Angehörige der natradischen Wissenschaft erteilt. Diese gibt es in der kleinen Enklave nicht mehr. «

Der schwere und kaum lösbare Widerspruch dieses Sachverhalts, beschäftigte die KI seit langer Zeit. Sie verfolgte, wie die Zivilisation um sie herum wuchs.

»Dank meiner Erbauer bin ich auf einem Felseneiland erbaut worden, das von Wasser umgeben ist«, dachte sie. »Doch die Städte, der degenerierten natradischen Nachkommenden, weiten sich immer weiter aus. «

Wehrlos hatte sie es zunächst akzeptiert, dass Forscher und Wissenschaftler ihre Räume durchsuchten und in ihren Hinterlassenschaften stöberten. Nun überschlugen sich die Ereignisse, denn sie hatte beobachtet, dass eine fremde Rasse gelandet war. Das konnte und durfte eigentlich gar nicht passieren. Ohne die Schlüssel konnte die Enklave nicht geöffnet werden.

»Sie suchen nach dem Amulett der Ablonder«, erkannte sie. »Wissen sie bereits, dass ein Amulett der Schlüssel zur Öffnung weiterer Dimensions-Tore ist? «

Die alte Hypertonic-KI wusste es nicht.

Die degenerierten Nachkommenden der Natrader haben es in Tausenden von Jahren nicht geschafft, einen Schlüssel zu lokalisieren. Dieser hätten den Ausweg aus dieser Enklave für sie bedeutet. Die Lösung lag so nahe vor ihren Augen. «

Eine lange Zeit hatte die KI nur beobachtet. Doch nun nach den Jahren der Ruhe überschlugen sich die Ereignisse. Eine kleine Gruppe der Naado, in Begleitung von fremden Intelligenzen, waren in die geheimen Räume der Ablonder vorgestoßen. Die Möglichkeiten der alten Hypertronic-KI zur Gegenwehr, waren nach den vielen Jahrtausenden äußerst bescheiden. Ohne Wartungen gingen ihre Energiereserven zu Neige.

Sie wusste, dass sie dringend selbst eine größere Wartung vornehmen musste. Doch hiervon ahnten die Eindringlinge nichts. Bislang ließen sie sich nicht aufhalten. Ihre spinnenartigen Roboter hatte sie losgeschickt, um die Eindringlinge zu einer Umkehr zu bewegen. Mit Schrecken registrierte sie, dass die Eindringlinge ebenfalls über eine hochstehende Technik verfügten.

Es gelang ihnen ohne große Mühen, ihre spinnenartigen Roboter vollständig auszuschalten. Als erkannte, die Eindringlinge nicht vertreiben zu können. Als diese dann auch noch in die heiligste Kammer ihre Erbauer vorstießen, da schlug ihre Phalanx wieder Alarm.

Datenpakete wurden erneut ausgewertet und berechnet. Der günstigste Plan zur Beseitigung der Fremden wurde errechnet. Die KI wusste, in welchen schlechten Zustand sie war. Um das Vermächtnis ihrer Erbauer zu bewahren, blieb ihr nur noch die komplette Selbstzerstörung. Nicht nur ihre Vernichtung, sondern die Zerstörung des ganzen Felsendoms kam ihr in den Sinn. In ihrem Inneres befand sich noch eine reichliche Beute, vor allem für Völker, die technisch unterentwickelter waren.

Die Hypertronic-KI war eine Schlüssel-Wächterin. Ihre Herren hatten sie als ein Depot angelegt, die zehn Amulett-Schlüssel bewahren und schützen sollte. Irgendwann hatten sich ihre Erbauer jedoch zurückgezogen. Das alte Universum war ihnen zu eng geworden. Ihre Rasse war zu oft belästigt worden, mit den Fragen, oder den Bitten jüngerer Rassen, die sich einen technischen Vorteil durch ihre Freundschaft versprachen.

Irgendwann wurden diese Bittgesuche den Ablondern zu viel. Sie zogen sich in eine Parallelwelt zurück. Dort bauten sie ihre neue Kristallwelt auf. Die Wege dorthin verschlüsselten sie. Sie bauten Rätsel, Kreuzungen und Sackgassen ein. Keiner der jungen Rassen hatte es bisher geschafft, bis zu ihnen vorzudringen. Sie waren stolz, mit dem alten Universum nichts mehr zu tun zu haben.

Die KI benötigte maximal zwei Sekunden, um alle Vorbereitungen zu treffen. Eine lange Zeitspanne, jedoch angesichts des Verfalls und der langen Zeit der Deaktivierung, akzeptierte die KI es.

Sie führte einen letzten Scan der Besucher durch. Erstaunt stellte sie fest, dass unter den Besuchern tatsächlich Berechtigte dabei waren. Sie rutschte wieder in einen Zwiespalt und suchte nach einer Entscheidung.

»Berechtigte dürfen eingelassen werden«, dachte sie. »Berechtigte dürfen Unberechtigte als Hilfsrassen einsetzen. Ist diese Verbindung ersichtlich, wird der Programmierung meiner Herren Rechnung getragen. Es gibt keinen Einwand mehr, gegen eine Nutzung der ablondischen Artefakte durch die Besucher. «

Die KI stellte sich auf diesen Sachverhalt ein und akzeptierte das Geschehen. Dieser Befehl war in ihrer Basis-Programmierung verankert. Entsprechend zog sie sich zurück und überließ den Fremden die weitere Steuerung des Ablaufs. Sie beobachtete lediglich im Versteckten die weiteren Ereignisse.

»Ich habe es gefunden«, sagte Heinze. »Die Öffnung der Geheimtüre wird über die Hauptkonsole gesteuert. «

Er schritt vor und drückte auf den roten Hauptknopf in der Mitte der Steuer-Konsole. Dann zog er ihn heraus und bog ihn nach hinten. Rasselnd schob sich an der hinteren Wand eine Metallverkleidung in die Höhle und gab zwei Schiebetüren frei. Diese konnten ohne weitere Mühe geöffnet werden. Sie gaben einen weiteren geheimen Raum frei.

Die Gäste traten interessiert vor und betrachteten den Fund. Hier wurden Waffen gelagert, Anzüge, Helme und eine geschlossene Metall-Kiste. Diese war genauso verziert, wie der alte Sarkophag, den sie oberhalb der Treppe gefunden hatten.

»Ist die Kiste auch wieder mit einem Energieschloss gesichert? «, fragte Major Travis. «
»Heinze schüttelte den Kopf.
»In diesem Fall nicht«, erwiderte er. »Es scheint sich eher um eine unwichtige Kiste zu handeln. Der Deckel lässt einfach abheben. «

Commander Brenzby und Major Travis traten vor. Jeder versuchte eine Seite des schweren Deckels, der typischen verzierten Metallkiste der Ablonder, anzuheben.

»Zu schwer«, teilte Commander Brenzby mit. »Die bekommen wir nicht hoch. «

Tart 1 und Tart 2 standen dezent im Hintergrund. Sie wussten bereits, dass der Major immer zuerst selbst versuchte an sein Ziel zu kommen.

Tart 1 schaute Tart 2 an.
»Wir geben uns desinteressiert«, sagte Tart 1.

Er drehte sich leicht nach rechts und stierte die Wände hoch. Tart 2 hatte sich umgedreht und schaute in die andere Richtung. Die beiden Personenschutz-Roboter sollten eigentlich keine Emotionen verarbeiten können. Major Travis hatte trotzdem den Eindruck, dass die beiden Tart- Roboter ein spezielles Eigenleben entwickelt hatten. Sie wussten immer exakt, wann sie eingreifen sollten, oder auch nicht.

Er blickte kurz auf die beiden 2,20 Meter großen Kampfmaschinen. Der Blick genügte, um ihm zu zeigen, dass die Maschinen sich bewusst gelangweilt gaben. Der Major wusste, dass der erste Ruf sie nicht wieder aktivieren würde.

»Jungs, kommt bitte mal hierüber«, sagte er.
Der erste Ruf wurde ignoriert.

»Tarts«, sagte Major Travis erneut. »Kommt bitte hierher.«

Endlich setzten sich die schweren Maschinen in Bewegung. Major Travis sah sie an.

»Über euer Verhalten in normalen Situationen müssen wir nochmals reden«, bemerkte er.

Commander Brenzby vermied es, hierzu etwas zu sagen.

»Bitte hebt den Deckel vorsichtig an «, befahl er. » Ich möchte wissen, was sich hierunter befindet? «

Major Travis und Commander Brenzby traten zurück. Sirin hielt die restlichen Personen fünf Meter vor der eigentlichen Kiste zurück. Die Ablonder waren für ihre Rätsel bekannt.

Tart 1 und Tart 2 traten an die metallische Kiste heran. Sie schoben den Deckel der Metallkiste zur Seite. Für die Außenstehenden sah es leicht und ohne große Mühe aus. Der schwere Deckel war erst zur Hälfte zur Seite gedreht, als die Roboter innehielten. Schon jetzt konnte der geheime Inhalt begutachtet werden. Hierzu kam es nicht.

Aus der alten Metall-Kiste schoss grelles, blaues Licht hervor, das sich bis zu Decke der Halle entfaltete. Dann sackte es in sich zusammen und bildete ein Hologramm. Eine weibliche humanoide Lebensform war zu erkennen. Gespannt schauten die Besucher auf das Hologramm. Die Naado traten aufgereckt einen Schritt zurück.

»Keine Sorge«, beruhigte sie Major Travis. »Es nur ein dreidimensionales Bild, ein Hologramm, welches energetisch erzeugt wird. Meistens sind es Hinweise für die Benutzung technischer Produkte. «

Das weibliche Hologramm zeigte in die Kiste und nahm fiktiv etwas heraus, das wie ein dreieckiges Amulett aussah. Am oberen spitzen Ende war eine Kette befestigt. Sie schien massiv zu sein und aus purem Silber zu bestehen. Das weibliche Hologramm hielt es mit beiden Händen. Ruckartig hob sie an und richtete es auf die Sterne.

Die kleine Forschergruppe, bestehend aus Terranern, Natradern, Naado und Robotern verfolgten das Schauspiel. Jetzt blinkte ein Kristall, am oberen spitzen Rand des dreieckigen Amuletts in roter Farbe auf. Vermutlich hatte das Hologramm hierauf gewartet. Der Kontakt war hergestellt. Jetzt drückte die Frau am unteren Rand die Taste eines fremdartigen Symbols. Das Amulett pulsierte, veränderte sich und gab eine Tastatur frei. Das Bild wurde schärfer und zeigte 10 farblich unterschiedliche Tasten an.

Das weibliche Hologramm drückte die erste Taste am unteren Rand des Amulettes. Die Beobachter verfolgten, wie sie die Taste 2, dann die Taste 5 und die Taste 7 drückte. Das Bild fuhr zurück und vermittelte, wie das Hologramm ihren Arm hob und zum Himmel zeigte. Dort bildete sich ein dreieckiges, großes, nebeliges Transmitter-Tor. Die erstaunten Beobachter sahen, wie Schiffe unbekannter Herkunft in das nebelige Dreieck flogen und verschwanden. Als alle Schiffe von dem Dreieck verschluckt waren, endete die Aufzeichnung.

Major Travis fand als Erster seine Sprache wieder.

»Die Tasten dienen als Richtungssteuerung und zur Anwahl der Koordinaten, in welches Sternengebiet man springen möchte«, sagte er. »In diesem Beispiel wurde zunächst die Taste 1 gedrückt zur Aktivierung des Transmitter-Tores, dann die Taste 2, um aus der Enklave ins normale Universum zu wechseln. Diesen Vorgang hat das weibliche Programm mehrmals wiederholt. Wir haben es alle gesehen. Dann drückte sie eine Auswahl der restlichen Tasten. Ich bin sicher, dass hiermit die Richtung einprogrammiert wird, zu welchen Sternen-Inseln der Sprung gehen soll. «

Die Umherstehenden waren von der Auffassungsgabe des Majors verblüfft.

»Kann das bereits die Türe zur Außenwelt sein, die unser Volk seit mehr als 100.000 Jahren gesucht hat? «, fragte Yatim.

»Das ist ihr Ausgang«, bestätigte Major Travis. »Da bin ich mir sicher. Notieren sie sich die Vorgehensweise. Die weiteren Möglichkeiten sollten ihre Wissenschaftler erforschen. Wir bitten sie, alle neuen Informationen uns zugänglich machen. Wir verfügen auch über ein Amulett. Dieses Kunstwerk ist der Schlüssel. Es verhilft ihnen, aus dieser Enklave ins normale Universum zu wechseln. «

Erneut baute sich das Hologramm auf und gab die gleichen Hinweise zum Gebrauch des Amulett-Schlüssels wieder von dem Anfang aus. Zwischendurch wechselte das Bild auf die bekannte Höhlenmalerei, die Major Travis und sein Team bereits von der Erde her kannten. Ein Astronaut zeigte auf ein Sonnensystem, das aus unterschiedlichen Planeten und Sonnen bestand.

»Ich vermute, dass dort weitere Schlüssel zu finden sind, eventuell auch das nächste Rätsel zu lösen ist«, erklärte Major Travis. »Der Schlüssel bietet vermutlich unendliche Möglichkeiten an, in alle Richtungen zu fliegen. Wir wissen nicht, ob es sich um neue Dimension handelt, oder ob es unser eigenes Sonnensystem ist. «

Das Hologramm war am Ende seiner Erklärung angekommen und die Endlosschleife fing wieder von vorne an. Diese hatte das Team bereits mehrmals gesehen.

Major Travis ging auf die alte Metallkiste der Ablonder zu. Tart 1 und Tart 2 standen immer noch bewegungslos daneben und machten ihm unaufgefordert Platz. Ein letzter Blick auf Heinze genügte dem Major, um zu erkennen, dass keine Gefahren mehr von der Kiste ausgingen. Der Major schaute hinein und lächelte. Vorsichtig griff er hinein und zog eine Handvoll Amuletts heraus. Diese silberfarbenen Dreiecke hängen an einer Kette und waren im unteren Bereich durch schmucksteinähnliche Knöpfe versehen. Insgesamt waren es zehn Toröffner in der Form von Amuletten, die von Major Travis ans Licht der Felsenhalle befördert wurden. Acht hiervon übergab er direkt Yatim. Sie schaute kurz hierauf und gab sie an Kanusu weiter.

»Ich bitte um Verständnis, dass ich ihnen nicht alle aushändige«, sagte Major Travis. »Doch es ist ein ungeschriebenes Gesetz, das der Finder solcher Artefakte einen Teil hiervon behalten darf. Zwei Schlüssel fordere ich als Finderlohn für unsere weiteren Forschungen und Recherchen ein. Ich hoffe, sie sind mit diesem Vorschlag einverstanden. Acht Schlüssel sollten genügen, um einen dauerhaften Ausstieg aus dieser Enklave für sie und ihr Volk zu ermöglichen. «

»Ich denke, das kann ich verantworten«, entgegnete Kanusu.

»Derzeit wissen wir zu wenig über die Ablonder«, erklärte Major Travis. »Wir sehen, dass ihre Technik in der heutigen Zeit noch funktioniert. Daher brauchen sie sich keine Sorgen zu machen, dass einer dieser Schlüssel in naher Zukunft ausfallen wird. Das wird wohl ihr wichtigstes Geheimnis gewesen sein. Die Ablonder haben es in ihrem Sarkophag verborgen, um es für die Nachwelt zu erhalten. «

Major Travis schaute sich noch einmal intensiv um. In Vitrinen lagen fremdartige Lasergewehre, Laserpistolen und andere, nicht identifizierbare Geräte. Er schaute Commander Brenzby an. Der verstand auch ohne Worte, was der Major wünschte. Er ging zu einem Schrank und öffnete ihn. Der Commander nahm jeweils zwei Exemplare heraus und verstaute sie in seinem Rucksack. Die Anzüge und Helme hatten für ihn weniger Interesse.

Durch die Integration des neuen Super-Schutzschirmes in die Steuerung der Seruns, waren sie bestens geschützt.

Sirin hatte sich zwischenzeitlich für eine zweite Vitrine interessiert, in dem kleine Kommunikationsgeräte- und Navigationsgeräte untergebracht waren. Auch sie nahm jeweils zwei Stück heraus und verstaute sie in ihrem Rucksack.

»Etwas ist noch da«, sagte Heinze. »Ich spüre eine große geistige Kraft. Das Wesen tastet nach uns. Ihre Gedanken werden deutlicher. Ich kann sie jetzt besser empfangen. «

Heinze esperte nach dem Standort.
»Das Wesen ist ein Teil der KI«, stutzte Heinze. »Die Ablonder haben es eingefangen und als Teil ihrer Hypertronic-KI missbraucht. Sie entstammt einem Kollektiv aus vielen Tausend Energiewesen. Ihr Namen ist für uns nicht aussprechbar. Die Wesen hatte sich auf diesem Planeten niedergelassen. Sie existierten in Form von energetischen Feldern. Diese Wesen erklärten den Ablondern, dass sie die Zukunft sehen könnten. Das wollten die Ablonder für sich nutzen. Sie schienen eine immense Antipathie gegen negative Prognosen zu haben. Die Energiewesen behaupten von sich, die Geschichte bereits 200.000 Jahre im Voraus sehen zu können. Sie durcheilen die Galaxis und das ganze Universum, um ihre Bestimmung zu finden. Das Vorgehen der Ablonder war verachtenswert. Es war ihnen gelungen einige ihrer Kinder einzufangen. Das konnte nur passieren, weil sich die jungen, unschuldigen Energiewesen jedem Fremden

näherten. Sie hatten lange hier gelebt. Sind aber heute nicht mehr da. Das Kollektiv hat diesen Planeten bereits vielen Jahrtausenden verlassen. Sie sind heimlich durch das Transmitter-Tor gegangen. Die Ablonder haben zu spät ihre Abreise bemerkt. Eine Spur haben sie hinterlassen, um dem letzten ihrer Rasse die Möglichkeit zu geben, ihnen zu folgen. Die Tastenfolge auf dem Amulett lautet 1, 3, 5 und 9. Hiermit öffnet sich das Tor in die Dimension des Universums, in das sie abgewandert sind. Sie sind unsterblich und versprechen diese Informationen auch an reife Völker weiterzugeben, oder an alle, die ihrer Rasse behilflich haben. Sie bitten darum, den letzten ihrer Artgenossen zu befreien. «

»Ist es noch hier? «, fragte Major Travis. » Wie lange ist es her, dass sein Kollektiv ausgewandert ist? «

»Das ist bereits sehr lange her, lange bevor die Ablonder einen Weg aus dieser kleine Enklave gefunden haben«, fuhr Heinze fort. » Es scheint sich um eine Zeitspanne von 152.000 Jahren zu handeln. Das ist lange vor der Hochepoche der Natrader. «

Heinze blickte seine Freunde an.
»Das letzte Wesen ihrer Rasse ist noch in der KI integriert, welche diesen Raum bewacht hat. Das Wesen hat die KI unterdrückt und besänftigt, ansonsten wären wir mit wesentlich mehr Waffengewalt konfrontiert worden. Sie hat uns beschützt. Wir sind ihr zu Dank verpflichtet. «

» Besteht eine Möglichkeit, dass es nach der Befreiung in energetischer Form weiter existieren kann?«, erkundigte sich Major Travis. «

Heinze nickte.
»Ich erhalte keine negativen Informationen darüber«, erklärte er. »Es bezieht seine Lebensenergie aus dem Zwischenraum. Diese Energie muss in unendlicher Menge zur Verfügung stehen. Wir kennen das bereits von unseren Materie-Duplikatoren. Vor vielen Millionen Jahren waren es Einzelwesen. Irgendwann stellten sie für sich fest, dass ein Leben im Kollektiv einfacher war. Sie gründeten einen Schwarm und transformierten sich, zu dem was sie heute sind, einem Energie-Kollektiv. Angeblich kennen sie auch die Tarid und Natrid. Sie haben auch dort eine Zeit lang gelebt. «

»Das ist für uns alles sehr fiktiv«, sagte Commander Brenzby. » Sie wären uns bestimmt aufgefallen. Wir hätten zumindest Spuren von ihnen auf der Erde gefunden. «

»Nicht unbedingt«, sagte Kanusu. » Wir alle wissen, dass es unendlich viele verschiedene Dimensionen gibt. Wie solche Dimensionen und der Geist der Energiewesen zusammenhängen, können wir unmöglich sagen. Ein schlauer Mann hat einmal gesagt, ein starker Geist könnte ein neues starkes Universum in einer anderen Dimension erschaffen. «

»Wieso erhält du erst jetzt den geistigen Kontakt, zu dieser so lange existierenden Form der geistigen Existenz«, fragte Major Travis.

»Das Energiekollektiv braucht dieses einzelne, hier in der KI gefangene Wesen«, sagte Heinze. »Es fühlt sich als Ganzes nicht vollständig. Die anderen Wesen im Kollektiv fühlen die Trauer ihres verschollenen Wesens und wollen das Problem lösen. Sie werden derzeit angegriffen, weil sie aus ihrer relativen Sicherheit aufgebrochen sind, um ihr verschollenes Kind zu holen. Sie fliegen durch das normale Universum und sind verwundbar. Viele fremde Rassen sehen in ihnen eine Bedrohung. Sie versuchen ihre Energieblase anzugreifen und ihr Kollektiv zu vernichten. Derzeit kann das Energiekollektiv noch externe Energie aufnehmen, doch irgendwann hat sie genug Energie gespeichert. Bei einer Übersättigung wird sie kollabieren und aufhören zu existieren. Das Gleichgewicht im Universum würde hierdurch erschüttert werden. «

»Von wem werden sie angegriffen? «, fragte Sirin. » Was sind das für Wesen? «

»Sie kennen sie nicht«, antwortete Heinze. »Sie nennen sich die Adramelech und bauen riesige Schiffe, mit denen sie aus der Urblase des Zwischenraumes kontinuierlich blaue Energie abzapfen. Dieses geschieht unbedacht, weil sie die Energieblase nur als Energie sehen, die sie für ihre Raumschiffe verwenden können. Es ist ihrer Wissenschaft entgangen, dass es sich bei dem Inneren der Energieblase um ein Kollektiv von Energiewesen handelt. Woher sollten sie es auch wissen. Sie bitten alle denkenden Wesen um Hilfe, um ihre jetzige Form des Energiekollektivs zu erhalten. «

»Wie kommen diese Gedanken jetzt in den Tempel der Alten? «, fragte Major Travis.

»Ich vermute, dass unser hier gefangenes Energiewesen die Informationen erhält, verstärkt und weiterleitet«, erklärte Heinze. »Es fleht uns um Hilfe an, um durch ein mobiles Tor der Ablonder gehen zu dürfen. Dann könnte es endlich wieder zurück zu seinem Kollektiv. «

»Wie können wir es befreien? «, fragte Sirin.
»Das Energiewesen ist in der Ablonder-KI eingeschlossen«, erklärte Heinze. »Nachdem die KI uns als berechtigte Besucher eingestuft hat und uns nach den Artefakten der Ablonder suchen lässt, ist sie wieder in den Ruhemodus gefallen. Sie wird uns nicht helfen oder unterstützen. Das Wesen ist in einem Glasbehälter gefangen, der von Antimaterie-Klammern umschlossen wird. «

Major Travis hob die Stirn in Falten.
»Mit Antimaterie ist nicht zu spaßen«, bemerkte er. »Wenn die Antimaterie mit normaler Materie in Berührung kommt, dann geht hier alles in die Luft. Wir werden ebenfalls umkommen. «

»Das weiß ich natürlich«, erwiderte Heinze. » Ich kann die Antimaterie kontrollieren und sie nur durch meine

Gedankenkraft getrennt halten. Ich könnt dann problemlos eine leere Kapsel einsetzen. «

»Bist du sicher? «, fragte Major Travis nochmals nach. « »Unbedingt«, entgegnete Heinze. »Ich bin gerade erst meiner Eintönigkeit entronnen, das will ich natürlich auch nicht aufgeben. «

»Gut, dann machen wir das so«, entgegnete Major Travis. Er nahm eine leere Glaskapsel aus dem Regal und winkte Tart 1 und Tart 2 heran. Die gewaltige KI war fast vollständig in die Felswand eingebaut. Nur die Vorderseite, mit den unzähligen Kontroll-LEDs schaute aus der Wand heraus.

»Passgenau eingesetzt«, sagte Commander Brenzby. »Schneidet die Vorderwand vorsichtig heraus«, befahl der Major Tart 1 und Tart 2. »Führt den Laser an den Kanten entlang. «

Mit der feinsten Dosierung schnitten die geübten Roboter die Frontplatte der KI auf und drehten sie zur Seite. Dann sahen sie es alle. In der Mitte der großen Anlage war ein zusätzliches Behältnis eingebaut. Es war die Glaskapsel mit dem Energiewesen. Sie wurde von zwei verzierten Antimaterie-Klammern gehalten.

Major Travis sah Heinze an.
»Bist du bereit? «
Dieser nickte zurückhaltend.

»Ich habe jetzt die Gegenpole der Glaskapsel aktiviert«, sagte Major Travis. »Heinze, jetzt die Antimaterie zurückziehen.«

In diesem Moment fiel die Glas-Kapsel aus der Halterung, in die rechte Hand von Major Travis. Mit der linken Hand hielt er die leere Kapsel in die richtige Richtung.

»Jetzt wieder einrasten«, befahl er.
Nur wenige Sekunden später war es vollbracht. Die alternative Glaskapsel war fest verankert. Die Naado und die Besucher des neuen Imperiums schauten in das Gefäß. Kaum für menschliche Augen sichtbar, flog das Energiewesen aufgeregt hin und her.

»Wir nehmen es mit und aktivieren das Tor«, schlug Major Travis vor. Dann entlassen wir das Wesen in die Freiheit. Heinze, bitte teile das dem Wesen mit. «

»Es freut sich«, antwortete Heinze. »Ich spüre große Dankbarkeit in seinen Energiewellen. «

Major Travis drehte sich Yatim, Antakin und Kanusu zu.
» Unsere Arbeit ist getan«, sagte er. »Lassen sie uns zu dem Gleiter zurückkehren. »Ich denke, ihre wissenschaftlichen Teams werden hier weiter forschen wollen, um alle Geheimnisse zu erkunden. Lassen sie uns gehen. Ich möchte vor unserer Abreise gerne noch Itarus danken. «

»So sei es«, antwortete Yatim.

Sie führte die Gruppe zurück aus dem Keller, über die Treppe in die große Halle. Dann folgten sie wieder dem schmalen Weg vom Dom hinunter zu dem Landeplatz, wo der Personen-Gleiter immer noch unberührt auf sie wartete. Nachdem sie eingestiegen waren, startete der Pilot den Gleiter und hob ihn in die Lüfte.

»Ich möchte mich bei ihnen noch einmal bedanken«, sagte Major Travis. »Sie haben uns in der kurzen Zeit, in der wie uns jetzt kennen, ihr Vertrauen ausgesprochen. Hierdurch konnten wir ein Wunder vollbringen und dieses Rätsel über die verbliebenen Artefakte der Ablonder lösen. Lassen sie ihre Wissenschaftler weiter an diesen Dingen forschen. Sie werden sicherlich Ergebnisse erzielen. «

»Danke auch von unserer Seite, dass wir sie begleiten durften«, sagte Kanusu.

Die große Stadt kam in Sichtweite. Der Rückflug schien wesentlich schneller abgelaufen zu sein als der Hinflug. Der Personengleiter landete vor dem Regierungs-Gebäude. Itarus erwartete sie bereits.

»Wie ich höre, haben sie einen Erfolg verbucht «, lächelte er.

»Dank ihrer Einwilligung und ihrem Vertrauen in unsere Personen, konnten wir das wichtigste Rätsel der Ablonder aufklären«, erklärte Major Travis.

»Sie haben etwas geschafft, das unser in Volk 100.000 Jahre vergeblich versuchte«, staunte Itarus. »Unser Dank lässt sich nicht in Worten ausdrücken. «

»Wir haben je zwei Artefakte an uns genommen«, sagte Major Travis. » Ich hoffe sehr, sie nehmen uns dies nicht übel. «

Itarus schüttelte den Kopf.
»Auch bei uns ist ein Finderlohn üblich«, erklärte er. »Machen sie sich hierüber keine Gedanken. Ich habe alles mit unserer Regierung gesprochen. Wir haben entschieden Beitritts-Verhandlungen mit dem neuen Imperium zu führen. Wir sind es leid, abgeschnitten von den restlichen Völkern des Universums zu leben. Sind sie hiermit einverstanden? «

Major Travis lächelte.
»Dann war unser Besuch doch für etwas gut«, sagte er. »Wenn wir wieder zu Hause sind, informiere ich unsere entsprechenden Stellen. Man wird dann Kontakt mit ihnen aufnehmen. Mich persönlich freut es sehr. «

Major Travis gab Itarus die Hand.
»Es war schön bei ihnen«, sagte er. »Yatim hat acht weitere Schlüssel an sich genommen. Vielleicht finden sie noch mehr. Ich würde die Kontrolle dieser Schlüssel nicht in andere Hände abgeben. Sie haben die einmalige Chance zeitliche Ein- und Abflugzonen festzulegen. Auf diesem Wege kontrollieren sie den kompletten Reiseverkehr in und aus ihre Enklave. «

»Daran haben wir in ersten Regierungsgesprächen auch bereits gedacht«, antwortete der Naado. »Wenn sie das nächste Mal zu Besuch kommen, werden sie bereits Veränderungen feststellen«

»Ich freue mich hierauf«, entgegnete Major Travis.
Er gab Itarus und Kanusu die Hand.

»Danke für alles«, verabschiedete er sich. »Ich muss sie leider verlassen, meine Leute warten bereits auf mich. «

»Wir haben auch wieder neue Probleme«, antwortete Itarus. »Unser 7. Planet antwortete nicht mehr. Er wird von den Sadhurls verwaltet. Diese Welt ist ein wichtiger Handelspartner für uns. Wir bekommen keine Hyperraum-Verbindung mehr zu der regionalen Verwaltung. Unabhängig hierzu, haben wir einen Hilferuf von einem Handels-Clan erhalten. Wir vermissen einen Handels-Mogul und seine Assistentin. Wir werden einige Polizeikräfte hinschicken müssen, um zu recherchieren. «

»Ich hoffe, sie haben Erfolg«, antwortete Major Travis.
Er fühlte noch etwas in seiner Jackentasche

»Sie haben eine gute Flotte«, bemerkte er. »Lediglich die Abschirmung lässt zu wünschen übrig. «

Major Travis übergab Itarus einen Speicherkristall. »Nehmen sie die Bauzeichnungen eines guten alten natradischen Schutz-Schirmes an sich. Er wird ihre Schiffe mit ausreichendem Schutz versehen «

Itarus bedankte sich.
»Wir sind in ihrer Schuld«, sagte er. » Wie können wir das jemals wieder gutmachen? «

Major Travis schmunzelte.
»Indem sie ein verlässlicher Bündnispartner werden«, erwiderte er. »Jetzt müssen wir aber aufbrechen. Viel Erfolg für ihre Zukunft. Falls sie Hilfe brauchen sollten, lassen sie es uns wissen. «

Er drehte sich um und schritt auf den Personen-Transport-Gleiter zu, in dem sein Team auf ihn wartete. Kanusu begleitete ihn. Er gab dem Piloten ein Zeichen. Die Flugmaschine hob ab und flog in Richtung des Raumflug-Hafens.

Die Termar 1 war gestartet und vereinigte sich in der Umlaufbahn des fünften Planeten mit den restlichen Schiffen der kleinen Forschungs-Flotte. Major Travis, Sirin, Commander Brenzby und Heinze standen auf dem Flugdeck. Ein Energieschirm trennte sie von dem geöffneten Deck, auf dem Tart 1 und Tart 2 standen.

»Das Energiewesen ist unbeschreiblich glücklich«, sagte Heinze. »Es teilt uns mit, dass ihre Rasse uns Menschen bei Bedarf auch zur Seite stehen wird. Sie fühlen sich in unserer Schuld. «

»Sage ihm bitte, dass wir in Kürze das mobile Tor öffnen werden«, bemerkte Major Travis. »Es soll sich bereithalten. «

Der Major gab die notierte Tastenkombination 1, 3, 5, 9 auf dem Amulett ein. Vor der Termar 1 öffnete sich ein großer Dreiecks-Transmitter.

Er gab Tart 1 den entsprechenden Befehl.
Der Roboter öffnete die Glas-Kapsel und schob die Öffnung durch den Energie-Schirm. Er entließ das kleine Energiewesen in die Freiheit. Es verharrte noch eine Weile vor dem Schirm, dann aber flog es hinaus in den künstlichen Horizont des Wurmloch-Tunnels.

Major Travis und sein Team blickten ihm hinterher. Der Durchgang schloss sich wieder. Das Team verließ das Flugdeck wieder.

Auf der Brücke suchte Major Travis Sergeant Farmer auf. »Informieren sie alle Schiffe«, sagte er. »Wenn das Tor aktiviert ist, fliegen alle Schiffe in kurzem Abstand hindurch. Ich weiß nicht, wie lange das Tor geöffnet sein wird. «

»Unser Hyperkomm-Funkspruch wurde bestätigt«, meldete Funk-Offizier Farmer.

»Panorama-Bildschirm an«, befahl Major Travis. »Ich aktiviere jetzt den Amulett-Schlüssel. «

Die Crew schaute gespannt auf den Bildschirm. Major Travis drückte erneut die Tastenkombination 1, 3,5, 9.

Ein Aufschrei des Erstaunens durchzog die Brücke. Vor ihnen war ein dreieckiges Transmitter-Tor entstanden. »Das Tor zu einer neuen Sternen-Region«, sagte der Major.

»Das Energiewesen ist bereits durch«, bemerkte Heinze. »Jetzt folgen wir. «

Major Travis gab den Befehl. Die Schiffe des Neuen-Imperiums flogen problemlos in den Dreiecks-Transmitter hinein. Auf dem fünften Planeten waren alle Teleskope auf dieses Ereignis ausgerichtet. Jetzt wusste man dort, wie der Schlüssel funktionierte. Die Termar 1 und ihre Begleit-Schiffe materialisierten kurze Zeit später in einem unbekannten Gebiet. Ein einziger Planet lag vor ihnen. Er wurde von einem Mond umrundet. Der Planet und sein Trabant wirkten grün und blau. Er schien Wälder, Wiesen und Meere zu haben. Sechs Sonnen glänzten in näherer Nachbarschaft zu dem Planeten. Doch die Kraft ihrer Strahlen erreichte den Planeten nur gemäßigt. Sie sorgte dafür, dass es auf dem Planeten und seinem Mond nicht zu kalt und zu feucht wurde. Mehr zeigte das CIC nicht an. Es war kein Sternhaufen, keine Asteroiden, keine Staubwolken zu orten, sondern es gab nur die Sonne mit einem verirrten Planeten.

***

Barenseigs stand neben seinem schwer beschädigten Raumschiff, das in einem Waldgebiet abgestürzt war. Abwehr-Geschütze hatten ihn trotz seiner Tarnung gestellt und vom Himmel geholt. Er fluchte vor sich hin.

»Hätte ich doch auf Cartero und seine Warnungen gehört«, ärgerte er sich. »Was nützt jetzt ein Amulett, wenn ich kein Fluggerät mehr habe. «

Er blickte zum Himmel und sah dort das typische grelle Licht, das entstand, wenn ein Dreiecks-Transmitter seinen Dienst verrichtete. Barenseigs war irritiert.

»Kommen die Ablonder zurück? «, dachte er. » Wer sonst kann die Technik dieser alten Rasse nutzen. «

Er sah mehrere Raumschiffe aus dem Tor austreten.
»Bald werde ich meine Antwort bekommen«, dachte er.

Vorschau:

www.ingramcontent.com/pod-product-compliance
Lightning Source LLC
Chambersburg PA
CBHW071408180526
45170CB00001B/12